名校名师精品
系列教材

Linux
网络操作系统项目教程

RHEL 9/CentOS Stream 9 | 微课版 | 第5版

杨云 ◉ 主编

人 民 邮 电 出 版 社
北 京

图书在版编目（CIP）数据

Linux 网络操作系统项目教程 ： RHEL 9/CentOS Stream 9 ： 微课版 / 杨云主编. -- 5 版. -- 北京 ： 人民邮电出版社，2025. --（名校名师精品系列教材）.
ISBN 978-7-115-67360-2

Ⅰ. TP316.85

中国国家版本馆 CIP 数据核字第 20251V2773 号

内 容 提 要

本书对接世界职业院校技能大赛，符合“三教”改革精神。本书是国家精品课程、国家级精品资源共享课和国家在线精品课程“Linux 网络操作系统”的配套教材，也是基于“项目驱动、任务导向”的“双元”模式的纸媒+电子活页的项目化零基础教材。

本书以 RHEL 9/CentOS Stream 9 为平台，分为 6 个学习情境，分别为系统安装与常用命令、系统管理与配置、shell 程序设计与调试、网络服务器配置与管理、系统安全与故障排除（电子活页）、拓展与提高（电子活页）。前 4 个学习情境又细分为 14 个项目，包括安装与配置 Linux 操作系统、Linux 常用命令与 vim、管理 Linux 服务器的用户和组、配置与管理文件系统、配置与管理硬盘、配置网络 6 和使用 SSH 服务、shell 基础、学习 shell script、使用 GCC 和 make 调试程序、配置与管理 Samba 服务器、配置与管理 DHCP 服务器、配置与管理 DNS、配置与管理 Apache 服务器、配置与管理 FTP 服务器。大部分项目配有“项目实训”等结合实践应用的内容，引用丰富的企业应用实例，并配以微课和慕课。此外，还有 15 个扩展项目（电子活页）。这些科学设置使“教、学、做”融为一体，真正实现理论与实践的统一。

本书可作为应用型本科、职业本科、高职高专院校计算机网络技术、大数据技术、云计算技术应用、计算机应用技术、软件技术等专业的理论与实践教材，也可作为 Linux 系统管理和网络管理人员的自学用书。

◆ 主　　编　杨　云
　责任编辑　马小霞
　责任印制　王　郁　焦志炜

◆ 人民邮电出版社出版发行　　北京市丰台区成寿寺路 11 号
　邮编　100164　　电子邮件　315@ptpress.com.cn
　网址　https://www.ptpress.com.cn
　山东华立印务有限公司印刷

◆ 开本：787×1092　1/16
　印张：19　　　　2025 年 8 月第 5 版
　字数：484 千字　　　　2025 年 8 月山东第 1 次印刷

定价：69.80 元

读者服务热线：(010)81055256　印装质量热线：(010)81055316

反盗版热线：(010)81055315

第5版前言

党的二十大报告指出“必须坚持科技是第一生产力、人才是第一资源、创新是第一动力”。大国工匠和高技能人才作为人才强国战略的重要组成部分，在现代化国家建设中起着重要的作用。

网络强国是国家的发展战略。网络技能型人才培养显得尤为重要，国产服务器操作系统的应用是重中之重。

1. 改版背景

本书在 2013 年 9 月第一次公开出版，2016 年 8 月、2019 年 1 月、2021 年 12 月分别进行了改版。本书第 2 版为“十二五”职业教育国家规划教材，第 3 版为全国教材建设奖全国优秀教材一等奖获奖教材、“十三五”职业教育国家规划教材、浙江省普通高校“十三五”新形态教材，第 4 版为“十四五”职业教育国家规划教材。

2. 改版内容

本书在形式和内容上进行了以下更新和完善，以项目为载体，以工作过程为导向，以职业素养和职业能力培养为重点，按照技术应用从易到难、教学内容从简单到复杂、教材内容从局部到整体的原则进行编排，更能体现职业教育理念和“三教”改革精神。

（1）将操作系统版本升级到 RHEL 9/CentOS Stream 9，删除陈旧的内容，新增电子活页、拓展阅读等内容，优化教学项目，丰富企业案例。

（2）在形式上，本书采用“纸质教材+电子活页”的形式，采用微课和慕课的辅助教学形式，增加了大量的数字资源。

（3）新增的电子活页包括“系统安全与故障排除”“拓展与提高”2 个学习情境（扫码观看 16 个慕课视频）。

（4）增加拓展阅读内容，涵盖“核高基”与国产操作系统、中国计算机的主奠基者、中国国家顶级域名 CN、图灵奖、国家最高科学技术奖、IPv4 和 IPv6、王选院士、“龙芯之母”——黄令仪院士、文化自信的历史担当、国产操作系统银河麒麟、中国的超级计算机、IPv6 的根服务器、“雪人计划”、中国的龙芯等我国计算机领域的重要事件和重要人物，引导学生树立正确的世界观、人生观和价值观，鞭策学生努力学习，鼓舞学生成为德、智、体、美、劳全面发展的社会主义建设者和接班人。

（5）慕课和微课视频全部重新设计和录制。

3. 本书特点

本书可以为教师和学生提供一站式课程解决方案和立体化教学资源，易教易学，同时对接世界职业院校技能大赛中的 Linux 部分，具体特点如下。

（1）落实立德树人根本任务

本书经过精心设计，在专业内容的讲解中融入科学精神和爱国情怀，通过讲解我国计算机领域的重要事件和重要人物，弘扬拼搏进取、精益求精的工匠精神，激发学生的爱国热情，培养学生的创新意识。

（2）国家精品课程、国家级精品资源共享课和国家在线精品课程的配套教材

本书相关教学视频和实验视频全部放在课程网站供下载学习和在线观看。教学中用到的 PPT 课件、电子教案、实践教学资料、授课计划、课程标准、题库、学习指南、习题答案、补充材料等内容，也都放在课程网站上。也可查找国家在线精品课程“Linux 网络操作系统”，或者免费加入作者创建的学习通平台获取服务，让学生易学、老师易教。

（3）提供“教、学、做、导、考”一站式课程解决方案

本书教学资源建设获浙江省省级教学成果二等奖。本书提供“微课+3A 学习平台+共享课程+资源库”四位一体教学服务，配有知识点微课和项目实训慕课，国家级精品资源共享课建有开放共享型资源 1321 条，国家资源库有相关资源 700 多条。

（4）产教融合、书证融通、课证融通，校企“双元”合作开发“理实一体”教材

本书内容对接职业标准和岗位需求，以企业“真实工程项目”为素材进行项目设计及实施，将教学内容与 Linux 资格认证相融合，由业界专家拍摄项目视频，实现书证融通、课证融通。

（5）符合“三教”改革精神，创新教材形态

将教材、课堂、教学资源、LEEPEE 教学法四者融合，实现线上线下有机结合，为“翻转课堂”和“混合课堂”改革奠定基础。除纸质教材外，本书还提供丰富的数字资源，包含电子活页、视频、音频、作业、试卷、拓展资源等，可实现纸质教材三年修订、电子活页随时增减和修订的目标。

4. 配套的教学资源

（1）知识点微课和慕课

全部的知识点微课和全套的慕课都可通过扫描书中二维码获取。

（2）课件、教案、授课计划、项目指导书、课程标准、拓展提升资料、任务单、实训指导书等，以及可供参考的服务器的配置文件。

（3）大赛试题（试卷 A、试卷 B）及答案、本书习题及答案。

5. 教材姊妹篇

本书是《网络服务器搭建、配置与管理——Linux（RHEL 9/CentOS Stream 9）（微课版）（第 5 版）》（将由人民邮电出版社出版，杨云等主编）的“姊妹”篇。

两本书的出版将给高校开设 Linux 相关课程提供更灵活和方便的选择。根据教学要求、教学重点和学生层次的不同，可以选用两本教材中的一本。如果时间允许，也可以同时选用两本教材（两学期连上），学生将有更大的收获。

本书由杨云任主编，邱清辉、张寒冰、杨昊龙任副主编。姜庆玲、林哲、薛立强等也参加了部分视频创作和教材的编写。特别感谢浪潮集团、山东鹏森信息科技有限公司提供了教学案例。读者订购教材后请联系编者获取全套备课包，编者 QQ 号为 3883864976（仅限教师）。欢迎加入 QQ 群：774974869（仅限教师）。

编者

2025 年 1 月 1 日于泉城

目 录

学习情境一 系统安装与常用命令

学习情境二　系统管理与配置

项目 9

使用 GCC 和 make 调试程序……185

学习情境四 网络服务器配置与管理

项目 10

配置与管理 Samba 服务器……202

项目 11

配置与管理 DHCP 服务器

项目 12

配置与管理 DNS

项目 13

配置与管理 Apache 服务器

项目 14

学习情境一

系统安装与常用命令

项目 1　安装与配置 Linux 操作系统

项目 2　Linux 常用命令与 vim

合抱之木，生于毫末；九层之台，起于累土；千里之行，始于足下。

——《道德经》

项目1 安装与配置Linux操作系统

01

项目导入

在校园网中需要部署具有 Web、FTP、DNS、DHCP、Samba、VPN 等相关功能的服务器来为用户提供服务，现需要选择一种既安全又易于管理的网络操作系统。Linux 由于开源、具有稳定的性能越来越受到用户的欢迎，本书的核心内容是 Red Hat Enterprise Linux 9（RHEL 9）操作系统的安装、配置与使用。本项目将主要介绍安装与配置 RHEL 9 的相关知识和基本技能。希望通过对该项目的学习，读者能够达到以下目标和要求。

知识和能力目标

- 理解 Linux 操作系统的体系结构。
- 掌握搭建 RHEL 9 服务器的方法。
- 掌握登录、退出 Linux 服务器的方法。
- 掌握 systemd 初始化进程服务。
- 掌握 YUM 软件仓库的使用方法。
- 掌握启动和退出系统的方法。

素质目标

- "天下兴亡，匹夫有责"，了解"核高基"和国产操作系统，理解自主可控于我国的重大意义，激发学生的爱国情怀和学习动力。
- 明确操作系统在新一代信息技术中的重要地位，激发学生科技报国的家国情怀和使命担当。

1.1 项目知识准备

Linux 操作系统是一个类似 UNIX 的操作系统。Linux 操作系统是 UNIX 在计算机上的完整实现，它的标志是一个名为 Tux 的可爱的小企鹅形象，如图 1-1 所示。UNIX 操作系统是 1969 年由肯尼思·莱恩·汤普森（Kenneth Lane Thompson）和丹尼斯·里奇（Dennis Ritchie）在美国贝尔实验室开发的一个操作系统，由于具有良好且稳定的性能，该操作系统迅速在计算机中得到广泛应用，在随后的几十年中又不断地被改进。

图 1-1　Linux 的标志 Tux

1.1.1 Linux 操作系统的历史

1990 年，芬兰人莱纳斯 · 贝内迪克特 · 托瓦尔兹（Linus Benedict Torvalds）（后文简称莱纳斯）接触了为教学而设计的 Minix 系统后，开始着手研究编写一个开放的、与 Minix 系统兼容的操作系统。1991 年 10 月 5 日，莱纳斯在芬兰赫尔辛基大学的一台文件传送协议（File Transfer Protocol，FTP）服务器上发布了一条消息。这也标志着 Linux 操作系统诞生。莱纳斯公布了第一个 Linux 的内核 0.0.2 版本。开始，莱纳斯的兴趣在于了解操作系统的运行原理，因此，Linux 早期的版本并没有考虑最终用户的使用，只是提供了最核心的框架，使得 Linux 开发人员可以享受编制内核的乐趣，同时保证了 Linux 操作系统内核的强大与稳定。互联网（Internet）的兴起，使得 Linux 操作系统十分迅速地发展，很快就有许多程序员加入 Linux 操作系统的编写行列。

随着程序设计小组规模的扩大和完整的操作系统基础软件的出现，Linux 开发人员认识到，Linux 已经逐渐变成一个成熟的操作系统。1994 年 3 月，内核 1.0 版本的推出标志着 Linux 第一个正式版本诞生。

1.1.2 Linux 的版权问题及特点

1. Linux 的版权问题

Linux 是基于 Copyleft（无版权）的软件模式进行发布的。其实 Copyleft 是与 Copyright（版权）相对立的新名称，它是 GNU 项目制定的通用公共许可证（General Public License，GPL）。GNU 项目是由理查德 · 斯托尔曼（Richard Stallman）于 1983 年提出的，他建立了自由软件基金会（Free Software Foundation，FSF），并提出 GNU 项目的目的是开发一个完全自由的、与 UNIX 类似但功能更强大的操作系统，以便为所有的计算机用户提供一个功能齐全、性能良好的基本系统。GNU 的标志（角马）如图 1-2 所示。

图 1-2 GNU 的标志（角马）

小资料 GNU 这个名称使用了有趣的递归缩写，它是 GNU's Not UNIX 的缩写形式。递归缩写是一种在全称中递归引用它自身的缩写，因此无法精确地解释它的真正全称。

2. Linux 的特点

Linux 操作系统作为一个自由、开放的操作系统，其发展势不可当。它拥有高效、安全、稳定、支持多种硬件平台、用户界面友好、网络功能强大，以及支持多任务、多用户等特点。

1.1.3 理解 Linux 的体系结构

Linux 一般由 3 个部分组成：内核（Kernel）、命令解释层（shell 或其他操作环境）、实用工具。

1. 内核

内核是 Linux 操作系统的“心脏”，是运行程序、管理磁盘及打印机等硬件设备的核心程序。由于内核提供的都是操作系统基本的功能，因此如果内核出现问题，那么整个计算机系统就可能会崩溃。

Linux 系统的特点

2. 命令解释层

shell 是系统的用户界面，提供用户与内核进行交互操作的接口，它接收用户输入的命令，并且将命令送入内核去执行。

shell 在操作系统内核与用户之间提供操作界面，可以称其为解释器。操作系统对用户输入的命令进行解释，再将其发送到内核。Linux 存在几种操作环境，分别是桌面（desktop）、窗口管理器（window manager）和命令行 shell（command line shell）。Linux 操作系统中的每个用户都可以拥有自己的用户操作界面，即根据自己的需求进行定制。

shell 还有自己的程序设计语言，可用于命令的编辑，它允许用户编写由 shell 命令组成的程序。shell 具有普通程序设计语言的很多特点，如它也有循环结构和分支控制结构等。用这种程序设计语言编写的程序与其他应用程序具有同样的效果。

3. 实用工具

标准的 Linux 操作系统都有一套叫作实用工具的程序，它们是专门的程序，如编辑器等。用户也可以使用自己的工具。

实用工具可分为以下 3 类。

- 编辑器：用于编辑文件。
- 过滤器：用于接收数据并过滤数据。
- 交互程序：允许用户发送信息或接收来自其他用户的信息。

1.1.4 Linux 的版本

Linux 的版本分为内核版本和发行版本两种。

1. 内核版本

内核是系统的“心脏”，是运行程序、管理磁盘及打印机等硬件设备的核心程序，提供了一个在裸设备与应用程序间的抽象层。例如，程序本身不需要了解用户的主板芯片集或磁盘控制器的细节就能在高层次上读/写磁盘。

内核的开发和规范一直由莱纳斯领导的开发小组控制，版本也是唯一的。开发小组每隔一段时间公布新的版本或修订版，从 1991 年 10 月莱纳斯向世界公开发布的内核 0.0.2 版本（0.0.1 版本功能相当“简陋”，所以没有公开发布），到目前最新的内核 6.14.1 版本，Linux 的功能越来越强大。

Linux 内核的版本号是有一定规则的，版本号的格式通常为“主版本号.次版本号.修正号”。主版本号和次版本号标志着重要的功能变更，修正号表示较小的功能变更。以 2.6.12 为例，2 代表主版本号，6 代表次版本号，12 代表修正号。读者可以到 Linux 内核官方网站下载最新的内核代码，如图 1-3 所示。

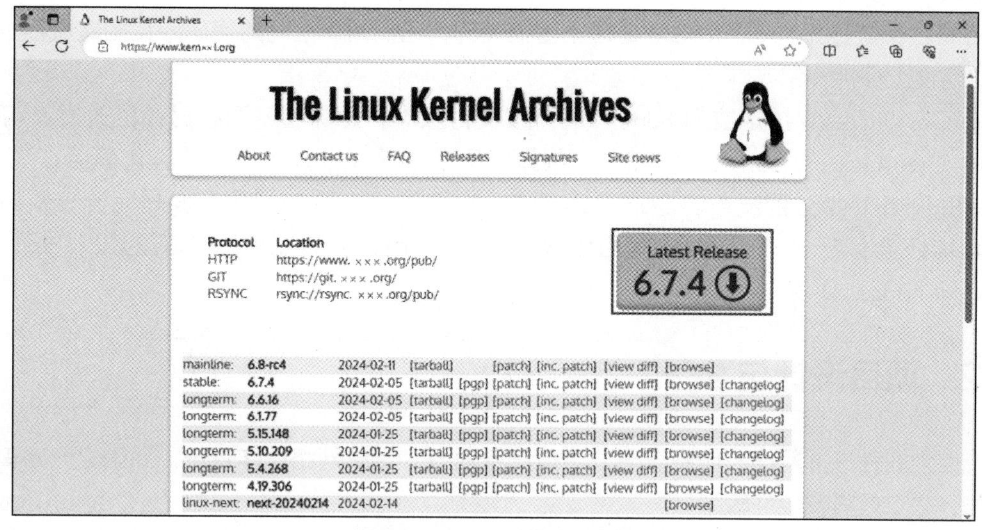

图 1-3 Linux 内核官方网站

2. 发行版本

仅有内核而没有应用软件的操作系统是无法使用的，所以许多公司或社团将内核、源码及相关的应用程序组织构成完整的操作系统，让一般的用户可以简便地安装和使用 Linux，这就是所谓的发行版本（distribution）。一般谈论的 Linux 操作系统便是这些发行版本。目前各种发行版本超过 300 种，它们的版本号各不相同，使用的内核版本号也可能不一样，较流行的 Linux 操作系统套件有 RHEL、CentOS、Fedora、openSUSE、Debian、Ubuntu 等。

本书是基于最新的 RHEL 9 编写的，书中内容及实验完全适用于 CentOS、Fedora 等系统，也基本适用于基于 openEuler 的麒麟 V10 高级服务器操作系统和统信 V20 服务器操作系统。也就是说，当读者学完本书后，只要计算机上部署的是 CentOS、麒麟 V10 高级服务器操作系统、统信 V20 服务器操作系统，就可以使用。更重要的是，本书也适合备考红帽认证的考生使用。

1.1.5 RHEL 9 与 CentOS Stream 9

CentOS Stream 是一个滚动发行版本，充当 Fedora 中的软件包与 Red Hat Enterprise Linux（RHEL）中可用的稳定长期软件包之间的中间环节。

1. RHEL 9

Red Hat Enterprise Linux 9（RHEL 9）是红帽公司于 2022 年 5 月发布的正式版操作系统，作为全球领先的企业级 Linux 操作系统，RHEL 9 已经获得数百个云服务提供商，以及数千个硬件和软件供应商的认证。这个操作系统可以满足各种特殊用例的需求，如边缘计算和系统应用产品（System Applications and Products，SAP）工作负载。

2. RHEL 9 与 CentOS Stream 9 的关系

CentOS Stream 9 是 CentOS 项目的一个持续交付的发行版本，旨在作为 RHEL 的上游提供最新的软件包。CentOS Stream 9 从 Fedora Linux 的稳定版本开始，使用与 RHEL 相同的代码库。RHEL 9 与 CentOS Stream 9 是紧密相关的，它们共享相同的代码库和构建流程，确保了二者在稳定性上保持一致。

CentOS Stream 被定位为 RHEL 的持续交付版本，意味着开源社区中的开发者可以将代码贡献给 CentOS Stream 和 RHEL，经过相同的质量保证体系后，这些代码会在 CentOS Stream 和 RHEL 中分别发布。CentOS Stream 和 RHEL 9 在代码层面是完全一致的，尽管 RHEL 可能还会有 9.1、9.2、9.3 等后续版本，但 CentOS Stream 9 对应的是 RHEL 的最新稳定版，即 RHEL 9。

1.2 项目设计与准备

中小型企业在选择网络操作系统时，可首选企业版 Linux 网络操作系统。原因之一是其具有开源的优势，之二是其安全性较高。

要想成功安装 Linux，首先必须对硬件的基本要求、硬件的兼容性、多重引导、磁盘分区和安装方式等进行充分了解，并获取发行版本、查看硬件是否兼容，再选择合适的安装方式。只有做好这些准备工作，安装 Linux 才会更加顺利。

1.2.1 项目设计

本项目需要的设备和软件如下。

- 1 台安装了 Windows 10 操作系统的计算机，名称为 Win10-1，互联网协议（Internet Protocol，IP）地址为 192.168.10.31/24。
- 1 套 RHEL 9 的国际标准化组织（International Organization for Standardization，ISO）映像文件。
- 1 套 VMware Workstation Pro 17 软件。

特别说明 原则上，本书中 RHEL 9 服务器可使用的 IP 地址范围是 192.168.10.1/24～192.168.10.10/24，Linux 客户端可使用的 IP 地址范围是 192.168.10.20/24～192.168.10.30/24，Windows 客户端可使用的 IP 地址范围是 192.168.10.30/40～192.168.10.50/24。

本项目将借助虚拟机软件完成如下 3 项任务。

- 安装 VMware Workstation。
- 安装第一台虚拟机 RHEL 9，名称为 Server01。
- 完成对 Server01 的基本配置。

1.2.2 项目准备

RHEL 9 支持目前绝大多数的硬件设备，不过由于硬件配置、规格更新极快，可能有部分硬件设备不被支持。若想知道自己的硬件设备是否被 RHEL 9 支持，最好访问硬件认证网页，查看哪些硬件通过了 RHEL 9 的认证。

1-4 拓展阅读

多重引导

1. 多重引导

Linux 和 Windows 的多重引导（多系统引导）有多种实现方式，常用的有 3 种：GNU GRUB（Grand Unified Bootloader）、Linux 引导程序（Linux Loader，LILO）和 Windows Boot Manager。

目前用户使用最多的是通过 GNU GRUB 或者 LILO 实现 Linux、Windows 多重引导。

2. 安装方式

在使用任何硬盘前都要对其进行分区。硬盘的分区有两种类型：主分区和扩展分区。RHEL 9 支持多达 4 种安装方式，可以从只读存储光盘（Compact Disc Read-Only Memory，CD-ROM）/高密度数字通用光碟（Digital Versatile Disc，DVD）启动安装、从硬盘安装、从 NFS 服务器安装和从 FTP/HTTP 服务器安装。

3. 规划分区

在启动 RHEL 9 安装程序前，需根据实际情况的不同，准备 RHEL 9 DVD 安装映像文件，同时进行分区规划。

对于初次接触 Linux 的用户来说，分区方案越简单越好，所以最好的选择就是为 Linux 准备 3 个分区，即用户保存系统和数据的根分区（/）、启动分区（/boot）和交换分区（swap）。其中，交换分区不用太大，与物理内存同样大即可；启动分区用于保存系统启动时所需要的文件，一般 500 MB 就够了；根分区则需要根据 Linux 操作系统安装后占用资源的大小和所需要保存数据的多少来调整（一般情况下，划分 15～20GB 就足够了）。

特别注意 如果选择的固件类型为 UEFI，则 Linux 操作系统至少必须建立 4 个分区：根分区、启动分区、EFI 启动分区（/boot/efi）和交换分区。

Linux 服务器常见分区方案如图 1-4 所示。通常会再创建一个/usr 分区，用于存放系统应用程序、共享库和文档等；一个/home 分区，所有的用户信息都在这个分区下；还有/var 分区，服务器的登录文件、邮件、Web 服务器的数据文件都会放在这个分区中。

挂载点	设备	说明
/	/dev/sda1	10GB，主分区
/home	/dev/sda2	8GB，主分区
/boot	/dev/sda3	500MB，主分区
swap	/dev/sda5	4GB（内存的 2 倍）
/var	/dev/sda6	8GB，逻辑分区
/usr	/dev/sda7	8GB，逻辑分区

图 1-4　Linux 服务器常见分区方案

特别注意 该分区方案是基于传统的 MBR 分区的，每块硬盘最多可以分为 4 个分区。如果采用 GPT 分区，则最多可划分 128 个分区，不再分主分区和逻辑分区。详细内容可以查看项目 5。

下面开始执行本项目的任务。

1.3 项目实施

任务 1-1 安装 VMware Workstation Pro 17

1. 下载 VMware Workstation Pro 17 的安装程序

访问 VMware 官方网站，在产品页面中找到 VMware Workstation Pro 17 或相关版本。接着单击“现在安装”按钮或相应的下载按钮，开始下载 VMware Workstation Pro 17 的安装程序。

2. 安装

下载完成后，在文件夹中找到安装程序，双击安装程序，准备开始安装。

（1）单击“下一步”按钮开始安装流程。

（2）仔细阅读许可协议，并勾选“我接受许可协议中的条款”，然后单击“下一步”按钮。

（3）选择是否安装“增强型键盘驱动程序”，选择安装可提升虚拟机的键盘使用体验，建议安装。

（4）根据个人需求，选择其他附加组件或特性，然后单击“下一步”按钮。

（5）选择需要创建的快捷方式，便于日后快速启动 VMware Workstation Pro 17。

（6）确认安装信息无误后，单击“安装”按钮开始正式安装。

（7）等待安装完成后，单击“完成”按钮。

（8）如果系统提示重新启动，则根据提示进行操作。

（9）重启后，双击桌面上的“VMware Workstation Pro”图标，启动 VMware Workstation Pro 17。

3. 激活或试用

启动后，可以选择输入许可证密钥以激活软件，享受全部功能。如果没有许可证密钥，也可以选择试用 VMware Workstation Pro 17，通常有 30 天的试用期。

> **注意** 在安装过程中可能会遇到需要管理员权限的提示，请确保以管理员身份运行安装程序。此外，安装前最好关闭安全软件，以免误报或阻止安装程序的正常运行。遇到任何问题，建议查阅 VMware 的官方文档或寻求社区支持。

启动 VMware Workstation Pro 17 后的界面如图 1-5 所示。

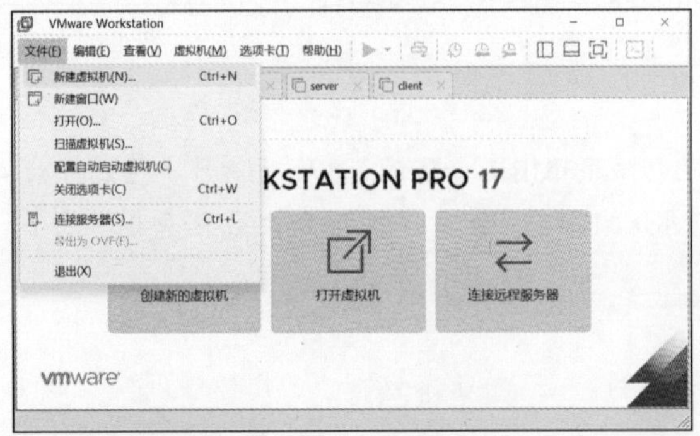

图 1-5 启动 VMware Workstation Pro 17 后的界面

任务 1-2　利用虚拟机软件 VMware Workstation Pro 17 新建虚拟机

成功安装 VMware Workstation Pro 17 后，接下来就可以非常简单地新建虚拟机了。

（1）在图 1-5 所示的界面中单击“创建新的虚拟机”按钮或选择“文件”→“新建虚拟机”选项。

（2）打开图 1-6 所示的“新建虚拟机向导”对话框。在此对话框中选择“典型(推荐)”单选按钮以快速设置虚拟机，或者选择“自定义（高级）”单选按钮进行更详细的配置。

（3）单击“下一步”按钮，打开图 1-7 所示的界面。

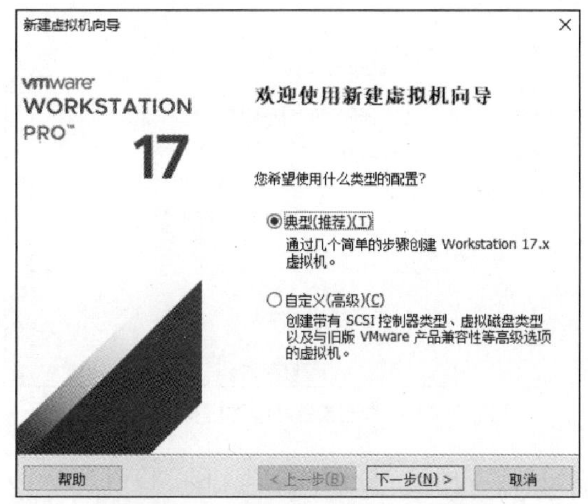

图 1-6　“新建虚拟机向导”对话框

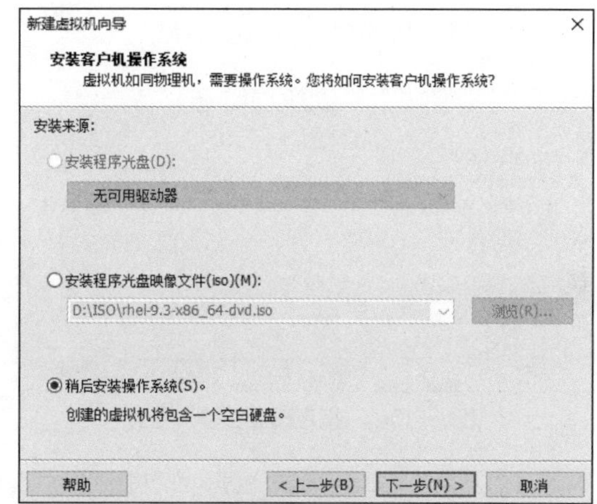

图 1-7　“安装客户机操作系统”界面

（4）在“安装客户机操作系统”界面中有 3 个单选按钮，其中，“安装程序光盘映像文件(iso)”的作用类似 Windows 的**无人值守安装**，如果不希望执行无人值守安装，应选择“稍后安装操作系统”（**推荐**），然后继续单击“下一步”按钮，打开图 1-8 所示的界面。

（5）在“选择客户机操作系统”界面中选择“Linux”单选按钮，在“版本”栏中选择“Red Hat Enterprise Linux 9 64 位”选项，然后继续单击“下一步”按钮，打开图 1-9 所示的“命名虚拟机”界面。

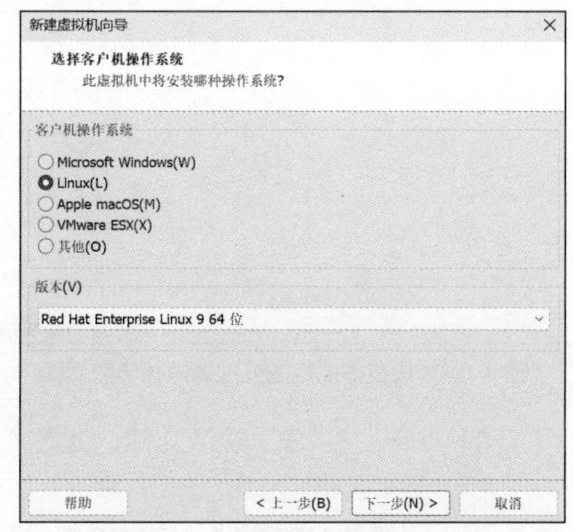

图 1-8　“选择客户机操作系统”界面

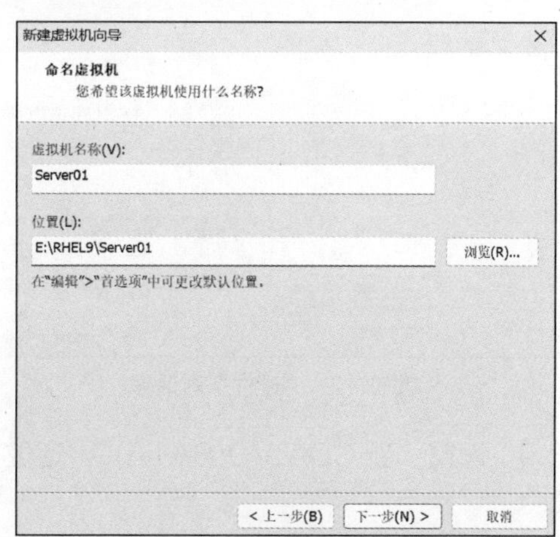

图 1-9　“命名虚拟机”界面

（6）在“命名虚拟机”界面的“虚拟机名称”文本框中输入虚拟机名称，本例为 Server01，再单击“浏览”按钮，设置安装位置为“E:\RHEL9\Server01”（**应提前创建好该文件夹，不建议使用默认安装文件夹**）后继续单击“下一步”按钮，打开图 1-10 所示的界面。

（7）在“指定磁盘容量”界面，将虚拟机的“最大磁盘大小”设置为 100.0GB（默认为 20GB），然后继续单击“下一步”按钮，打开图 1-11 所示的“已准备好创建虚拟机”界面，在该界面中单击“自定义硬件”按钮，打开图 1-12 所示的“硬件”对话框。

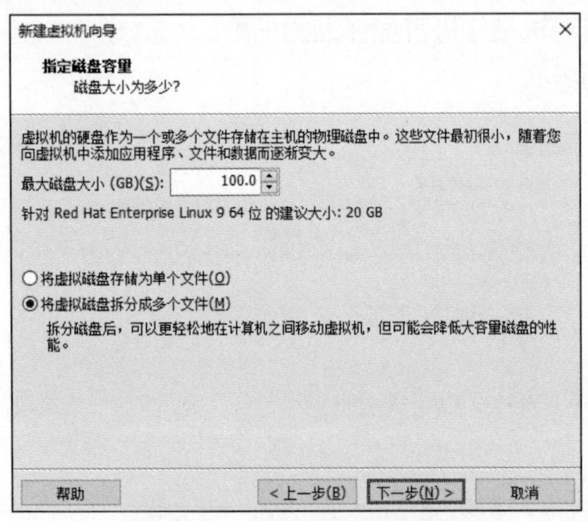

图 1-10　“指定磁盘容量”界面

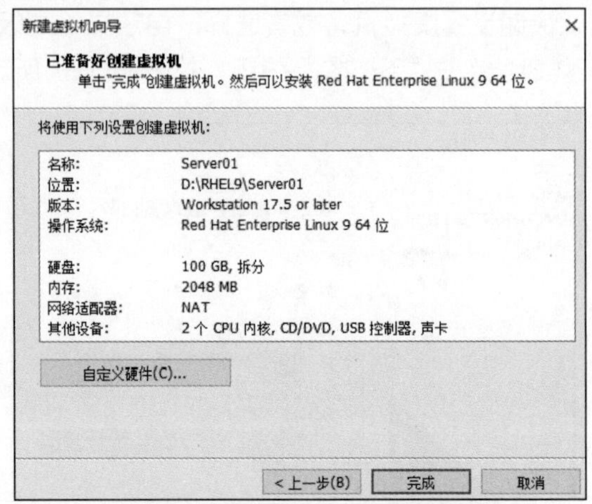

图 1-11　“已准备好创建虚拟机”界面

（8）在图 1-12 所示的“硬件”对话框中，可以设置“内存”“处理器”“新 CD/DVD(SATA)”“网络适配器”等。在本任务中，将“内存”设置为 2GB，将“处理器内核总数”设置为 8，并开启 CPU（Central Processing Unit，中央处理器）的虚拟化功能，如图 1-13 所示。

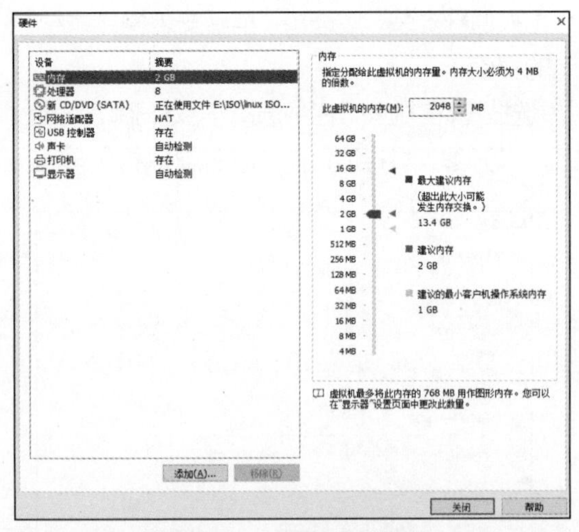

图 1-12　“硬件”对话框

图 1-13　设置虚拟机的处理器内核总数界面

（9）设置“新 CD/DVD(SATA)”，定位并选择已下载的 RHEL 9 ISO 映像文件，如图 1-14 所示。

（10）设置“网络适配器”，其中的网络连接模式有 3 类，一般情况下选择“仅主机模式”，这样可以不受其他用户的影响，如图 1-15 所示。

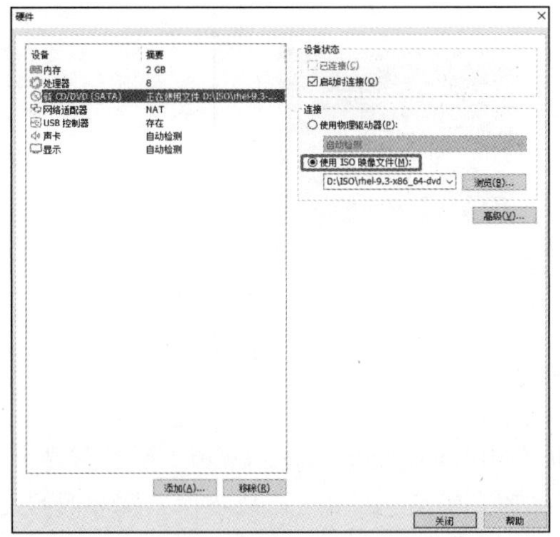

图 1-14　设置“新 CD/DVD(SATA)”界面

图 1-15　设置“网络适配器”界面

- 桥接模式：虚拟机直接连接路由器，与物理机处于对等地位。虚拟机相当于一台完全独立的计算机，会占用局域网本网段的一个 IP 地址，并且可以和网段内的其他终端进行通信，相互访问。在桥接模式下，虚拟机的网卡名称为 VMnet0。
- NAT 模式：虚拟机借助宿主机进行联网。虚拟机与宿主机的网络信息可以不一致，这样会节省公用 IP 地址。虚拟机通过 VMware 产生的虚拟路由器连接到 Windows 主机上的网卡，然后和外界进行通信。在 NAT 模式下，虚拟机网卡的名称是 VMnet8。
- 仅主机模式：虚拟机只能和宿主机或该宿主机内的其他虚拟机通信。在仅主机模式下，虚拟机的网卡名称为 VMnet1。

（11）依次单击“关闭”→“完成”按钮。

（12）右击刚刚新建的虚拟机 Server01，执行“设置”命令，在打开的“虚拟机设置”对话框中单击“选项”选项卡，再选择“高级”选项，根据实际情况选择固件类型，如图 1-16 所示。

图 1-16　虚拟机的高级设置界面

特别注意　若“固件类型”选择 UEFI 模式，则对固态盘进行分区时必须使用 GPT 分区。这一点非常重要！下面初次安装 RHEL 9 时，固态类型采用 UEFI 模式。

（13）单击“确定”按钮，打开图 1-17 所示的界面，说明新建虚拟机的任务顺利完成。

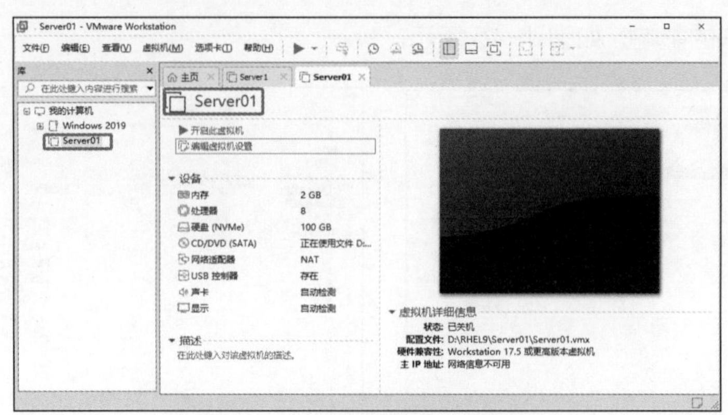

图 1-17　虚拟机配置成功的界面

小知识　① 统一可扩展固件接口（Unified Extensible Firmware Interface，UEFI）启动需要一个独立的分区，它将系统启动文件和操作系统本身隔离，可以更好地确保系统顺利启动。

② UEFI 启动方式支持的硬盘容量更大。传统的基本输入输出系统（Basic Input/Output System，BIOS）启动由于受主引导记录（Master Boot Record，MBR）的限制，默认无法引导容量为 2.1TB 以上的硬盘。随着硬盘价格的不断下降，2.1TB 以上的硬盘逐渐普及，因此，UEFI 启动也是今后主流的启动方式。

③ 本书主要采用 UEFI 启动，但在某些关键点会同时讲解两种启动方式，请读者学习时注意。

任务 1-3　安装 RHEL 9

在安装 RHEL 9 时，要确保计算机 CPU 的虚拟化技术（Virtualization Technology，VT）支持功能已经打开。虚拟化技术允许在单个物理机上运行多个虚拟机，从而提高硬件利用率和灵活性。

1. 打开 CPU 虚拟化技术

以下是在 BIOS 或 UEFI 设置中打开 CPU 虚拟化技术的一般步骤（注意，具体步骤可能因计算机型号和 BIOS/UEFI 版本而异）。

（1）重新启动计算机，并在启动时按下适当的键（如 F2、F10、Del 或 Esc 等），以进入 BIOS 或 UEFI 设置。

（2）在 BIOS/UEFI 设置界面中找到与虚拟化技术相关的选项。该选项通常被标记为“Intel Virtualization Technology”（Intel VT-x）或“AMD-V”（对于 AMD 处理器）。

（3）将该选项设置为“Enabled”（启用）状态。通常可以通过键盘上的箭头键选择该选项，然后按“Enter”键进入子菜单或使用“Space”键切换状态。

（4）保存并退出 BIOS/UEFI 设置。通常可以通过选择“Save and Exit”或“Exit Saving Changes”等选项来完成。完成后，计算机将重新启动，并应用新的设置。

一旦 CPU 虚拟化技术被打开，就可以继续安装 RHEL 9。在安装过程中，确保选择支持虚拟化的安装选项（例如，选择适当的虚拟机设置或启用 KVM 虚拟化支持）。

注意，如果不确定如何打开 CPU 虚拟化技术或遇到任何困难，可以查阅计算机或主板的文档，或联系计算机制造商的技术支持团队以获取帮助。

2. 安装完整的 RHEL 9 系统

安装完整的 RHEL 9 系统的步骤如下。

（1）在虚拟机管理界面中单击“开启此虚拟机”按钮后，短短几秒内就可看到 RHEL 9 安装界面，如图 1-18 所示。在该界面中，“Test this media & install Red Hat Enterprise Linux 9.3”用于在确认光盘完整性后进行安装，“Troubleshooting”用于启动救援模式。此时使用方向键选择“Install Red Hat Enterprise Linux 9.3”选项，准备直接安装 Linux 操作系统。

（2）按“Enter”键，开始加载安装映像文件，所需时间为 30～60s。选择系统的安装语言（简体中文）后单击“继续”按钮，如图 1-19 所示。

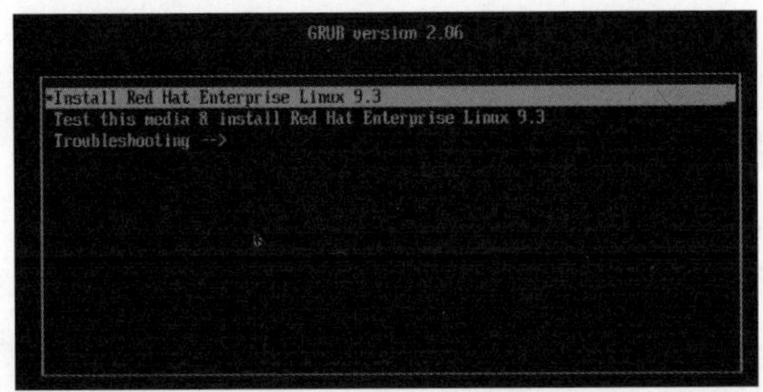

图 1-18　RHEL 9 安装界面

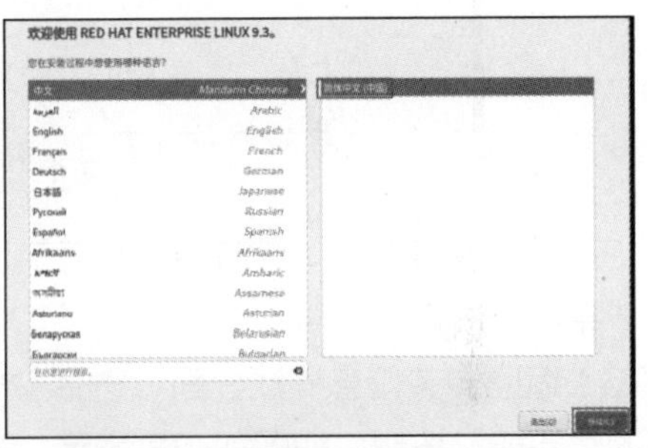

图 1-19　选择系统的安装语言界面

（3）在图 1-20 所示的安装信息摘要界面，“软件选择”保留系统默认值，不必更改。在 RHEL 9 的软件定制界面中，用户可以根据需求调整系统的基本环境。例如，可以把 Linux 操作系统作为基础服务器、文件服务器、Web 服务器或工作站等。RHEL 9 已默认选择“带 GUI 的服务器”单选按钮（如果不选择此单选按钮，则无法进入图形界面），可以不做任何更改，然后单击“软件选择”按钮，出现图 1-21 所示界面。

（4）单击“完成”按钮返回 RHEL 9 安装信息摘要界面，选择“网络和主机名”选项后，将“主机名”设置为 Server01，将以太网的连接状态改成“打开”，然后单击左上角的“完成”按钮，如图 1-22 所示。

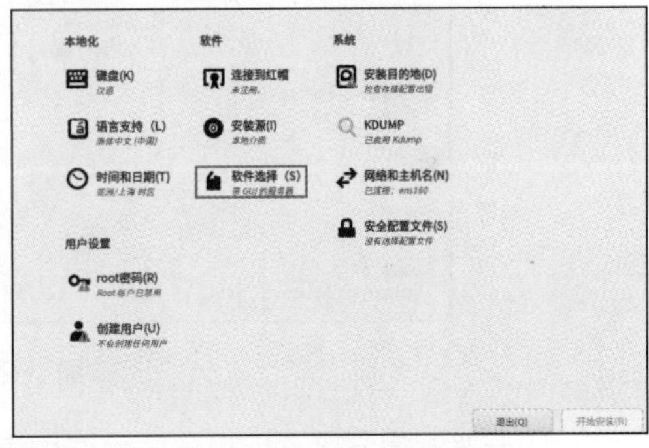

图 1-20　安装信息摘要界面

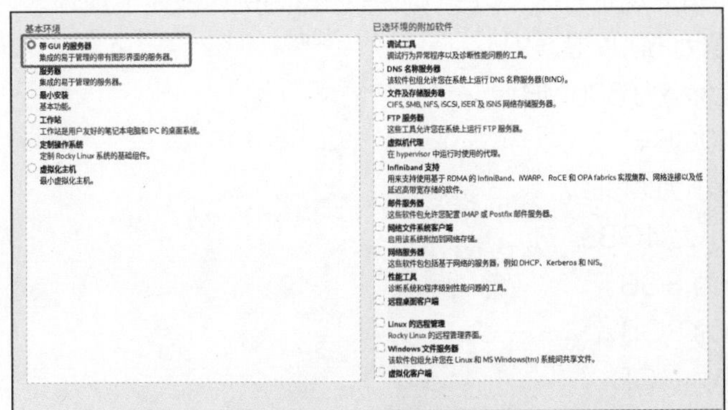

图 1-21　软件选择界面

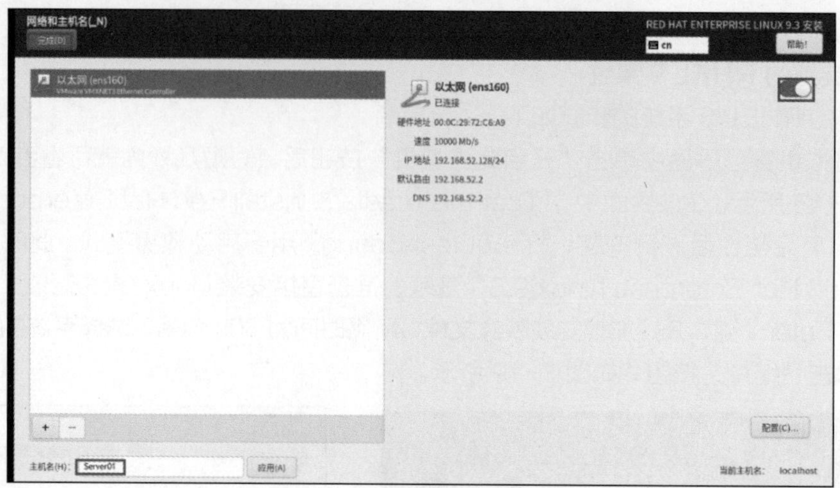

图 1-22　配置网络和主机名界面

（5）返回 RHEL 9 安装信息摘要界面，选择“时间和日期”选项，设置时区为“亚洲/上海”，单击“完成”按钮。

（6）返回安装信息摘要界面，选择“安装目的地”选项后，单击“自定义”按钮，然后单击左上角的“完成”按钮，如图 1-23 所示。

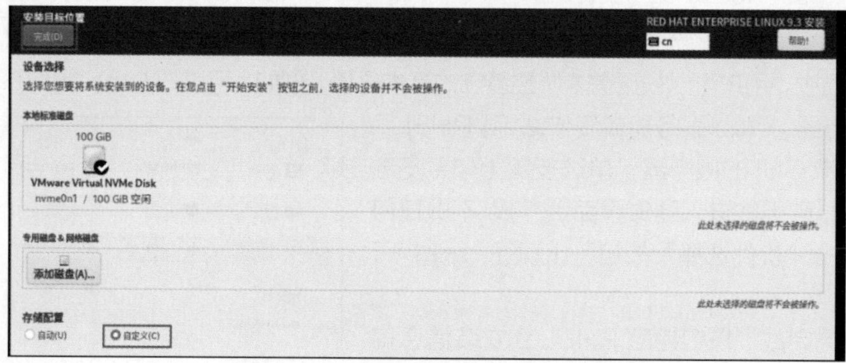

图 1-23　安装目标位置界面

（7）开始配置分区。磁盘分区允许用户将一个磁盘划分成几个单独的部分，每一部分都有自己的盘符。在分区之前，首先规划分区，以 100GB 磁盘为例，做如下规划。

- /boot 分区大小为 500MB。
- /boot/efi 分区大小为 500MB。
- /分区大小为 10GB。
- /home 分区大小为 8GB。
- swap 分区大小为 4GB。
- /usr 分区大小为 8GB。
- /var 分区大小为 8GB。
- /tmp 分区大小为 1GB。
- 预留 60GB 左右。

下面具体进行分区操作。

① 创建启动分区。在“新挂载点将使用以下分区方案”下拉列表框中选择“标准分区”。单击“+”按钮，选择挂载点为/boot（也可以直接输入挂载点），容量设置为 500MB，然后单击“添加新挂载点”按钮，如图 1-24 所示。在图 1-25 所示的界面中设置文件系统类型，默认文件系统类型为“xfs”。

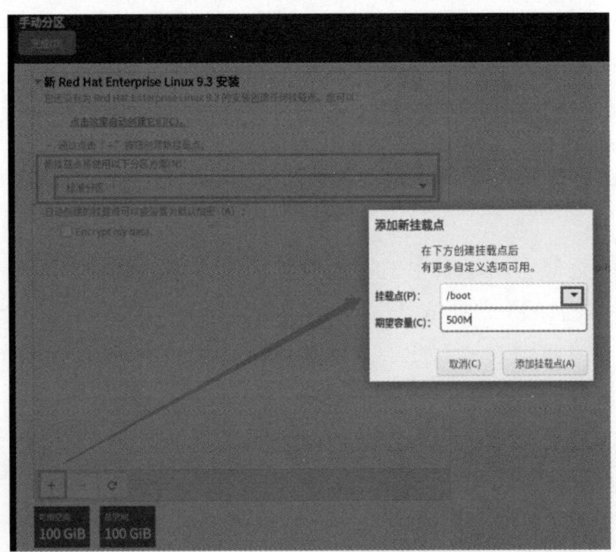

图 1-24　添加/boot 挂载点

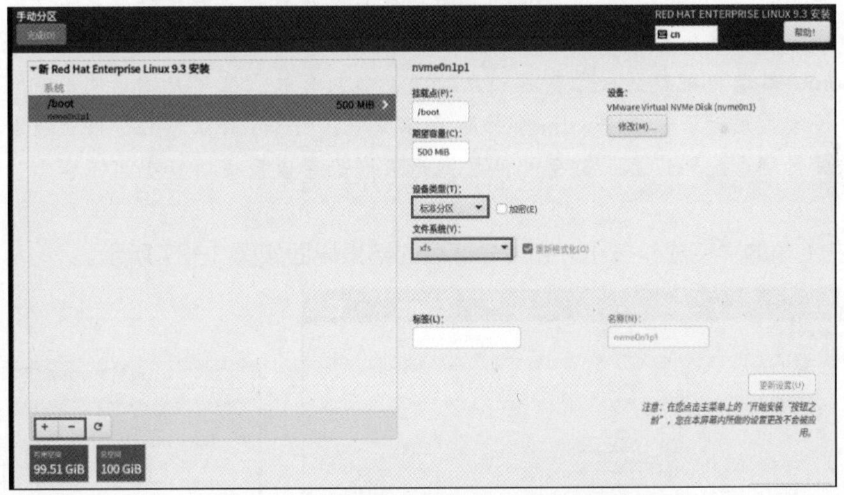

图 1-25　设置/boot 挂载点的文件系统类型

注意　① 一定要选择标准分区，以保证/home 为单独分区，为后面配额实训做必要准备。
② 单击图 1-25 所示的“- ”按钮，可以删除选中的分区。

② 创建交换分区。在图 1-25 所示的界面中单击“+”按钮，创建交换分区。在“文件系统”下拉列表框中选择 swap，容量一般设置为物理内存的两倍即可。例如，计算机物理内存大小为 2GB，那么设置的 swap 分区容量为 4GB。

> **说明** 什么是 swap 分区？简单地说，swap 分区就是虚拟内存分区，它类似于 Windows 的 PageFile.sys 页面交换文件，当计算机的物理内存容量不够时，它可以利用硬盘上的指定空间作为“后备军”来动态扩充内存。

③ 创建 EFI 启动分区。用与前面类似的方法创建 EFI 启动分区，容量为 500MB。

④ 创建根分区。用与前面类似的方法创建根分区，容量为 10GB。

⑤ 用与前面类似的方法创建/home 分区（容量为 8GB）、/usr 分区（容量为 8GB）、/var 分区（容量为 8GB）、/tmp 分区（容量为 1GB）。文件系统类型全部设置为“xfs”，设置设备类型全部为“标准分区”，如图 1-26 所示。

> **特别注意** 在 Linux 系统的存储布局规划中，存在两类具有不同挂载特性的目录集合。
>
> ① 对于/dev、/etc、/sbin、/bin 和 /lib 这些目录而言，它们与根分区具有强耦合性，不可分离挂载。在系统启动过程中，内核仅挂载根分区，而这些目录中的程序和文件对于内核初始化及后续系统启动流程至关重要，因此必须与根目录处于同一分区。例如，/dev 目录包含设备文件，为内核识别和访问硬件设备提供接口；/etc 目录存储系统配置文件，引导系统启动参数和服务运行配置；/sbin 目录存放系统管理命令，用于启动、修复和管理系统；/bin 目录包含基本用户命令，是系统启动后用户操作的基础；/lib 目录则提供系统运行所需的共享库文件，确保各类程序正常运行。
>
> ② 与之相对，/home、/usr、/var 和/tmp 这些目录建议单独分区挂载。从安全和管理的角度出发，独立分区能显著提升系统的可维护性和安全性。例如，在 Samba 服务场景下，对/home 目录单独分区便于实施磁盘配额策略，有效管理用户磁盘使用空间，防止个别用户过度占用资源；在 Postfix 邮件服务环境中，将/var 目录单独分区，有助于针对邮件存储进行磁盘配额设置，避免邮件数据无限增长导致系统磁盘空间耗尽。

⑥ 单击左上角的“完成”按钮。完成分区后的结果界面如图 1-27 所示。

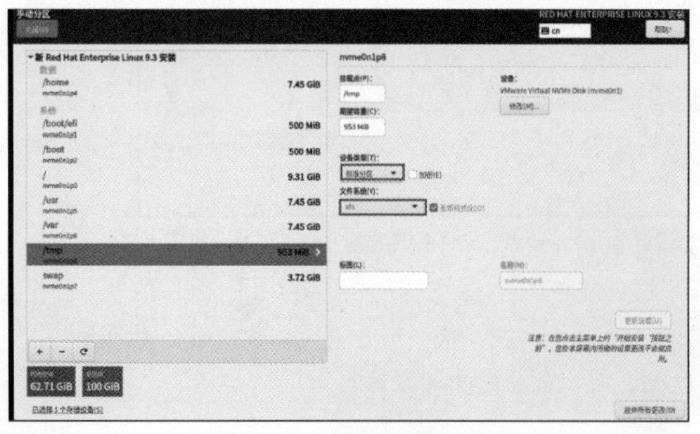

图 1-26　手动分区界面

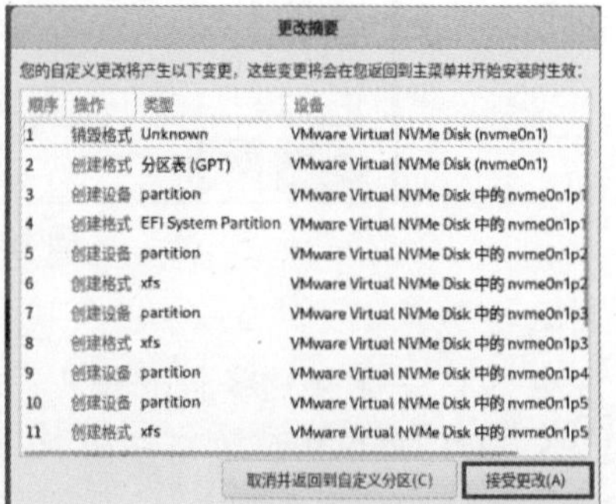

图 1-27　完成分区后的结果界面

在本任务中，/home 使用了独立分区/dev/nvme0n1p4。分区号与分区顺序有关。

注意 非易失性存储器标准（Non-Volatile Memory Express，NVMe）硬盘是一种固态盘。由于使用了 UEFI 启动，所以固态盘的分区采用 GPT 分区，最多可以划分 128 个分区。/dev/nvme0n1 表示第 1 个 NVMe 硬盘，/dev/nvme0n2 表示第 2 个 NVMe 硬盘，/dev/nvme0n1p1 表示第 1 个 NVMe 硬盘的第 1 个分区，/dev/nvme0n1p5 表示第 1 个 NVMe 硬盘的第 5 个分区，以此类推。

（8）单击“接受更改”按钮完成分区设置，返回安装信息摘要界面，接着选择“root 密码”选项。

（9）如图 1-28 所示，设置 root 密码。若坚持用弱密码，则需要双击“完成”按钮才可以确认。这里需要注意，在虚拟机中做实验的时候，密码的强度并无严格要求，但在生产环境中，必须确保 root 管理员的密码设置得相当复杂，否则系统将面临严重的安全问题。完成根密码设置后，单击“完成”按钮。

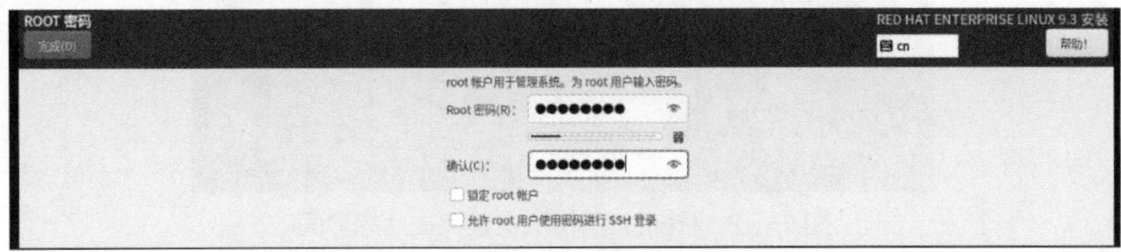

图 1-28 RHEL 9 的密码设置界面

（10）返回安装信息摘要界面，选择“创建用户”选项后，即可看到设置普通账户和密码的界面，如图 1-29 所示。例如，该账户的用户名为“yangyun”，密码为“passw0@d”，单击“完成”按钮（不符合要求的弱密码需双击“完成”按钮）。

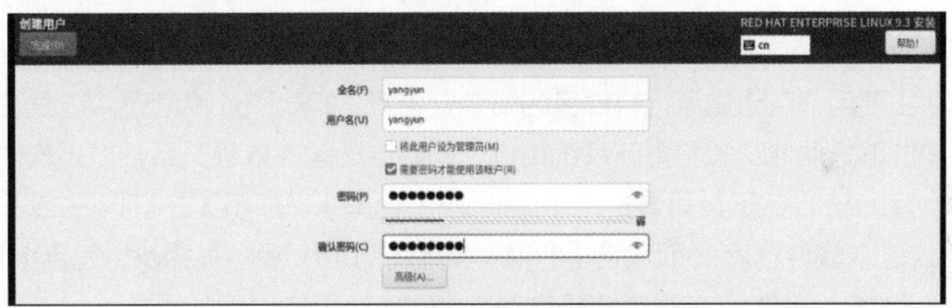

图 1-29 设置普通账户和密码的界面

（11）返回安装信息摘要界面，单击“开始安装”按钮。Linux 安装时间在 30～60min，用户在安装期间耐心等待即可。安装完成后单击“重启系统”按钮。

（12）重启系统后，出现登录界面，如图 1-30 所示。单击“未列出”按钮，然后以 root 用户身份登录计算机，如图 1-31 所示。

图 1-30 登录界面

图 1-31 以 root 用户身份登录计算机

（13）RHEL 9 初次安装完成后的界面如图 1-32 所示，选择“活动”→“显示应用程序”命令，可打开需要的应用。

特别提示 选择“活动”→“显示应用程序”命令，会显示全部应用程序，包括工具、设置、文件和 Firefox 等常用应用程序。

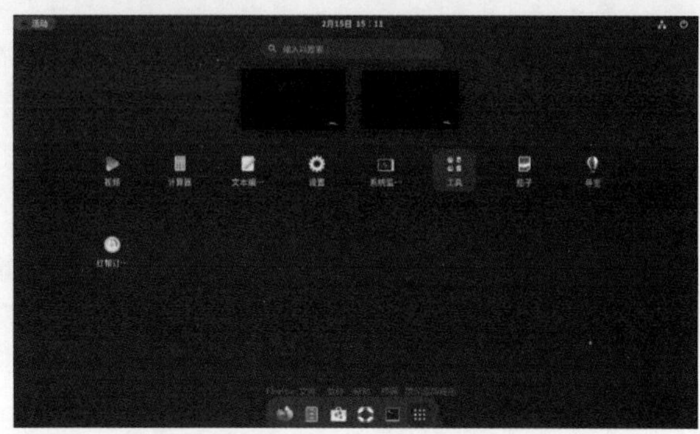

图 1-32　RHEL 9 初次安装完成后的界面

任务 1-4　使用 YUM 和 DNF

本书绝大部分的安装操作都采用 YUM 或 DNF 来完成。

1. YUM

YUM（Yellowdog Updater，Modified）是一种基于 RPM（Red Hat Package Manager）的软件包管理工具，主要用于自动化运行软件包的安装、更新、卸载和依赖管理。它通过远程软件仓库提供软件包，使用户能够方便地安装和更新系统组件，同时自动解决依赖关系，提高软件管理的便捷性。

YUM 软件仓库的核心在于其可靠的 repository（仓库），这可以是 HTTP 或 FTP 站点，也可以是本地软件池。这个软件仓库必须包含 RPM 软件包的 header，header 包含 RPM 软件包的各种信息，如描述、功能、提供的文件、依赖性等。YUM 的工作原理如下。

RHEL 先将发布的软件存放到 YUM 服务器内，再分析这些软件的依赖属性问题，将软件内的记录信息写下来，然后将这些信息分析后记录成软件相关的清单列表。这些列表数据与软件所在的位置可以称为容器（repository）。YUM 使用流程如图 1-33 所示。

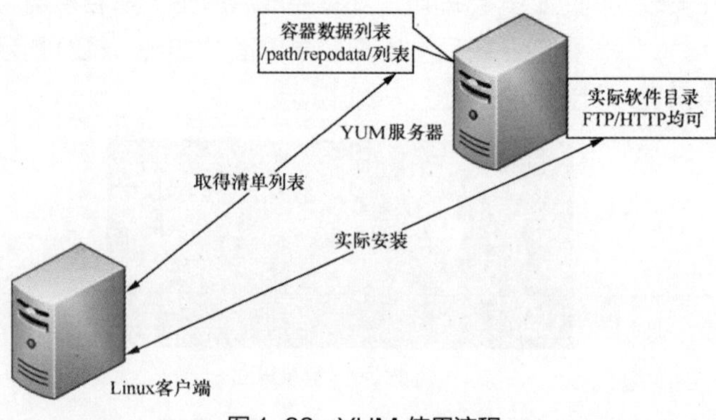

图 1-33　YUM 使用流程

当 Linux 客户端有升级、安装的需求时，会向容器要求更新清单列表，使清单列表更新到本机的/var/cache/yum 文件夹中。当 Linux 客户端实施更新、安装时，会用清单列表的数据与本机的 RPM 数据库进行比较，这样就知道该下载什么软件了。接下来会到 YUM 服务器下载所需的软件，然后通过 RPM 的机制开始安装软件。整个流程仍然离不开 RPM。

2. DNF 常用命令

DNF（Dandified YUM）和 YUM 都是 Linux 操作系统中的软件包管理工具，它们用于自动化安装、更新、配置和移除软件包。DNF 是 Fedora 项目为了改进 YUM 而开发的包管理工具，并在 CentOS 8 及更高版本中取代了 YUM 作为默认软件包管理器。

常见的 DNF 命令如表 1-1 所示。

表 1-1 常见的 DNF 命令

命令	作用
dnf install <package_name>	安装指定的软件包。可以指定一个或多个软件包名称，用空格分隔
dnf remove <package_name>	卸载指定的软件包。同样，可以指定一个或多个软件包名称，列出仓库中的所有软件包
dnf update	更新系统上已安装的所有软件包。如果想更新特定的软件包，可以加上软件包名称
dnf upgrade	这个命令的作用和 dnf update 的类似，但 dnf upgrade 会尝试升级所有软件包到最新的版本，即使它们当前的版本不是通过 DNF 安装的
dnf search <keyword>	根据关键字搜索可用的软件包
dnf list installed	列出系统上已安装的所有软件包
dnf info <package_name>	获取指定软件包的详细信息，如描述、版本、大小等
dnf clean all	清理 DNF 的缓存，包括已下载的软件包和元数据
dnf repolist	列出所有可用的软件包仓库，并显示它们的状态（启用或禁用）
dnf history	查看 DNF 的操作历史记录，包括安装、卸载、更新等操作
dnf upgrade --refresh	刷新软件包缓存并尝试升级系统上已安装的软件包
dnf list available	列出所有可用的软件包，但不包含尚未安装在系统上的
dnf groupinstall 'Development Tools'	用于安装一个软件包组，该组包含一组相关的软件包

3. BaseOS 和 AppStream

RHEL 9 继承并沿用了 RHEL 8 引入的应用程序流（AppStream）的设计理念。这一机制使用户能够更轻松地升级用户空间软件包，同时保持核心操作系统软件包的稳定性。AppStream 允许在 RedHat 提供的版本范围内选择不同的软件版本，以满足不同应用场景的需求。

RHEL 9 的软件源分为两个主要仓库：BaseOS 和 AppStream。

- BaseOS 仓库主要提供操作系统底层核心组件的软件包，采用传统的软件包管理器 RPM 进行管理。
- AppStream 仓库主要用于提供额外的用户空间应用、运行时语言和数据库，以支持不同的工作负载和应用场景。AppStream 中的软件包主要采用 RPM 格式，同时支持模块化的 RPM 扩展格式。

【例 1-1】配置本地 YUM 源，安装 Wireshark（一个网络协议分析器）。

创建挂载 ISO 映像文件的文件夹。/media 一般是安装系统时建立的，读者可以不必新建文件夹，直接使用该文件夹即可，但如果想把 ISO 映像文件挂载到其他文件夹，则需要新建文件夹。

（1）新建配置文件/etc/yum.repos.d/dvd.repo。在本书中，黑体一般表示输入命令。

```
[root@Server01 ~]# vim /etc/yum.repos.d/dvd.repo
[root@Server01 ~]# cat /etc/yum.repos.d/dvd.repo
```

```
[Media]
name=Meida
baseurl=file:///media/BaseOS
gpgcheck=0
enabled=1

[RHEL9-AppStream]
name=RHEL9-AppStream
baseurl=file:///media/AppStream
gpgcheck=0
enabled=1
```

注意 ①baseurl 语句的写法，baseurl=file:/// media/BaseOS 中有 3 个 "/"。②enabled=1 表示启用本地 YUM 源进行安装，如果将值 1 改为 0，则禁用本地 YUM 源安装。

（2）挂载 ISO 映像文件（保证/media 存在）。

```
[root@Server01 ~]# mount /dev/cdrom /media
mount: /media: WARNING: device write-protected, mounted read-only.
[root@Server01 ~]#
```

（3）清理缓存并建立元数据缓存。

```
[root@Server01 ~]# dnf clean all
[root@Server01 ~]# dnf makecache                    #建立元数据缓存
```

（4）查看软件包信息。

```
[root@Server01 ~]# dnf  repolist                    #查看系统中可用和不可用的所有 DNF 软件包仓库
[root@Server01 ~]# dnf  list                        #列出所有 RPM 软件包
[root@Server01 ~]# dnf  list  installed             #列出所有安装了的 RPM 软件包
[root@Server01 ~]# dnf  search  wireshark           #搜索软件库中的 RPM 软件包
=========================== 名称 精准匹配: wireshark ============================
wireshark.x86_64 : Network traffic analyzer
============================= 名称 匹配: wireshark ==============================
wireshark-cli.i686 : Network traffic analyzer
wireshark-cli.x86_64 : Network traffic analyzer

[root@Server01 ~]# dnf  provides  /bin/bash         #查找某一文件的提供者
[root@Server01 ~]# dnf  info  wireshark             #查看软件包详情
名称          : wireshark
时期          : 1
版本          : 3.4.10
发布          : 6.el9
架构          : x86_64
大小          : 3.9 M
源            : wireshark-3.4.10-6.el9.src.rpm
仓库          : rhel8-AppStream
概况          : Network traffic analyzer
URL           : http://www.wireshark.org/
............................
```

（5）安装 Wireshark 软件（无须确认信息）。

```
[root@Server01 ~]# dnf install wireshark  -y
......................
```

```
已安装：
  libsmi-0.4.8-30.el9.x86_64              openal-soft-1.19.1-16.el9.x86_64
  ……………………
完毕！
```

任务 1-5　启动 shell

Linux 中的 shell 又称为命令行，在这个命令行的终端窗口中，用户可以输入命令，操作系统执行该命令并将结果返回显示在屏幕上。

1．使用 Linux 操作系统的终端窗口

现在的 RHEL 9 默认采用图形界面的 GNOME 或者 KDE 操作方式，要想使用 shell 功能，就必须像在 Windows 中那样打开一个终端窗口。一般用户可以执行“活动”→“终端”命令来打开终端窗口，如图 1-34 所示。

图 1-34　RHEL 9 的终端窗口

2．使用 shell 提示符

登录系统之后，普通用户的 shell 提示符以“$”结尾，root 用户的 shell 提示符以“#”结尾。

```
[root@Server01 ~]#                          #root 用户以“#”结尾
[root@Server01 ~]# su - yangyun             #切换到普通用户 yangyun，“#”提示符将变为“$”
[yangyun@Server01 ~]$ su - root             #再切换回 root 用户，“$”提示符将变为“#”
密码：
```

3．退出系统

在终端窗口输入并执行“shutdown　-P　now”，或者单击右上角的关机按钮，选择“关机”命令，可以退出系统。

4．再次登录

如果再次登录，为了保证后面的实训顺利进行，应使用 root 用户。在图 1-35 所示的选择用户登录界面单击“未列出?”按钮，在出现的登录对话框中输入 root 用户的用户名及密码，以 root 用户身份登录计算机。

图 1-35　选择用户登录界面

任务 1-6　系统和服务管理

在 RHEL 9 中，systemd 是默认的初始化系统和服务管理器，它提供了一种一致的方式来启动、停止、重启和管理系统服务。

systemd 并不是一个命令，而是一组命令，涉及系统管理的方方面面。systemctl 是 systemd 的主命令（工具）。systemctl 主要用于与 systemd 初始化系统和服务管理器进行交互。通过 systemctl 命令，用户可以查看系统和服务的状态，启动、停止、重启服务，以及管理系统的运行级别等。

systemd 作为 Linux 的系统和服务管理器，负责管理系统的服务、挂载点、设备、计时器、日志记录等多个子系统，并提供统一的管理框架，以提高系统的启动速度和可维护性。

1. unit 基础操作

不同的资源统称为 unit（单元）。unit 一共分成 12 种。包括 Service、Target、Device、Mount、Automount、Path、Scope、Slice、Snapshot、Socket、Swap、Timer。

（1）执行 systemctl --help 命令，查看其他更多参数及其含义。

```
[root@Server01 ~]# systemctl --help
systemctl [OPTIONS...] COMMAND ...

Query or send control commands to the system manager.

Unit Commands:
  list-units [PATTERN...]          List units currently in memory
  ……（下略）
```

（2）执行 systemctl --version 命令，检查系统中是否安装有 systemd 并查询当前安装的版本。

```
[root@Server01 ~]# systemctl --version
systemd 252 (252-18.el9)
……
```

（3）执行 systemctl reboot 命令，重启系统。

```
[root@Server01 ~]# systemctl reboot
```

（4）执行 systemctl poweroff 命令，关闭系统，切断电源。

```
[root@Server01 ~]# systemctl poweroff
```

（5）执行 systemctl halt 命令，让 CPU 停止工作。

```
[root@Server01 ~]# systemctl halt
```

（6）执行 systemctl suspend 命令，暂停系统。

```
[root@Server01 ~]# systemctl suspend
```

（7）执行 systemctl hibernate 命令，让系统进入休眠状态。

```
[root@Server01 ~]# systemctl hibernate
```

（8）执行 systemctl hybrid-sleep 命令，让系统进入交互式休眠状态。

（9）执行 systemctl rescue 命令，进入救援状态（单用户状态）。

（10）执行 systemd-analyze 命令，查看启动耗时。

```
[root@Server01 ~]# systemd-analyze
Startup finished in 1.341s (kernel) + 3.030s (initrd) + 5.473s (userspace) = 9.844s
graphical.target reached after 5.462s in userspace.
```

2. 启动耗时

systemd-analyze 是一个强大的工具，使用它可获得系统启动性能的各种分析和统计信息。当想要了解系统从开机到达到可操作状态（如多用户模式或图形界面）所花费的总时间时，这个命令特别有用。

（1）执行 systemd-analyze blame 命令，查看每个服务的启动耗时。

（2）执行 systemd-analyze critical-chain 命令，显示瀑布状的启动过程流，如图 1-36 所示。

systemd-analyze critical-chain 命令用于显示系统启动过程中关键服务的依赖链，以瀑布状（或称为树状）的形式展现从系统初始化到达到某个特定状态（通常是默认目标，如 multi- user.target 或 graphical.target）所经过的最长路径。这个命令对于诊断系统启动性能问题非常有用，因为它可以帮助用户识别哪些服务是启动过程中的瓶颈。

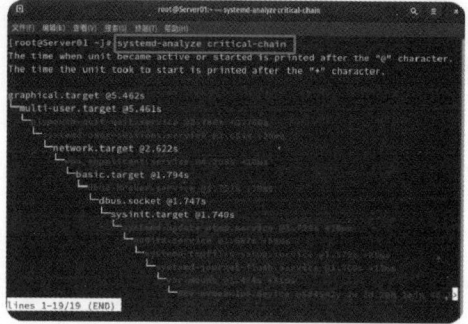

图 1-36　瀑布状的启动过程流

3. 获取状态信息

systemctl status 命令用于查看系统状态和单个 unit 的状态。

（1）执行 systemctl status 命令，显示系统状态。

```
[root@Server01 ~]# systemctl status
●  Server01
State: degraded
……
```

（2）执行 systemctl status dbus.service 命令，显示单个 unit 的状态。

```
[root@Server01 ~]# systemctl status dbus.service
●  dbus-broker.service - D-Bus System Message Bus
……
```

（3）执行 systemctl is-active dbus.service 命令，查看某个 unit 是否在运行。

```
[root@Server01 ~]# systemctl is-active dbus.service
Active
```

4. 单元管理

单元管理常用的是以下用于启动和停止 unit 的命令，这些命令主要针对 service 类型的 unit。

（1）执行 systemctl　start　sshd.service 命令，立即启动一个服务。

（2）执行 systemctl　stop　sshd.service 命令，立即停止一个服务。

（3）执行 systemctl　restart　sshd.service 命令，重启一个服务。

（4）执行 systemctl　reload　sshd.service 命令，重新加载一个服务的配置文件。

（5）执行 systemctl daemon-reload 命令，重载所有修改过的配置文件。

（6）执行 systemctl enable　sshd.service 命令，使某服务自动启动。

（7）执行 systemctl disable　sshd.service 命令，使某服务不自动启动。

5. 帮助手册

RHEL 9 操作系统自带一本联机使用的手册，以供用户在终端上查找相应信息。使用 man 命令可以调阅其中的帮助信息，非常方便和实用。

命令格式：man 系统命令

执行 man systemctl 命令后如图 1-37 所示。

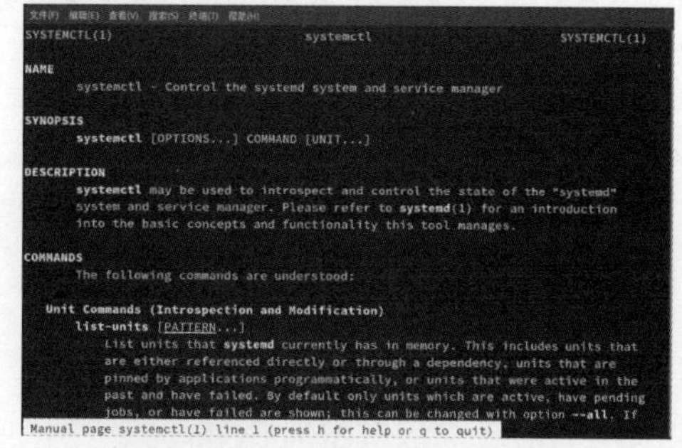

图 1-37　man 查看帮助手册示例

任务 1-7　制作系统快照

系统安装成功后，一定要使用虚拟机的快照功能进行快照备份，一旦有需要，可立即恢复到系统的初始状态。对于重要实训节点，也可以进行快照备份，以便后续可以恢复到适当断点。

1.4 拓展阅读“核高基”与国产操作系统

“核高基”就是“核心电子器件、高端通用芯片及基础软件产品”的简称，是国务院于 2006 年发布的《国家中长期科学和技术发展规划纲要（2006—2020 年）》中与载人航天、探月工程并列的 16 个重大科技专项之一。近年来，一批国产基础软件的领军企业的强势发展给我国软件市场增添了几许信心，而“核高基”犹如助推器，给了国产基础软件更强劲的发展支持力量。

自 2008 年 10 月 21 日起，微软公司对盗版 Windows 和 Office 用户进行“黑屏”警告性提示。自该“黑屏事件”发生之后，我国大量的计算机用户将目光转移到 Linux 操作系统和国产办公软件上，国产操作系统和办公软件的下载量一时间以几倍的速度增长，国产 Linux 操作系统和办公软件的发展也引起了大家的关注。

国产软件尤其是基础软件的时代已经来临，我们期望未来不会再受类似“黑屏事件”的制约，也希望我国所有的信息化建设都能建立在安全、可靠、可信的国产基础软件平台上。

1.5 项目实训　安装与基本配置 Linux 操作系统

1. 视频位置

实训前请扫描二维码观看“项目实录　安装与基本配置 Linux 操作系统”慕课。

1-6　慕课

项目实录　安装与基本配置 Linux 操作系统

2. 项目背景

某公司需要新安装一台带有 RHEL 9 的计算机，该计算机硬盘容量为 100GB，固件启动模式仍采用传统的 BIOS 模式，而不采用 UEFI 模式。

3. 项目要求

（1）规划好 2 台计算机（Server01 和 Client1）的 IP 地址、主机名、虚拟机网络连接模式等内容。

（2）在 Server01 上安装完整的 RHEL 9。

（3）硬盘容量为 100GB，按以下要求完成分区创建。

- /boot 分区容量为 600MB。
- swap 分区容量为 4GB。
- /分区容量为 10GB。
- /usr 分区容量为 8GB。
- /home 分区容量为 8GB。
- /var 分区容量为 8GB。
- /tmp 分区容量为 6GB。

- 预留约 55GB 不进行分区。

（4）简单设置新安装的 RHEL 9 的网络环境。

（5）安装 GNOME 桌面环境，将显示分辨率调至 1280×768。

（6）制作快照。

（7）使用虚拟机的“克隆”功能新生成一个 RHEL 9，主机名为 Client1，并设置该主机的 IP 地址等参数。（“克隆”生成的主机系统要避免与原主机 IP 地址冲突。）

（8）使用 ping 命令测试这 2 台 Linux 主机的连通性。

4. 深度思考

在观看视频时思考以下几个问题。

（1）分区规划为什么必须慎之又慎?

（2）第一个系统的虚拟内存至少设置为多大? 为什么?

5. 做一做

根据项目要求及视频内容，将项目完整地做一遍。

1.6 练习题

一、填空题

1. GNU 的含义是________。

2. Linux 内核一般有 3 个主要部分：________、________、________。

3. 目前被称为纯种的 UNIX 的就是________及________这两套操作系统。

4. Linux 是基于________的软件模式发布的，它是 GNU 项目制定的通用公共许可证（英文是________）。

5. 理查德·斯托尔曼成立了自由软件基金会，它的英文是________。

6. POSIX 是________的缩写，重点在规范核心与应用程序之间的接口，这是由美国电气与电子工程师学会（Institute of Electrical and Electronics Engineers，IEEE）发布的一项标准。

7. 当前的 Linux 常见的应用可分为________与________两个方面。

8. Linux 的版本分为________和________两种。

9. 安装 Linux 最少需要两个分区，分别是________和________。

10. Linux 默认的系统管理员账号是________。

11. CentOS Stream 9 是 CentOS 项目的一个________的发行版，旨在作为 RHEL 的上游，提供最新的________。CentOS Stream 9 从 Fedora Linux 的稳定版本开始，使用与 RHEL 相同的________。RHEL 9 与 CentOS Stream 9 的关系是紧密相关的，它们共享相同的代码库和________，确保了二者在稳定性上保持一致。

12. 如果选择的固件类型为 UEFI，则 Linux 操作系统至少必须建立 4 个分区：________、________、________和________。

二、选择题

1. Linux 最早是由计算机爱好者（　　）开发的。

A. Richard Petersen　　　　B. Linus Benedict Torvalds

C. Rob Pick　　D. Linux Sarwar

2. 下列中（　　）是自由软件。

A. Windows 10　　B. UNIX　　C. Linux　　D. Windows Server 2016

3. 下列中（　　）不是 Linux 的特点。

A. 多任务　　B. 单用户　　C. 设备独立性　　D. 开放性

4. Linux 的内核版本 2.3.20 是（　　）的版本。

A. 不稳定　　B. 稳定　　C. 第三次修订　　D. 第二次修订

5. Linux 安装过程中的硬盘分区工具是（　　）。

A. PQMagic　　B. fdisk　　C. FIPS　　D. Disk Druid

6. Linux 的根分区可以设置成（　　）。

A. FATl6　　B. FAT32　　C. XFS　　D. NTFS

三、简答题

1. 简述 Linux 的体系结构。

2. 使用虚拟机安装 Linux 操作系统时，为什么要选择“稍后安装操作系统”，而不是选择“安装程序光盘映像文件（iso）”？

3. 安装 RHEL 9 系统的基本磁盘分区有哪些？

4. 在 RHEL 9 中，默认的初始化系统和服务管理器是什么？请简要介绍。

5. 执行 systemctl --help 命令，查看其他更多参数及其含义。

6. 执行 systemctl --version 命令，检查系统中是否安装有 systemd 并查询当前安装的版本。

1.7 实践习题

用虚拟机和安装光盘安装和配置 RHEL 9，试着在安装过程中对 IPv4 地址进行配置。

1.8 超级链接

扫码访问国家级精品资源共享课网站加入学习，后面的项目中不再一一标注。

国家级精品资源
共享课网站

项目2
Linux常用命令与vim

02

项目导入

在文本模式和终端模式下，经常使用 Linux 命令来查看系统的状态和监视系统的操作，如对文件和目录进行浏览、操作等。Linux 较早的版本中，由于不支持图形化操作，用户基本上都是使用命令行对系统进行操作的，所以掌握常用的 Linux 命令是必要的。

系统管理员的一项重要工作就是修改与设定某些重要软件的配置文件，因此，系统管理员至少要学会使用一种文本编辑器。所有的 Linux 发行版都内置了 vim。vim 不但可以用不同颜色显示文本内容，还能够进行诸如 shell script、C program 等程序的编辑，因此，可以将 vim 视为一种程序编辑器。

掌握 Linux 常用命令和 vim 编辑器是学好 Linux 的基础。

知识和能力目标

- 熟悉 Linux 操作系统的命令基础。
- 掌握文件目录类命令。
- 掌握系统信息类命令。
- 掌握进程管理类命令及其他常用命令。
- 掌握 vim 编辑器的使用方法。

素质目标

- “大学之道，在明明德，在亲民，在止于至善。”“‘高山仰止，景行行止。’虽不能至，然心向往之”。了解计算机的主奠基人——华罗庚教授，知悉读大学的真正含义，激发学生的科学精神和爱国情怀。
- 为国家的繁荣发展贡献自己的力量；同时，努力成为更好的自己，为实现个人的人生价值努力奋斗。

2.1 项目知识准备

Linux 命令是对 Linux 操作系统进行管理的命令。对于 Linux 操作系统来说，无论是中央处理器、内存、磁盘驱动器、键盘、鼠标，还是账户等，都是文件。Linux 命令是 Linux 正常运行的核心，与 DOS 命令类似。掌握 Linux 命令对于管理 Linux 操作系统是非常必要的。

2-1 微课

Linux 常用命令与 vim

2.1.1 了解 Linux 命令的特点

在 Linux 操作系统中，命令区分大小写。

1. Tab 键的自动补齐

在命令行中，可以使用“Tab”键来自动补齐命令，即可以只输入命令的前几个字母，然后按“Tab”键补齐。

按“Tab”键时，如果系统只找到一个与输入字符相匹配的目录或文件，则自动补齐；如果没有匹配的内容或有多个相匹配的内容，系统将发出警鸣声，再按“Tab”键将列出所有相匹配的内容（如果有），以供用户选择。

例如，在命令提示符后输入“mou”，然后按“Tab”键，系统将自动补全该命令为“mount”；如果在命令提示符后只输入“mo”，然后按“Tab”键，将发出一声警鸣，再次按“Tab”键，系统将显示所有以“mo”开头的命令。

2. history 命令与方向键

history 命令记录了历史命令，可以使用 history 查看历史命令，也可以使用 history n 命令，显示 n 条最新的历史命令。

另外，利用向上或向下的方向键，可以翻查曾经执行过的命令，并可以再次执行。

3. 输入和执行多条命令

要在一个命令行上输入和执行多条命令，可以使用分号来分隔命令，如“cd /;ls”。

4. 断开一个长命令行

要断开一个长命令行，可以使用反斜杠“\”。它可以将一个较长的命令分成多行表达，增强命令的可读性。执行后，shell 自动显示提示符“>”，表示正在输入一个长命令，此时可继续在新的命令行上输入命令的后续部分。

5. 快速移动光标

使用“Home”和“End”键可以将光标快速移动到行首或行尾。

6. 清屏

当页面被字符充满，想快速清屏时，可以输入并执行 clear 或者按“Ctrl+L”组合键快速清屏。

2.1.2 获取帮助

在 RHEL 9 中，可以使用以下几种方法来获取帮助信息。

1. 使用 man 命令查看帮助手册

man 命令用于列出命令的帮助信息，例如：

```
[root@Server01 ~]# man ls
```

典型的 man 帮助信息包含以下几个部分。

- NAME：命令的名称。

- SYNOPSIS：名称的概要，简单说明命令的使用方法。
- DESCRIPTION：详细描述命令的作用，如各种参数（选项）的作用。
- SEE ALSO：列出可能要查看的其他相关的条目。
- AUTHOR、COPYRIGHT：作者和版权等信息。

2. 使用 help 命令

使用 help 命令可以获取内置命令或 shell 内置功能的帮助信息，例如，要获取 cd 命令的帮助信息，可以使用 help cd。

```
[root@Server01 ~]# help  cd
cd: cd [-L|[-P [-e]] [-@]] [目录]
    改变 shell 工作目录。
……
```

下面介绍内置命令和外置命令。内置命令（built-in commands）通常是指在 UNIX 或 Unix-like 系统中由 shell 直接提供的命令，而不需要额外的程序或工具。内置命令是在系统启动时就加载到内存的命令，其常驻内存，所以执行效率更高，但是占用资源，比如 cd、test 等。外置命令则是在系统需要时才从硬盘读取该程序文件，并加载到内存。

下面是常见的内置命令。

- help：用于查看 Linux 中其他命令的使用方式。
- exit：用于退出当前的 shell。
- history：用于显示历史执行过的命令。
- cd：用于切换当前的工作目录。
- source：用于重新执行刚修改的初始化文件。
- echo：用于输出字符串。
- fg：用于将后台运行或挂起的任务切换到前台运行。
- bg：用于将任务切换到后台运行。
- jobs：用于查看后台任务列表。
- hash：用于记住命令的路径，加速命令查找的内部哈希表。
- popd：用于删除目录栈中的记录。
- alias 和 unalias：分别用于查看或设置系统命令别名和取消设置系统命令别名。
- break 和 continue：分别用于跳出循环和进入下一个循环。
- eval：将参数当作命令执行。
- export：查看或设置全局变量。
- read：从标准输入中读取一行，并将输入行的每个字段的值都指定给 shell 变量。
- type：判断指定命令的类型。
- ulimit：修改系统资源使用限制。

那么如何验证一个命令是否是内置命令？可以尝试执行 type 命令。

```
[root@Server01 ~]# type cd
cd 是 shell 内建
[root@Server01 ~]# type mkdir
mkdir 是 /usr/bin/mkdir
[root@Server01 ~]# type reboot
```

```
reboot 是 /usr/sbin/reboot
[root@Server01 ~]# type help
help 是 shell 内建
[root@Server01 ~]# type top
top 是 /usr/bin/top
[root@Server01 ~]# type exit
exit 是 shell 内建
[root@Server01 ~]# type jobs
jobs 是 shell 内建
```

如果是内置命令，type 命令通常会输出“XX 是 shell 内建”的内容。对于其他命令，也可以使用 type 命令来验证。例如，echo 和 type 通常是内置命令。

3. 使用--help 选项获取命令或程序的帮助信息

例如，要获取 ls 命令的帮助信息，可以使用 ls --help。

```
[root@Server01 ~]# ls  --help
用法: ls [选项]... [文件]...
```

列出给定文件（默认为当前目录）的信息。

如果不指定 -cftuvSUX 中任意一个或--sort 选项，则根据字母大小排序。

必选参数对长短选项同时适用。

```
 -a, --all                    不隐藏任何以 . 开始的项目
……
```

4. 使用 info 命令查看信息页（更为详细）

例如，要查看 ls 命令的信息页，可以使用 info ls。

```
[root@Server01 ~]# info  ls
```

2.1.3 后台运行程序

一个文本控制台或一个仿真终端在同一时刻只能执行一个程序（或命令）。在执行结束前，一般不能进行其他操作。此时可采用在后台执行程序的方式，以释放控制台或终端，使其仍能进行其他操作。要使程序以后台方式执行，只需在要执行的命令后跟上一个“&”符号即可，如“top &”。

2.2 项目设计与准备

本项目的所有操作都在 Server01 上进行，主要命令包括文件目录类命令、系统信息类命令、进程管理类命令以及其他常用命令等。

可使用“hostnamectl set-hostname Server01”修改主机名（关闭终端后重新打开即生效）。

```
[root@localhost ~]# hostnamectl  set-hostname  Server01
```

2.3 项目实施

下面通过实例来了解常用的 Linux 命令。先把打开的终端关闭，再重新打开，让新修改的主机名生效。

任务 2-1 熟练使用文件目录类命令

文件目录类命令是用于对目录和文件进行各种操作的命令。

1. 熟练使用浏览目录类命令

（1）pwd 命令

pwd 命令用于显示用户当前所处的目录。

```
[root@Server01 ~]# pwd
/root
```

（2）cd 命令

cd 命令用来在不同的目录中切换。用户登录系统后会处于“家目录”（$HOME）中，该目录一般以/home 开始，后接用户名，这个目录就是用户的初始登录目录（root 用户的家目录为/root）。如果用户想切换到其他目录中，就可以使用 cd 命令，其后接想要切换的目录名。例如：

```
[root@Server01 ~]# cd ..              #改变目录位置至当前目录的父目录
[root@Server01 /]# cd etc             #改变目录位置至当前目录下的 etc 子目录
[root@Server01 etc]# cd ./yum         #改变目录位置至当前目录下的 yum 子目录
[root@Server01 yum]# cd ~             #改变目录位置至用户登录时的主目录（用户的家目录）
[root@Server01 ~]# cd ../etc          #改变目录位置至当前目录的父目录下的 etc 子目录
[root@Server01 etc]# cd /etc/xml      #利用绝对路径表示改变目录到 /etc/xml 目录
[root@Server01 xml]# cd               #改变目录位置至用户登录时的工作目录
[root@Server01 ~]#
```

说明 在 Linux 操作系统中，用“.”代表当前目录；用“..”代表当前目录的父目录；用“~”代表用户的家目录（主目录）。例如，root 用户的家目录是/root，不带任何参数的“cd”命令相当于“cd~”，即将目录切换到用户的家目录。

（3）ls 命令

ls 命令用来列出文件或目录信息，该命令的格式为：

```
ls  [选项]  [目录或文件]
```

ls 命令的常用选项如下。

- -a：显示所有文件，包括以“.”开头的隐藏文件。
- -A：显示指定目录下所有的子目录及文件，包括隐藏文件，但不显示“.”和“..”。
- -t：依照文件最后修改时间的顺序列出文件。
- -F：列出当前目录下文件的名称及类型。
- -R：显示目录及其所有子目录的文件名。
- -c：按文件的修改时间排序。
- -C：分成多列显示各行。
- -d：如果参数是目录，则只显示其名称，而不显示其下的各个文件。往往与“-l”选项一起使用，以得到目录的详细信息。
- -l：以长格形式显示文件的详细信息。
- -g：同上，但不显示文件的所有者工作组名。
- -i：在输出的第一列显示文件的 i 节点号。

例如：

```
[root@Server01 ~]#ls        #列出当前目录下的文件及目录
[root@Server01 ~]#ls -a     #列出包括以“.”开头的隐藏文件在内的所有文件
[root@Server01 ~]#ls -t     #依照文件最后修改时间的顺序列出文件
[root@Server01 ~]#ls -F     #列出当前目录下文件的名称及类型
#以“/”结尾表示目录名，以“*”结尾表示可执行文件，以“@”结尾表示符号链接
[root@Server01 ~]#ls -l     #列出当前目录下所有文件的权限、所有者、文件大小、修改时间及名称
[root@Server01 ~]#ls -lg    #同上，不显示文件的所有者工作组名
[root@Server01 ~]#ls -R     #显示目录及其所有子目录下的文件名
```

2. 熟练使用浏览文件类命令

（1）cat 命令

cat 命令主要用于滚动显示文件内容，或将多个文件合并成一个文件，该命令的格式为：

```
cat  [选项]  文件名
```

cat 命令的常用选项如下。

- -b：为输出内容中的非空行标注行号。
- -n：为输出内容中的所有行标注行号。

通常使用 cat 命令查看文件内容，但是 cat 命令的输出内容不能分页显示，要查看超过一屏的文件内容，需要使用 more 或 less 等其他命令。如果在 cat 命令中没有指定参数，则 cat 会从标准输入（键盘）中获取内容。

例如，查看/etc/passwd 文件内容的命令为：

```
[root@Server01 ~]#cat  /etc/passwd
```

利用 cat 命令还可以合并多个文件。例如，把 file1 和 file2 文件合并为 file3，且 file2 文件的内容在 file1 文件的内容前面，则命令为：

```
[root@Server01 ~]# echo "This is file1!">file1      #建立 file1 示例文件
[root@Server01 ~]# echo "This is file2!">file2      #建立 file2 示例文件
[root@Server01 ~]# cat file2 file1>file3            #如果 file3 文件存在，则此命令的执行
结果会覆盖 file3 文件中的原有内容
[root@Server01 ~]# cat file3
This is file2!
This is file1!
[root@Server01 ~]# cat file2 file1>>file3
#如果 file3 文件存在，此命令的执行结果将把 file2 和 file1 文件的内容附加到 file3 文件中原有内容的后面
```

（2）more 命令

在使用 cat 命令时，如果文件内容太长，则用户只能看到文件的最后一部分。这时可以使用 more 命令一页一页地分屏显示文件内容。more 命令通常用于分屏显示文件内容。在大部分情况下，可以不加任何选项直接执行 more 命令查看文件内容。执行 more 命令后，进入 more 状态，按“Enter”键可以向下移动一行，按“Space”键可以向下移动一页，按“Q”键可以结束 more 命令。该命令的格式为：

```
more  [选项]  文件名
```

more 命令的常用选项如下。

- -num：这里的 num 是一个数字，用来指定分页显示时每页的行数。
- +num：指定从文件的第 num 行开始显示。

例如：

```
[root@Server01 ~]#more /etc/passwd          # 以分页方式查看/etc/passwd 文件的内容
```

```
[root@Server01 ~]#cat /etc/passwd |more      # 以分页方式查看 passwd 文件的内容
```

more 命令经常在管道中被调用，以实现各种命令输出内容的分屏显示。上述的第二个命令就是利用 shell 的管道功能分屏显示 passwd 文件的内容。关于管道的内容将在项目 7 中详细介绍。

（3）less 命令

less 命令是 more 命令的改进版，比 more 命令的功能强大。more 命令只能向下翻页，而 less 命令不但可以向下、向上翻页，还可以前后左右移动。执行 less 命令后，进入 less 状态，按“Enter”键可以向下移动一行，按“Space”键可以向下移动一页，按“B”键可以向上移动一页，也可以用方向键向前后左右移动，按“Q”键可以结束 less 命令。

less 命令还支持在一个文本文件中进行快速查找。先按“/”键，再输入要查找的单词或字符，less 命令会在文本文件中进行快速查找，并把找到的第一个搜索目标高亮显示。如果希望继续查找，就再次按“/”键，再按“Enter”键即可。

less 命令的用法与 more 的基本相同，例如：

```
[root@Server01 ~]#less /etc/passwd   # 以分页方式查看 passwd 文件的内容
```

（4）head 命令

head 命令用于显示文件的开头部分，默认情况下，只显示文件前 10 行的内容。该命令的格式为：

```
head  [选项]  文件名
```

head 命令的常用选项如下。

- -n num：显示指定文件内容的前 num 行。
- -c num：显示指定文件内容的前 num 个字符。

例如：

```
[root@Server01 ~]#head  -n  20  /etc/passwd    #显示 passwd 文件内容的前 20 行
```

说明 若-n num 中 num 为负值，则表示倒数|num|行后面的所有行不显示。例如，num=-3 表示文件中倒数第 3 行后面的行不显示，其余都显示。

（5）tail 命令

tail 命令用于显示文件内容的末尾部分，默认情况下，只显示文件内容的末尾 10 行。该命令的格式为：

```
tail  [选项]  文件名
```

tail 命令的常用选项如下。

- -n num：显示指定文件内容的末尾 num 行。
- -c num：显示指定文件内容的末尾 num 个字符。
- -n +num：从第 num 行开始显示指定文件的内容。

例如：

```
[root@Server01 ~]#tail  -n  20  /etc/passwd    #显示 passwd 文件内容的末尾 20 行
```

tail 命令最为强大的功能在于它能不断地更新并显示一个文件的内容，这对于实时追踪和查看最新的日志文件来说，尤为实用，此时命令的格式为：

```
tail -f 文件名
```

例如：

```
[root@Server01 ~]# tail -f /var/log/messages
Aug 19 17:37:44 RHEL8-1 dbus-daemon[2318]: [session uid=0 pid=2318] Successfully
activated service 'org.freedesktop.Tracker1.Miner.Extract'
```

```
……
Aug 19 17:39:11 RHEL8-1 dbus-daemon[2318]: [session uid=0 pid=2318] Successfully activated service 'org.freedesktop.Tracker1.Miner.Extract'
```

3. 熟练使用目录操作类命令

（1）mkdir 命令

mkdir 命令用于创建一个目录。该命令的格式为：

```
mkdir  [选项]  目录名
```

上述目录名的路径可以为相对路径，也可以为绝对路径。

mkdir 命令的常用选项如下。

-p：在创建目录时，如果父目录不存在，则同时创建该目录及该目录的父目录。

例如：

```
[root@Server01 ~]#mkdir dir1    #在当前目录下创建 dir1 子目录
[root@Server01 ~]#mkdir -p dir2/subdir2
#在当前目录的 dir2 目录中创建 subdir2 子目录，如果 dir2 目录不存在，则同时创建
```

（2）rmdir 命令

rmdir 命令用于删除空目录。该命令的格式为：

```
rmdir  [选项]  目录名
```

上述目录名可以为相对路径，也可以为绝对路径，但所删除的目录必须为空目录。

rmdir 命令的常用选项如下。

-p：在删除目录时，一同删除父目录，但父目录中必须没有其他目录及文件。

例如：

```
[root@Server01 ~]#rmdir dir1    #在当前目录下删除 dir1 空子目录
[root@Server01 ~]#rmdir -p dir2/subdir2
#删除当前目录中的 dir2/subdir2 空子目录，删除 subdir2 目录时，如果 dir2 目录中无其他目录，则一同删除
```

4. 熟练使用 cp 命令

（1）cp 命令的使用方法

cp 命令主要用于文件或目录的复制。该命令的格式为：

```
cp  [选项]  源文件  目标文件
```

cp 命令的常用选项如下。

- -a：尽可能将文件或目录的状态、权限等属性按照原状予以复制。
- -f：如果目标文件或目录存在，则先删除它们再进行复制（覆盖），并且不提示用户。
- -i：如果目标文件或目录存在，则提示是否覆盖已有的文件。
- -R：递归复制目录，即包含目录下的各级子目录。

特别提示 *若加选项-f 后仍提示用户，则说明“cp -i”设置了别名 cp，可取消别名设置：unalias cp。*

（2）使用 cp 命令的范例

cp 命令是非常重要的，用不同身份执行这个命令会有不同的结果，尤其命令带-a、-p 选项时，结果差异非常大。在下面的练习中，有的身份为 root 用户，有的身份为一般用户（在这里用 yangyun 这个账号），练习时请特别注意身份的差别。请观察下面的复制练习。另外，/tmp 是在安装时建立

的独立分区，如果安装时没有建立，则自行建立。

【例 2-1】用 root 身份，将家目录下的.bashrc 复制到/tmp 下，并更名为 bashrc。

```
[root@Server01 ~]# cp ~/.bashrc /tmp/bashrc
[root@Server01 ~]# cp -i ~/.bashrc /tmp/bashrc
cp: 是否覆盖'/tmp/bashrc'?  n 不覆盖，y 为覆盖
# 重复两次，由于/tmp 下已经存在 bashrc，加上-i 选项后
# 在覆盖前会询问用户是否确定，可以按“N”键或者“Y”键来二次确认
```

【例 2-2】切换到目录/tmp，将/var/log/lastlog 复制到/tmp，并查看其属性。

```
[root@server01 ~]# cd /tmp
[root@server01 tmp]# cp /var/log/lastlog .
[root@server01 tmp]# ls -l /var/log/lastlog lastlog
-rw-r--r--. 1 root root 294920 6月  15 18:24 lastlog
-rw-rw-r--. 1 root utmp 294920 6月  15 18:17 /var/log/lastlog
# cp /var/log/lastlog .<==想要复制到当前目录，最后的“.”不要忘
# 在使用 cp 命令时，在不加任何选项的情况下，文件的某些属性/权限会改变
# 这是很重要的特性！要注意！文件建立的时间也不一样了！
```

如果想将文件的所有特性都一起复制过来，可以加上-a 选项，如下所示。

```
[root@server01 tmp]# rm lastlog
rm: 是否删除普通文件 'lastlog'? y
[root@server01 tmp]# cp -a /var/log/lastlog .
[root@server01 tmp]# ls -l /var/log/lastlog lastlog
-rw-rw-r--. 1 root utmp 294920 6月  15 18:17 lastlog
-rw-rw-r--. 1 root utmp 294920 6月  15 18:17 /var/log/lastlog
```

cp 命令的功能很多，因为我们常常会进行一些数据的复制，所以常常用到这个命令。一般来说，如果复制别人的数据（前提是有 read 的权限），总是希望复制到的数据最后是自己的。所以在预设的条件中，cp 命令的源文件与目的文件的权限是不同的，目的文件的拥有者通常会是命令操作者本身。

例如，在例 2-2 中，由于是 root 的身份，因此复制过来的文件拥有者与群组就变为 root。因为具有这个特性，所以我们在进行备份的时候，需要特别注意某些具有特殊权限文件。例如，密码文件（/etc/shadow）以及一些配置文件就不能直接用 cp 命令来复制，而必须加上-a 或-p 等选项。若加-p 选项，则表示除复制文件的内容外，还把修改时间和访问权限也复制到新文件中。

注意  想要复制文件给其他用户，也要注意文件的权限（包含读、写、执行以及文件拥有者等），否则其他用户还是无法对我们给的文件进行修改。

【例 2-3】复制/etc/目录下的所有内容到/tmp 文件夹。

```
[root@Server01 tmp]# cp  /etc  /tmp
cp: 未指定 -r; 略过目录'/etc'  <== 如果是目录则不能直接复制，要加上-r 选项
[root@Server01 tmp]# cp  -r  /etc  /tmp
# 再次强调：-r 可以复制目录，但是文件与目录的权限可能会被改变
# 所以在备份时，常常利用“cp  -a  /etc  /tmp”命令保持复制前后的对象权限不发生变化
```

【例 2-4】只有~/.bashrc 比/tmp/bashrc 更新，才进行复制。

```
[root@Server01 tmp]# cp  -u  ~/.bashrc  /tmp/bashrc
# -u 的特性是只有在目标文件与来源文件有差异时，才会复制
# 所以-u 常用于备份的工作
```

思考 能否使用 yangyun 身份，完整地复制/var/log/wtmp 文件到/tmp，并更名为 bobby_wtmp?

参考答案：

```
[root@Server01 tmp]# su - yangyun
[yangyun@Server01 ~]$ cp  -a  /var/log/wtmp  /tmp/bobby_wtmp
[yangyun@Server01 ~]$ ls  -l  /var/log/wtmp   /tmp/bobby_wtmp
-rw-rw-r--. 1 yangyun yangyun 7680 8月  19 17:09 /tmp/bobby_wtmp
-rw-rw-r--. 1 root    utmp    7680 8月  19 17:09 /var/log/wtmp
[yangyun@Server01 ~]$ exit
[root@Server01 tmp]#
```

5. 熟练使用文件操作类命令

（1）mv 命令

mv 命令主要用于文件或目录的移动或改名。该命令的格式为：

```
mv  [选项]  源文件或目录    目标文件或目录
```

mv 命令的常用选项如下。

- -i：在覆盖目标文件或目录之前提示用户确认。
- -f：强制移动文件或目录，不提示用户确认，即使目标文件或目录存在。

例如：

```
#将当前目录下的/tmp/wtmp 文件移动到/usr/目录下，文件名不变
[root@Server01 tmp]# cd
[root@Server01 ~]# mv /tmp/wtmp /usr/
#将/usr/wtmp 文件移动到根目录下，移动后的文件名为 tt
[root@Server01 ~]# mv /usr/wtmp /tt
```

（2）rm 命令

rm 命令主要用于文件或目录的删除，它是一个非常强大的命令，在使用时需要特别小心，因为删除的文件或目录无法轻易恢复。该命令的格式为：

```
rm  [选项]  文件名或目录名
```

rm 命令的常用选项如下。

- -i：在删除每个文件或目录之前提示用户确认。
- -f：强制删除文件或目录，不提示用户确认，忽略不存在的文件或目录。
- -R：递归删除目录及其所有内容，包括子目录和文件。

例如：

```
#删除当前目录下的所有文件，但不删除子目录和隐藏文件
[root@Server01 ~]# mkdir /dir1;cd /dir1             #分号（;）用于在同一行中分隔多个命令，使它们依次执行
[root@Server01 dir1]# touch aa.txt  bb.txt; mkdir subdir11;ll
[root@Server01 dir1]# rm *
#删除当前目录下的子目录 subdir11，包含其下的所有文件和子目录，并且提示用户确认
[root@Server01 dir]# rm -iR subdir11
```

注意 小心使用-f 和-r 选项，特别是在使用 rm -rf 命令时，一定要确认删除的目录和文件，避免误删重要数据。

在删除之前，建议备份重要数据，确保数据安全。

（3）touch 命令

touch 命令用于创建新的空文件或更新现有文件的时间戳。它是一个非常有用的命令，尤其是在编写脚本或进行文件操作时。该命令的格式为：

```
touch  [选项]  文件名或目录名
```

touch 命令的常用选项如下。

- -d：允许用户指定一个时间，touch 命令会将文件的访问时间和修改时间更新为这个指定的时间。
- -a：只更新文件的访问时间，而不改变文件的修改时间。访问时间是指文件最后一次被读取的时间。
- -m：只更新文件的修改时间，而不改变文件的访问时间。修改时间是指文件内容最后一次被修改的时间。

例如：

```
[root@Server01 dir]# cd
[root@Server01 ~]# touch aa
#如果当前目录下存在 aa 文件，则把 aa 文件的读取和修改时间改为当前时间
#如果不存在 aa 文件，则新建 aa 文件
[root@Server01 ~]# touch -d 20240808 aa        #将 aa 文件的读取和修改时间改为 2024 年 8 月 8 日
```

（4）rpm 命令

rpm 命令主要用于对 RPM 软件包进行管理。RPM 软件包是 Linux 的各种发行版中应用最为广泛的软件包之一，学会使用 rpm 命令对 RPM 软件包进行管理至关重要。该命令的格式为：

```
rpm  [选项]  软件包名
```

rpm 命令的常用选项如下。

- -qa：查询系统中安装的所有 RPM 软件包。
- -q：检查系统中是否安装了指定的 RPM 软件包。
- -qi：显示指定已安装 RPM 软件包的详细信息，包括版本、描述、大小、安装时间等。
- -ql：查询系统中已安装 RPM 软件包包含的文件列表。
- -qf：查找系统中某个文件属于哪个已安装的 RPM 软件包。
- -qp：查询 RPM 软件包文件中的信息，通常用于在安装 RPM 软件包之前了解 RPM 软件包中的信息。
- -i：用于安装指定的 RPM 软件包。
- -v：显示较详细的信息。
- -h：以“#”显示进度。
- -e：删除已安装的 RPM 软件包。
- -U：升级指定的 RPM 软件包。RPM 软件包的版本只有比当前系统中安装的 RPM 软件包的版本高才能正确升级。如果当前系统中并未安装指定的 RPM 软件包，则直接安装。
- -F：更新 RPM 软件包。

2-3 拓展阅读

diff 命令、ln 命令、gzip、gunzip 命令、tar 命令

【例 2-5】使用 rpm 命令查询 RPM 软件包及其文件。

```
[root@Server01 ~]#rpm -qa|more                    #查询系统安装的所有 RPM 软件包
```

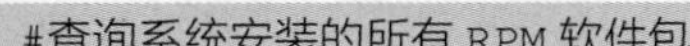

```
[root@Server01 ~]#rpm -q selinux-policy     #查询系统是否安装了 selinux-policy
[root@Server01 ~]#rpm -qi selinux-policy    #查询系统已安装的 RPM 软件包的描述信息
[root@Server01 ~]#rpm -ql selinux-policy    #查询系统已安装 RPM 软件包包含的文件列表
[root@Server01 ~]#rpm -qf /etc/passwd       #查询 passwd 文件所属的 RPM 软件包
```

【例 2-6】利用 rpm 命令安装 selinux-policy-doc 软件包，安装与卸载过程如下。

```
[root@Server01 ~]# mount  /dev/cdrom  /media   #挂载光盘
[root@Server01 ~]# cd /media/BaseOS/Packages   #改变目录到软件包所在的目录
[root@Server01 Packages]# rpm -q selinux-policy-doc #查询系统是否安装了该软件包
未安装软件包 selinux-policy-doc
[root@Server01 Packages]# rpm -ivh selinux-policy-doc-38.1.23-1.el9.noarch.rpm
#安装软件包名称可以使用“Tab”键补全，系统将以“#”显示安装进度和安装的详细信息
[root@Server01 Packages]#rpm -e selinux-policy-doc-38.1.23-1.el9.noarch
#卸载 selinux-policy-doc 软件包
[root@Server01 Packages]#rpm -Uvh selinux-policy-doc-38.1.23-1.el9.noarch.rpm
#升级 selinux-policy-doc 软件包
[root@Server01 Packages]#rpm -e selinux-policy-doc-38.1.23-1.el9.noarch
#再次卸载 selinux-policy-doc 软件包
```

注意　卸载软件包时不加扩展名.rpm，如果使用命令 rpm -e selinux-policy-doc-38.1.23-1.el9.noarch -- nodeps，则表示不检查依赖性。另外，软件包的名称会因系统版本而稍有差异，不要机械照抄。

（5）whereis 命令

whereis 命令用来寻找命令的可执行文件所在的位置。该命令的格式为：

```
whereis  [选项]  命令名称
```

whereis 命令的常用选项如下。

- -b：只查找二进制文件。
- -m：只查找命令的联机帮助手册部分。
- -s：只查找源码文件。

例如：

```
#查找命令 rpm 的位置
[root@Server01 Packages]# cd
[root@Server01 ~]# whereis rpm
rpm: /usr/bin/rpm /usr/lib/rpm /etc/rpm /usr/share/man/man8/rpm.8.gz
```

（6）whatis 命令

whatis 命令用于获取命令简介信息，它从某个命令的使用手册中抽出一行简单的介绍性内容，帮助用户迅速了解这个命令的具体功能。该命令的格式为：

```
whatis  命令名称
```

例如（若不成功，则先运行“mandb”命令，进行初始化或手动更新索引数据库缓存）：

```
[root@Server01 ~]# whatis ls
ls (1)              - list directory contents
ls (1p)             - list directory contents
```

（7）find 命令

find 命令用于查找文件，它的功能非常强大。该命令的格式为：

```
find  [路径]  [匹配表达式]
```

find 命令的匹配表达式主要有以下几种类型。

- -name filename：查找指定名称的文件。
- -user username：查找属于指定用户的文件。
- -group grpname：查找属于指定组的文件。
- -print：显示查找结果。
- -size n：查找大小为 *n* 块的文件，一块为 512B。符号“+n”表示查找大小大于 *n* 块的文件；符号“-n”表示查找大小小于 *n* 块的文件；符号“nc”表示查找大小为 *n* 个字符的文件。
- -inum n：查找索引节点号为 *n* 的文件。
- -type：查找指定类型的文件。文件类型有：b（块设备文件）、c（字符设备文件）、d（目录）、p（管道文件）、l（符号链接文件）、f（普通文件）。
- -atime n：查找 *n* 天前被访问过的文件。“+n”表示查找超过 *n* 天前被访问的文件；“-n”表示查找未超过 *n* 天前被访问的文件。
- -mtime n：查找文件内容被修改的时间，单位为天。
- -ctime n：查找文件元数据（如权限、所有者、硬链接等）发生变化的时间，单位为天。
- -perm mode：查找与指定权限匹配的文件，可使用数字表示法（如 644）或字符表示法（如/u=rwx）。
- -newer file：查找比指定文件更新的文件，即最后修改时间离现在较近。
- -exec command {} \;：对匹配指定条件的文件执行 command 命令。
- -ok command {} \;：与 exec 相同，但执行 command 命令时提示用户确认。

例如：

```
[root@Server01 ~]# find . -type f -exec ls -l {} \;
#在当前目录下查找普通文件，并以长格形式显示
[root@Server01 ~]# find /tmp -type f -mtime +5 -exec rm {} \;
#在/tmp 目录中查找修改时间为 5 天以前的普通文件，并删除。保证/tmp 目录存在
[root@Server01 ~]# find /etc -name "*.conf"
#在/etc/目录下查找文件名以“.conf”结尾的文件
[root@Server01 ~]# find . -type d -perm 755 -exec ls {} \;
#在当前目录下查找权限为 755 的目录并显示
```

注意 由于 find 命令在执行过程中将消耗大量资源，所以建议以后台方式运行。

（8）grep 命令

grep 命令用于查找文件中包含指定字符串的行。该命令的格式为：

```
grep [选项] 要查找的字符串 文件名
```

grep 命令的常用选项如下。

- -v：列出不匹配的行。
- -c：对匹配的行计数。
- -l：只显示包含匹配模式的文件名。
- -h：抑制包含匹配模式的文件名的显示。
- -n：每个匹配行只按照相对的行号显示。

- -i：对匹配模式不区分大小写。

在 grep 命令中，字符“^”表示行的开始，字符“$”表示行的结尾。如果要查找的字符串中带有空格，则可以用单引号或双引号标注。

例如：

```
[root@Server01 ~]# grep -2 root /etc/passwd
#在文件 passwd 中查找包含字符串“root”的行，如果找到，则显示该行及该行前后各 2 行的内容
[root@Server01 ~]# grep "^root$" /etc/passwd
#在 passwd 文件中搜索只包含“root”4 个字符的行
```

提示 grep 命令和 find 命令的差别在于，grep 命令是在文件中搜索满足条件的行，而 find 命令是在指定目录下根据文件的相关信息查找满足指定条件的文件。

【例 2-7】可以利用 grep 命令的-v 选项，过滤掉带“#”的注释行和全部空白行。下面的例子是将/etc/ login.defs 中的所有空白行和注释行删除，将简化后的配置文件存放到当前目录下，并更改名称为 file_login.defs.bak。

```
[root@Server01 ~]# grep -Ev '^$|^\s*#' /etc/login.defs >file_login.defs.bak
[root@Server01 ~]# cat file_login.defs.bak
MAIL_DIR /var/spool/mail
UMASK          022
HOME_MODE 0700
PASS_MAX_DAYS 99999
PASS_MIN_DAYS 0
PASS_WARN_AGE 7
UID_MIN                  1000                #普通用户最小 UID
UID_MAX                 60000                #普通用户最大 UID
……
GID_MIN                  1000                #普通用户最小 GID
GID_MAX                 60000                #普通用户最小 GID
……
ENCRYPT_METHOD SHA512
USERGROUPS_ENAB yes
CREATE_HOME    yes
HMAC_CRYPTO_ALGO SHA512
```

对于这个命令，其选项的含义如下。

- -E：使用扩展正则表达式（支持操作符）。
- -v：使 grep 输出不匹配模式的行。
- ^$：匹配空行。
- ^\s*#：匹配以“#”开头的行，“\s*”表示匹配任意数量的空白字符。
- /etc/login.defs：需要处理的文件名。

/etc/login.defs 文件用于在创建用户时，对用户的一些基本属性做默认设置。这个文件定义了与/etc/passwd 和/etc/shadow 配套的用户限制设定，包括指定用户的 UID 和 GID 的范围、用户的过期时间、密码的最大长度等。

这种方法主要用于可读的文本文件（比如 conf）太长，特别是注释（以#开头）、空行占了非常多行的情况。这样处理可大大简化文件内容，利于阅读。

（9）dd 命令

dd 命令是一个功能强大的命令行工具，主要用于按照指定的大小和数量复制文件或转换文件。它可以从标准输入或文件中读取数据，然后按照指定的参数将数据写入标准输出或文件中。dd 命令的常见用法包括创建空文件、复制文件、转换文件格式等。通过调整命令中的参数，可以灵活控制数据块的大小、复制的数量等，从而实现对文件的精确控制。dd 命令的格式为：

```
dd [选项]
```

dd 命令的参数及其作用如表 2-1 所示。

表 2-1　dd 命令的参数及其作用

参数	作用
if=文件名	指定输入文件，即源文件
of=文件名	指定输出文件，即目标文件
bs=字节数	指定每个数据块的大小
count=块数	指定要复制的块数
skip=块数	从输入文件中跳过指定数量的块后再开始读取
seek=块数	从输出文件中跳过指定数量的块后再开始写入
status=进度	控制进度显示。为 none 时不显示任何信息，为 progress 时显示复制进度
conv=关键字	指定转换操作。例如，为 ucase 时将输入转换为大写，为 notrunc 时保留输出文件的长度

dd 命令不仅能进行简单的文件复制，还可以用于数据传输和转换。例如，从/dev/urandom 设备文件中提取 3 个大小为 100MB 的数据块，然后将它们保存到名为 random_data.bin 的文件中。

```
[root@Server01 ~]# dd if=/dev/urandom of=random_data.bin bs=100M count=3
0+3 records in
0+3 records out
100663293 bytes (101 MB, 96 MiB) copied, 0.502758 s, 200 MB/s
[root@Server01 ~]# rm random_data.bin
```

在这个示例中，相关参数说明如下。

- if=/dev/urandom 指定输入文件为 /dev/urandom 设备文件。
- of=random_data.bin 指定输出文件为 random_data.bin。
- bs=100M 设置每个数据块的大小为 100MB。
- count=3 表示复制 3 个数据块。

dd 命令的输出信息解释如下。

- 0+3 records in 表示读取了 0 个完整的块和 3 个部分块。
- 0+3 records out 表示写入了 0 个完整的块和 3 个部分块。
- 100663293 bytes (101 MB, 96 MiB) copied, 0.502758 s, 200 MB/s 表示总共复制了 100 663 293 字节的数据，用时 0.502 758 秒，速度为 200 MB/s。

任务 2-2　熟练使用系统信息类命令

系统信息类命令是用于对系统的各种信息进行显示和设置的命令。

（1）dmesg 命令

dmesg 命令用于显示内核环形缓冲区中的消息，这些消息通常包含系统启动时的硬件检测信息、内核事件信息、驱动程序加载信息等。它可以帮助诊断硬件问题、查看系统事件等。例如：

```
[root@Server01 ~]# dmesg -w|more
```

使用 -w 选项可以使 dmesg 命令持续监控并显示新的内核消息，适用于实时监控系统事件，按“Q”键可以退出。

提示 系统启动时，屏幕上会显示系统 CPU、内存、网卡等硬件信息。但显示过程通常较短，如果用户没有来得及看清，则可以在系统启动后用 dmesg 命令查看。

（2）free 命令

free 命令主要用来查看系统内存、虚拟内存的大小及占用情况。例如：

```
[root@Server01 ~]# free
              total        used        free      shared  buff/cache   available
Mem:        1843832     1253956      166480       16976      423396      414636
Swap:       3905532       25344     3880188
```

（3）timedatectl 命令

在 RHEL/CentOS 7 及后续的 RHEL 9 系统中，timedatectl 命令作为 systemd 系统和服务管理器的重要组件，是一项重要的时间管理工具革新。相较于传统基于 Linux 发行版中采用 sysvinit 守护进程管理机制下的 date 命令，timedatectl 命令在功能和使用方式上都展现出显著优势。它不仅提供了更丰富、更精细化的时间与日期配置功能，还能实现网络时间同步、时区管理等高级操作，以更高效、更统一的方式服务于系统时间管理，成为 Linux 系统管理中不可或缺的实用工具。

timedatectl 命令可以查询和更改系统时钟和设置，可以使用此命令来设置或更改当前的日期、时间和时区，或实现与远程 NTP 服务器的自动系统时钟同步。

① 显示系统的当前日期、时间、时区等信息。

```
[root@Server01 ~]# timedatectl status
               Local time: 一 2024-02-01 11:33:31 EST
           Universal time: 一 2024-02-01 16:33:31 UTC
                 RTC time: 一 2024-02-01 16:33:31
                Time zone: America/New_York (EST, -0500)
System clock synchronized: no
              NTP service: active
          RTC in local TZ: no
```

实时时钟（Real-Time Clock，RTC），即硬件时钟。

② 设置当前时区。

```
[root@Server01 ~]# timedatectl |grep Time                       #查看当前时区
[root@Server01 ~]# timedatectl list-timezones                   #查看所有可用时区
[root@Server01 ~]# timedatectl set-timezone Asia/Shanghai       #修改当前时区
```

③ 设置时间和日期。

```
[root@Server01 ~]# timedatectl set-time  10:43:30   #只设置时间
Failed to set time: NTP unit is active
```

这个错误是启动了时间同步造成的，改正错误的办法是关闭该 NTP 单元。

```
[root@Server01 ~]# clear                                  #清屏
```

```
[root@Server01 ~]# timedatectl set-ntp no            #关闭时间同步
[root@Server01 ~]# timedatectl set-time 10:58:30     #仅设置时间，格式为“时:分:秒”
[root@Server01 ~]# timedatectl set-time 2024-08-22#仅设置日期，格式为“年-月-日”
[root@Server01 ~]# timedatectl                       #查看设置结果
[root@Server01 ~]# timedatectl set-time "2024-08-21 11:01:40" #设置日期和时间
[root@Server01 ~]# timedatectl                       #查看设置结果
```

注意 只有 root 用户才可以改变系统的日期和时间。

（4）cal 命令

cal 命令是 Linux 系统中用于显示日历信息的实用工具，其参数使用与功能输出具有明确的规范。该命令支持两种参数形式。当指定两个参数时，需依次输入 月份与年份，且均需以数字形式表示，此时可精准展示指定月份的日历内容。若仅指定一个参数，该参数将被识别为年份，系统会展示对应年份的全年日历，其年份取值范围限定在 1～9999。在未指定任何参数的情况下，cal 命令默认展示系统当前月份的日历信息。例如，执行 cal 2024，将呈现 2024 年全年日历；直接运行 cal，将输出当前月份的日历内容；执行 cal 7 2025，将显示 2025 年 7 月的日历，如下所示。

```
[root@Server01 ~]# cal 7 2025
  七月 2025
一 二 三 四 五 六 日
    1  2  3  4  5  6
 7  8  9 10 11 12 13
14 15 16 17 18 19 20
21 22 23 24 25 26 27
28 29 30 31
```

（5）clock 命令

clock 命令用于从计算机的硬件获得日期和时间。例如：

```
[root@Server01 ~]# clock
2024-09-23 22:09:57.997444+08:00
```

任务 2-3　熟练使用进程管理类命令

进程管理类命令是用于对进程进行各种显示和设置的命令。

（1）ps 命令

ps 命令主要用于查看系统的进程。该命令的格式为：

```
ps  [选项]
```

ps 命令的常用选项如下。

- -a：显示当前控制终端的进程（包含其他用户的）。
- -u：显示进程的用户名和启动时间等信息。
- -w：宽行输出，不截取输出中的命令行。
- -l：按长格形式显示输出。
- -x：显示没有控制终端的进程。
- -e：显示所有进程。
- -t n：显示第 *n* 个终端的进程。

例如：

```
[root@Server01 ~]# ps -au
USER  PID  %CPU %MEM VSZ   RSS  TTY   STAT START TIME  COMMAND
root  2459 0.0  0.2  1956  348  tty2  Ss+  09:00 0:00  /sbin/mingetty tty2
root  2460 0.0  0.2  2260  348  tty3  Ss+  09:00 0:00  /sbin/mingetty tty3
root  2461 0.0  0.2  3420  348  tty4  Ss+  09:00 0:00  /sbin/mingetty tty4
root  2462 0.0  0.2  3428  348  tty5  Ss+  09:00 0:00  /sbin/mingetty tty5
root  2463 0.0  0.2  2028  348  tty6  Ss+  09:00 0:00  /sbin/mingetty tty6
root  2895 0.0  0.9  6472 1180  tty1  Ss   09:09 0:00  bash
```

提示 ps 命令通常和重定向、管道等命令一起使用，用于查找出所需的进程。输出内容第一行的中文解释是：进程的所有者；进程控制符；CPU 占用率；内存占用率；虚拟内存使用量（单位是 KB）；占用的固定内存量（单位是 KB）；显示进程所关联的终端设备（如果有的话）；所在终端进程状态；被启动的时间；实际使用 CPU 的时间；命令名称与参数等。

（2）pidof 命令

pidof 命令用于查询某个指定服务进程的进程控制符（Process Identifier，PID），该命令的格式为：

```
pidof [选项] [服务名称]
```

每个进程的 PID 是唯一的，因此可以利用 PID 来区分进程。例如，可以使用如下命令来查询本机上 sshd 服务程序的 PID。

```
[root@Server01 ~]# pidof sshd
1218
```

（3）kill 命令

前台进程在运行时，可以用“Ctrl+C”组合键来终止它，但无法使用这种方法终止后台进程，此时可以使用 kill 命令向后台进程发送强制终止信号，以达到目的。例如：

```
[root@Server01 ~]# kill -l
 1) SIGHUP       2) SIGINT       3) SIGQUIT      4) SIGILL
 5) SIGTRAP      6) SIGABRT      7) SIGBUS       8) SIGFPE
 9) SIGKILL     10) SIGUSR1     11) SIGSEGV     12) SIGUSR2
13) SIGPIPE     14) SIGALRM     15) SIGTERM     17) SIGCHLD
18) SIGCONT     19) SIGSTOP     20) SIGTSTP     21) SIGTTIN
22) SIGTTOU     23) SIGURG      24) SIGXCPU     25) SIGXFSZ
26) SIGVTALRM   27) SIGPROF     28) SIGWINCH    29) SIGIO
30) SIGPWR      31) SIGSYS      34) SIGRTMIN    35) SIGRTMIN+1
……
```

上述命令用于显示 kill 命令能够发送的信号种类。每个信号都有一个数值对应，例如，SIGKILL 信号的值为 9。kill 命令的格式为：

```
kill  [选项]  进程1  进程2 ……
```

选项-s 后一般接信号的类型。

例如：

```
[root@Server01 ~]# ps
  PID TTY        TIME      CMD
 1448 pts/1    00:00:00  bash
 2394 pts/1    00:00:00  ps
[root@Server01 ~]# kill -s SIGKILL 1448  #或者 kill  -9 1448
#上述命令用于结束 bash 进程，会关闭终端
```

（4）killall 命令

与 kill 命令不同，killall 命令可以通过进程名直接终止进程，而不需要知道进程的 PID，该命令的格式为：

```
killall [选项] [进程名称]
```

终止特定进程名的所有进程：

```
[root@Server01 ~]# killall bash
```

终止指定用户的所有进程：

```
[root@Server01 ~]# killall -u root
```

该命令可以终止属于指定用户 username 的所有进程。

（5）nice 命令

Linux 操作系统有两个和进程有关的优先级。用“ps -l”命令可以看到两个优先级：PRI 和 NI。PRI 值是进程实际的优先级，它是由操作系统动态计算的。这个优先级的计算和 NI 值有关。NI 值可以被用户更改，NI 值越大，优先级越低。一般用户只能增大 NI 值，只有 root 用户才可以减小 NI 值。NI 值被改变后，会影响 PRI 值。优先级高的进程将被优先运行，默认时进程的 NI 值为 0。nice 命令的格式为：

```
nice  -n  程序名  #以指定的优先级运行程序
```

其中，n 表示 NI 值，正值代表 NI 值增大，负值代表 NI 值减小。

例如：

```
[root@Server01 ~]# nice --2 ps -l
```

（6）renice 命令

renice 命令是根据进程的 PID 来改变进程优先级的。renice 命令的格式为：

```
renice  n   进程号
```

其中，n 为修改后的 NI 值。

例如：

```
[root@Server01 ~]# ps -l
F S   UID   PID  PPID  C PRI  NI ADDR SZ WCHAN  TTY          TIME CMD
0 S     0  3324  3322  0  80   0 - 27115 wait   pts/0    00:00:00 bash
4 R     0  4663  3324  0  80   0 - 27032 -      pts/0    00:00:00 ps
[root@Server01 ~]# renice -6 3324
[root@Server01 ~]# ps -l
```

2-4 拓展阅读
top 命令

（7）top 命令

和 ps 命令不同，top 命令可以实时监控进程的状况。top 命令界面每 5s 自动刷新一次，也可以用“top -d 20”使得 top 命令界面每 20s 刷新一次。

（8）jobs、bg、fg 命令

jobs 命令用于查看在后台运行的进程。例如：

```
[root@Server01 ~]# find / -name  h* #立即按“Ctrl + Z”组合键将当前命令暂停
[1]+  已停止                  find / -name h*
[root@Server01 ~]# jobs
[1]+  已停止                  find / -name h*
```

bg 命令用于把进程放到后台运行。例如：

```
[root@Server01 ~]# bg %1
```

fg 命令用于把在后台运行的进程调到前台运行。例如：

```
[root@Server01 ~]# fg %1
```

任务 2-4 熟练使用其他常用命令

除了前面介绍的命令，还有一些命令也经常用到。

（1）clear 命令

clear 命令用于清除命令行终端的内容。

（2）uname 命令

uname 命令用于显示系统信息。例如：

```
[root@Server01 ~]# uname -a
Linux RHEL8-1 4.18.0-193.el8.x86_64 #1 SMP Fri Mar 27 14:35:58 UTC 2020 x86_64 x86_
64 x86_64 GNU/Linux
```

（3）shutdown 命令

shutdown 命令用于在指定时间关闭系统。该命令的格式为：

```
shutdown  [选项]  时间  [警告信息]
```

shutdown 命令常用的选项如下。

- -r：系统关闭后重新启动。
- -h：关闭系统。

时间可以是以下几种形式。

- now：表示立即。
- hh:mm：指定绝对时间，hh 表示小时，mm 表示分钟。
- +m：表示 m 分钟以后。

例如：

```
[root@Server01 ~]# shutdown -h now   #立即关闭系统
```

（4）halt 命令

halt 命令用于立即停止系统，但该命令不自动关闭电源，需要手动关闭电源。

（5）reboot 命令

reboot 命令用于重新启动系统，相当于“shutdown -r now”。

（6）poweroff 命令

poweroff 命令用于立即停止系统，并关闭电源，相当于“shutdown -h now”。

（7）alias 命令

alias 命令用于创建命令的别名。该命令的格式为：

```
alias  命令别名 = "命令行"
```

例如：

```
[root@Server01 ~]# alias hs="vim /etc/hosts"
#定义 hs 为命令“vim /etc/hosts”的别名，实际做一下，看执行 hs 会怎样
```

alias 命令不带任何参数时将列出系统已定义的别名。

（8）unalias 命令

unalias 命令用于取消别名的定义。例如：

```
[root@Server01 ~]# unalias hs
```

（9）history 命令

history 命令用于显示用户最近执行的命令，可以保留的历史命令数和环境变量 HISTSIZE 有

关。只要在编号前加“!”，就可以重新运行 history 中显示出的命令行。例如：

```
[root@Server01 ~]# !128
```

上述代码表示重新运行第 128 个历史命令。

（10）who 命令

who 命令用于查看当前登录主机的用户终端信息，命令的格式为：

```
who [选项]
```

who 命令可以快速显示当前登录本机的用户名及其使用的终端信息。执行 who 命令后的结果如下。

```
[root@Server01 ~]# who
root     tty2         2024-02-12 06:33 (tty2)
```

（11）last 命令

last 命令用于查看所有的登录记录。该命令的格式为：

```
last [选项]
```

使用 last 命令可以查看本机的登录记录。但是，由于系统以日志文件的形式存储了这些信息，所以黑客可以很容易地篡改内容。因此，不能单纯以此来判定是否遭到黑客攻击。

```
[root@Server01 ~]# last
root     pts/0        :0               Thu May  3 17:34   still logged in
root     pts/0        :0               Thu May  3 17:29 - 17:31  (00:01)
root     pts/1        :0               Thu May  3 00:29   still logged in
root     pts/0        :0               Thu May  3 00:24 - 17:27  (17:02)
root     pts/0        :0               Thu May  3 00:03 - 00:03  (00:00)
root     pts/0        :0               Wed May  2 23:58 - 23:59  (00:00)
root     :0           :0               Wed May  2 23:57   still logged in
reboot   system boot  3.10.0-693.el7.x Wed May  2 23:54 - 19:30  (19:36)
（省略部分登录信息）
```

（12）echo 命令

echo 命令用于在命令行终端输出字符串或变量提取后的值。该命令的格式为：

```
echo [字符串 | $变量]
```

例如，把指定字符串“long60.cn”输出到终端的命令为：

```
[root@Server01 ~]# echo long60.cn
```

该命令会在终端显示如下信息。

```
long60.cn
```

下面使用“$变量”的方式提取变量 shell 的值，并将其输出到终端。

```
[root@Server01 ~]# echo $SHELL
/bin/bash                    #显示当前的 bash
```

任务 2-5　熟练使用 vim 编辑器

vim 是 vimsual interface 的简称，它可以执行输出、删除、查找、替换、块操作等文本操作，而且用户可以根据自己的需要对其进行定制，这是其他编辑器没有的。vim 不是一个排版程序，不可以对字体、格式、段落等属性进行设置，只是一个全屏幕文本编辑器，没有菜单，只有命令。

1. 启动与退出 vim

在命令行终端提示符后输入 vim 和想要编辑（或建立）的文件名，便可进入 vim。例如：

```
[root@Server01 ~]# vim myfile
```

只输入 vim，而不带文件名，也可以进入 vim 编辑环境，如图 2-1 所示。

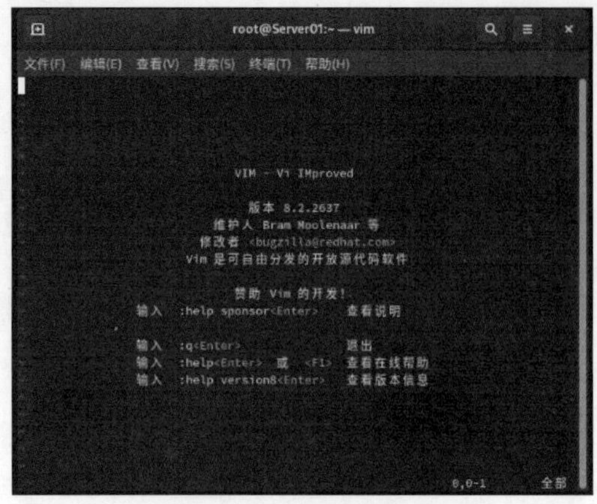

图 2-1 vim 编辑环境

在普通模式下（初次进入 vim 不进行任何操作就是普通模式）输入:q、:q!、:wq 或:x（注意“:”）并按“Enter”键，会退出 vim。其中，:wq 命令和:x 命令用于存盘退出，:q 命令用于直接退出。如果文件已有新的变化，则 vim 会提示保存文件，而:q 命令也会失效。这时可以用:w 命令保存文件后用:q 命令退出，或用:wq 命令或:x 命令退出。如果不想保存改变后的文件，就需要用:q!命令，这个命令将不保存文件而直接退出 vim。例如：

```
:w                              #保存
:w   filename                   #另存为 filename
:wq                             #保存并退出
:wq  filename                   #以 filename 为文件名保存后退出
:q!                             #不保存退出
:x                              #保存并退出，功能和:wq 相同
```

2. 熟练掌握 vim 的工作模式

vim 有 3 种基本工作模式：普通模式、输入模式和末行模式。用 vim 打开一个文件后便处于普通模式。利用文本插入命令，如 i、a、o 等，可以进入输入模式，按“Esc”键可以从输入模式退回普通模式。在普通模式中按“:”键可以进入末行模式，当执行完命令或按“Esc”键可以回到普通模式。3 种基本工作模式的转换如图 2-2 所示。

（1）普通模式

进入 vim 之后，首先进入的就是普通模式。进入普通模式后，vim 将等待命令输入而不是文本输入。也就是说，这时输入的字母都将作为命令来解释。

进入普通模式后，光标停在屏幕第一行行首，用“_”表示，其余各行的行首均有一个“~”符号，表示该行为空行。最后一行是状态行，显示当前正在编辑的文件名及其状态。如果是[New File]，则表示该文件是一个新建的文件。

如果输入“vim [文件名]”命令，且该文件已在系统中存在，则在屏幕上显示该文件的内容，并且光标停在第一行的行首，在状态行显示该文件的文件名、行数和字符数。

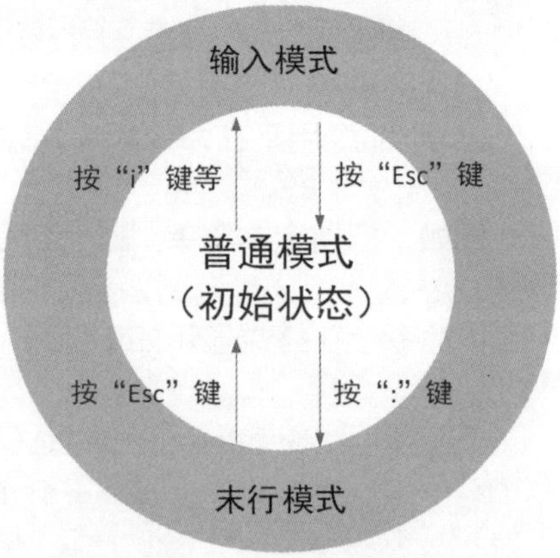

图 2-2 3 种基本工作模式的转换

（2）输入模式

在普通模式下按相应的键可以进入输入模式，如输入插入命令 i、附加命令 a、打开命令 o、修改命令 c 或替换命令 s 都可以进入输入模式。在输入模式下，用户输入的任何字符都会被 vim 当作文件内容保存起来，并将其显示在屏幕上。在文本输入过程中（输入模式下），若想回到普通模式下，按“Esc”键即可。

（3）末行模式

在普通模式下，用户按“:”键即可进入末行模式。此时 vim 会在显示窗口的最后一行（通常也是屏幕的最后一行）显示一个“:”作为末行模式的提示符，等待用户输入命令。多数文件管理命令都是在此模式下执行的。末行命令执行完后，vim 会自动回到普通模式。

若在末行模式下输入命令的过程中改变了主意，可在按“Backspace”键将输入的命令全部删除之后，再按“Backspace”键，使 vim 回到普通模式。

3. 使用 vim

（1）普通模式下的命令说明

在普通模式下，“光标移动”“查找与替换”“删除、复制与粘贴”等说明分别如表 2-2～表 2-4 所示。

表 2-2 普通模式下的光标移动的说明

命令	说明
h 或向左方向键（←）	光标向左移动一个字符
j 或向下方向键（↓）	光标向下移动一个字符
k 或向上方向键（↑）	光标向上移动一个字符
l 或向右方向键（→）	光标向右移动一个字符
Ctrl + f	屏幕向下移动一页，相当于“Page Down”键（常用）
Ctrl + b	屏幕向上移动一页，相当于“Page Up”键（常用）
Ctrl + d	屏幕向下移动半页
Ctrl + u	屏幕向上移动半页
+	光标移动到非空格符的下一列
-	光标移动到非空格符的上一列
n<Space>	*n* 表示数字，如 20。按下数字后再按“Space”键，光标会向右移动这一行的 *n* 个字符。例如，输入 20 并按“Space”键，光标会向右移动 20 个字符距离
0 或功能键“Home”	这是数字 0：光标移动到这一行的最前面字符处（常用）
$ 或功能键“End”	移动到这一行的最后面字符处（常用）
H	光标移动到屏幕最上方那一行的第一个字符
M	光标移动到屏幕中央那一行的第一个字符
L	光标移动到屏幕最下方那一行的第一个字符
G	光标移动到这个文件的最后一行（常用）
nG	*n* 为数字。移动到这个文件的第 *n* 行。例如，输入 20 并按“G”键，会移动到这个文件的第 20 行（可配合:set nu）
gg	移动到这个文件的第一行，相当于输入 1，并按“G”键（常用）
n<Enter>	*n* 为数字。光标向下移动 *n* 行（常用）

说明 如果将右手放在键盘上，会发现 h、j、k、l 是排列在一起的，因此可以使用这 4 个按键来移动光标。想要进行多次移动，例如，向下移动 30 行，可以输入 30，并按“j”键或按“↓”键，即输入想要进行的次数（数字）后，按相应的键。

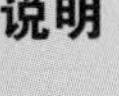

表 2-3　普通模式下的查找与替换的说明

命令	说明
/word	自光标位置开始向下寻找一个名称为 word 的字符串。例如，要在文件内查找 myweb 这个字符串，输入"/myweb"即可（常用）
?word	自光标位置开始向上寻找一个名称为 word 的字符串
n	这个 n 代表英文按键，代表重复前一个查找的动作。例如，如果刚刚执行"/myweb"向下查找 myweb 这个字符串，则按"n"键后，会向下继续查找下一个名称为 myweb 的字符串。如果是执行"?myweb"，那么按"n"键会向上继续查找名称为 myweb 的字符串
N	这个 N 代表英文按键。与 n 刚好相反，为反向进行前一个查找动作。例如，执行"/myweb"后，按"N"键表示向上查找 myweb
:n1,n2 s/word1/word2/g	n1 与 n2 为数字。在第 n1～n2 行寻找 word1 这个字符串，并将该字符串替换为 word2。例如，在第 100～200 行查找 myweb 并替换为 MYWEB，则输入":100,200 s/myweb/MYWEB/g"（常用）
:1,$ s/word1/word2/g	从第一行到最后一行寻找 word1 字符串，并将该字符串替换为 word2（常用）
:1,$ s/word1/word2/gc	从第一行到最后一行寻找 word1 字符串，并将该字符串替换为 word2，且在替换前显示提示字符，给用户确认是否需要替换（常用）

注：使用"/word"配合 n 及 N 是非常有帮助的，可以帮助用户重复找到一些查找的关键词。

表 2-4　普通模式下的删除、复制与粘贴的说明

命令	说明
x, X	在一行字中，x 为向后删除一个字符（相当于"Del"键），X 为向前删除一个字符（相当于"Backspace"键）
nx	*n* 为数字，连续向后删除 *n* 个字符。例如，要连续删除 10 个字符，输入 10x
dd	用于删除当前行，并将其保存到剪贴板中，以便可以使用 p 命令将其粘贴到其他位置
ndd	*n* 为数字。删除光标所在位置的向下 *n* 行，例如，20dd 用于删除从光标所在位置开始的向下 20 行（常用）
d1G	删除从光标所在位置到第一行的所有数据
dG	删除从光标所在位置到最后一行的所有数据
d$	删除光标从所在位置到该行行尾的所有数据
d0	数字 0，删除从光标所在行的前一字符到该行的首个字符之间的所有字符
yy	用于复制当前行的内容到剪贴板中，以便稍后粘贴（常用）
nyy	*n* 为数字。复制光标所在位置向下 *n* 行，例如，20yy 表示复制 20 行（常用）
y1G	复制从光标所在行到第 1 行的所有数据
yG	复制从光标所在行到最后一行的所有数据
y0	复制从光标所在的前一个字符到该行行首的所有数据
y$	复制从光标所在位置到该行行尾的所有数据
p, P	P 用于将已复制的数据在光标所在位置的下一行粘贴，P 用于粘贴在光标所在位置的上一行。例如，目前光标在第 20 行，且已经复制了 10 行数据，按"p"键后，这 10 行数据会粘贴在原来的第 20 行数据之后，即由第 21 行开始粘贴；但如果按"P"键，将会在光标所在位置的上一行粘贴，即原本的第 20 行会变成第 30 行（常用）
J	将光标所在行与下一行的数据结合成一行
c	重复删除多个数据，例如，要向下删除 10 行，输入 10cj
u	撤销上一个动作（常用）
Ctrl+r	取消撤销上一个动作（常用）
.	小数点，表示重复前一个动作。想要重复删除、粘贴等，按小数点即可（常用）

说明 这个"u"与"Ctrl+r"组合键是很常用的命令，一个表示撤销，另一个表示取消撤销。利用这两个快捷键会为编辑提供很多方便。

这些命令看似复杂，其实使用起来非常简单。例如，在普通模式下使用 5yy 复制后，再使用以下命令进行粘贴。

```
p               #在光标之后粘贴
Shift+p         #在光标之前粘贴
```

在进行查找和替换时，若不在普通模式下，则可按"Esc"键进入普通模式，输入"/"或"?"进行查找。例如，在一个文件中查找单词 swap，首先按"Esc"键，进入普通模式，然后输入：

```
/swap
```

或

```
?swap
```

若把光标所在行中的所有单词 the 替换成 THE，则需输入：

```
:s /the/THE/g
```

仅把第 1 行到第 10 行中的 the 替换成 THE：

```
:1,10  s /the/THE/g
```

这些编辑命令非常有弹性，基本上可以说是由命令与范围构成的。需要注意的是，我们采用计算机的键盘来说明 vim 的操作，但在具体的环境中还要参考相应的资料。

（2）输入模式下的命令说明

输入模式下的命令说明如表 2-5 所示。

表 2-5　输入模式下的命令说明

命令	说明
i	从光标所在位置前开始插入文本
I	将光标移到当前行的行首，然后插入文本
a	用于在光标当前所在位置之后追加新文本
A	将光标移到所在行的行尾，从那里开始插入新文本
o	在光标所在行的下面插入一行，并将光标置于该行行首，等待输入
O	在光标所在行的上面插入一行，并将光标置于该行行首，等待输入
Esc	退出输入模式或回到普通模式中（常用）

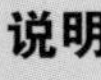

说明 上面这些命令中，在 vim 画面的左下角处会出现"--INSERT--"或"--REPLACE--"的字样，由名称就知道其含义。需要特别注意的是，前文也提过，想要在文件中输入字符，一定要在左下角看到 INSERT 或 REPLACE 才能输入。

（3）末行模式下的命令说明

如果是输入模式，则先按"Esc"键进入普通模式，在普通模式下按":"键进入末行模式。

末行模式下保存文件、退出编辑等的命令说明如表 2-6 所示。

表 2-6 末行模式下的命令说明

命令	说明
:w	将编辑的数据写入硬盘文件中（常用）
:w!	若文件属性为只读，则强制写入该档案。但到底能不能写入，还与用户对该文件拥有的权限有关
:q	退出 vim（常用）
:q!	若曾修改过文件，又不想存储，则使用“!”强制退出而不存储文件。注意，“!”在 vim 中常常具有强制的意思
:wq	存储后退出，若为“:wq!”，则表示强制存储后退出（常用）
ZZ	这是大写的 Z。若文件没有更改，则不存储退出；若文件已经被更改，则存储后退出
:w [filename]	将编辑的数据存储成 filename 文件（类似另存为新文件）
:r [filename]	在编辑的数据中，读入 filename 文件的数据，即将 filename 文件内容加到光标所在行的后面
:n1,n2 w [filename]	将 n1～n2 的内容存储到 filename 文件中
:! command	暂时退出 vim 到普通模式下执行 command 的显示结果。例如，输入“:! ls /home”即可在 vim 中查看/home 下以 ls 输出的文件信息
:set nu	显示行号，设定之后，会在每一行的行首显示该行的行号
:set nonu	与“:set nu”相反，表示取消显示行号

4. 完成案例练习

本案例练习要求在 Server01 上实现。

（1）在/tmp 目录下建立一个名为 mytest 的目录，进入 mytest 目录。

（2）将/etc/man_db.conf 复制到 mytest 目录下面，使用 vim 命令打开目录下的 man_db.conf 文件。

（3）在 vim 中设定行号，移动到第 58 行，向右移动 15 个字符，观察该行前面的 15 个字母组合。

（4）移动到第一行，并向下查找“gzip”字符串，观察它在第几行。

（5）将第 50～100 行的“man”字符串改为“MAN”字符串，并且逐个询问是否需要修改，如何操作？如果在筛选过程中一直按“Y”键，结果会在最后一行出现改变了多少个“man”的说明，观察一共替换了多少个“man”。

（6）修改完之后，突然后悔了，要全部复原，有哪些方法？

（7）复制第 65～73 行这 9 行的内容，并且粘贴到最后一行之后。

（8）删除第 23～28 行的开头为“#”的批注数据。

（9）将这个文件另存成一个名为 man.test.config 的文件。

（10）找到第 27 行，并删除该行开头的 8 个字符，观察出现的第一个单词。在第一行新增一行，在该行输入“I am a student...”，然后存储并退出。

如果能顺利完成以上案例练习，那么 vim 的使用应该没有太大的问题了。要想熟练应用，应多练习几遍。

2.4 拓展阅读 中国计算机的主奠基者

在我国计算机发展的历史长河中，有一位做出突出贡献的科学家，他也是中国计算机技术的主奠基者——华罗庚教授。华罗庚教授在数学上的造诣颇深，深受世界科学家的赞赏。在美国任访问研究员时，华罗庚教授的心里就已经开始勾画我国电子计算机事业的蓝图了。

华罗庚教授于 1950 年回国，1952 年在全国高等学校院系调整时，他从清华大学电机系物色了闵乃大、夏培肃和王传英三位科研人员，在他任所长的中国科学院数学与系统科学研究院应用数学研究所内建立了中国第一个电子计算机科研小组。1956 年筹建中国科学院计算技术研究所时，华罗庚教授担任筹备委员会主任。

2.5 项目实训 熟练使用 Linux 基本命令

1. 视频位置

实训前扫描二维码，观看“项目实录　熟练使用 Linux 基本命令”慕课。

项目实录 熟练使用 Linux 基本命令

2. 项目实训目的

- 掌握 Linux 各类命令的使用方法。
- 熟悉 Linux 操作环境。

3. 项目背景

现在有一台已经安装了 Linux 操作系统的主机，并且已经配置了基本的 TCP/IP 参数，能够通过网络连接局域网或远程的主机。还有一台 Linux 服务器，能够提供 FTP、Telnet 和 SSH（secure shell，安全外壳）连接。

4. 项目要求

练习使用 Linux 常用命令，达到熟练应用的目的。

5. 做一做

根据项目实录视频进行项目实训，检查学习效果。

2.6 练习题

一、填空题

1. 在 Linux 操作系统中，命令________大小写。在命令行中，可以使用________键来自动补齐命令。

2. 要在一个命令行上输入和执行多条命令，可以使用________来分隔命令。

3. 断开一个长命令行，可以使用________，以将一个较长的命令分成多行表达，增强命令的可读性。执行后，shell 自动显示提示符________，表示正在输入一个长命令。

4. 要使程序以后台方式执行，只需在要执行的命令后跟上一个________符号。

二、选择题

1.（　　）命令能用来查找文件 TESTFILE 中包含 4 个字符的行。

A. grep '???? ' TESTFILE　　B. grep '.... ' TESTFILE

C. grep '^????$' TESTFILE　　D. grep '^....$ ' TESTFILE

2.（　　）命令用来显示/home 及其子目录下的文件名。

A. ls -a /home　　B. ls -R /home　　C. ls -l /home　　D. ls -d /home

3. 如果忘记了 ls 命令的用法，可以采用（　　）命令获得帮助。

A. ? ls　　B. help ls　　C. man ls　　D. get ls

4. 查看系统当中所有进程的命令是（　　）。

A. ps all　　B. ps aix　　C. ps auf　　D. ps aux

5. Linux 中有多个查看文件的命令，如果希望在查看文件内容过程中通过上下移动光标来查看文件内容，则下列符合要求的命令是（　　）。

A. cat　　B. more　　C. less　　D. head

6.（　　）命令可以用于了解当前目录下还有多大空间。

A. df　　B. du /　　C. du .　　D. df .

7. 需要找出 /etc/my.conf 文件属于哪个软件包，可以执行（　　）命令。

A. rpm -q /etc/my.conf　　B. rpm -requires /etc/my.conf

C. rpm -qf /etc/my.conf　　D. rpm -q | grep /etc/my.conf

8. 在应用程序启动时，（　　）命令用于设置进程的优先级。

A. priority　　B. nice　　C. top　　D. setpri

9.（　　）命令可以把 f1.txt 复制为 f2.txt。

A. cp f1.txt | f2.txt　　B. cat f1.txt | f2.txt

C. cat f1.txt > f2.txt　　D. copy f1.txt | f2.txt

10. 使用（　　）命令可以查看 Linux 的启动信息。

A. mesg –d　　B. dmesg

C. cat /etc/mesg　　D. cat /var/mesg

三、简答题

1. more 和 less 命令有何区别?
2. Linux 操作系统下对磁盘的命名原则是什么?
3. 在网上下载一个 Linux 的应用软件，介绍其用途和基本使用方法。
4. 在 RHEL 9 中，可以使用几种方法来获取帮助信息?

2.7 实践习题

练习使用 Linux 常用命令和 vim 编辑器，达到熟练应用的目的。

故不积跬步，无以至千里；不积小流，无以成江海。

——《劝学》

项目3
管理Linux服务器的用户和组

项目导入

Linux 是多用户多任务的操作系统。作为该操作系统的网络管理员，掌握用户和组的创建与管理至关重要。本项目主要介绍如何利用命令行对用户和组进行创建与管理。

知识和能力目标

- 了解用户和组配置文件。
- 熟练掌握 Linux 中用户账户的创建与维护管理的方法。
- 熟练掌握 Linux 中组的创建与维护管理的方法。
- 熟悉用户账户管理命令。

素质目标

- 了解中国国家顶级域名 CN。它代表中国在互联网世界中的地位和声誉，展示中国文化、价值观和创新成果，传播中国声音，推动中国文化走向世界。
- 山重水复疑无路，柳暗花明又一村。道阻且长，行则将至，青年学子当倍加珍惜时光，勇攀科技高峰，继往开来，为国产化替代的伟大事业添砖加瓦，铸就中华民族的辉煌复兴！

3.1 项目知识准备

Linux 操作系统是多用户多任务的操作系统，允许多个用户同时登录系统，使用系统资源。

管理 Linux 服务器的用户和组

3.1.1 理解用户账户和组

用户账户代表个人身份，使用户能够登录并访问授权资源。系统通过用户账户区分文件、进程，并为每个用户提供定制的工作环境，如工作目录和 shell。

用户有两种：普通用户和 root 用户。普通用户只能执行基本任务和访问授权文件，而 root 用户可以管理系统和用户，拥有全部控制权，但其不当操作可能损坏系统。建议即便是单用户系统也应创建普通账户以进行日常操作。

Linux 引入了组的概念，将具有相似需求的用户归入一个逻辑集合，简化管理和权限分配。用户可属于多个组，有一个主组（私有组）和多个附加组（标准组），以便灵活控制访问权限。表 3-1 所示为用户和组的基本概念。

表 3-1　用户和组的基本概念

概念	描述
用户名	用于标识用户的名称，可以是字母、数字组成的字符串，区分大小写
密码	用于验证用户身份的特殊验证码
用户标识（User ID，UID）	用于表示用户的数字标识符
用户主目录	用户的私人目录，也是用户登录系统后默认所在的目录
登录 shell	用户登录后默认使用的 shell 程序，默认为/bin/bash
组	具有相同属性的用户属于同一个组
组标识（Group ID，GID）	用于表示组的数字标识符

在 RHEL 9 操作系统中，UID 和 GID 遵循严格的编号规则。

- UID 编号规则：root 用户的 UID 固定为 0，作为系统最高权限的唯一标识；系统用户的 UID 取值范围为 1~999，用于系统服务和守护进程的账户；普通用户的 UID 可由管理员在创建账户时自定义指定，若未指定，系统将从 1000 开始按顺序自动分配，最大编号为 60000。
- GID 编号规则：Linux 系统遵循“主组（Primary Group）”机制，在创建用户账户时，会自动生成一个与用户名同名的用户组作为该用户的主组。普通用户组的 GID 编号规则与普通用户 UID 一致，默认从 1000 开始顺序分配，上限同样为 60000。该机制确保了文件权限管理的基础隔离性与权限继承逻辑，便于系统进行用户和组的权限控制与资源管理。

3.1.2　理解用户账户文件

用户账户信息和组信息分别存储在用户账户文件和组文件中。

1. /etc/passwd 文件

准备工作：新建用户账户 bobby、user1、user2，将 user1 和 user2 加入 bobby 组（后文有详细解释）。

```
[root@Server01 ~]# useradd bobby; useradd user1; useradd user2
[root@Server01 ~]# usermod -G bobby user1
[root@Server01 ~]# usermod -G bobby user2
```

在 Linux 操作系统中，创建的用户账户及其相关信息（密码除外）均放在/etc/passwd 配置文件中。用 vim 编辑器（或者使用 cat　/etc/passwd）打开 passwd 文件，其内容如下。

```
root:x:0:0:root:/root:/bin/bash
bin:x:1:1:bin:/bin:/sbin/nologin
daemon:x:2:2:daemon:/sbin:/sbin/nologin
……
yangyun:x:1000:1000:yangyun:/home/yangyun:/bin/bash
```

```
bobby:x:1001:1001::/home/bobby:/bin/bash
user1:x:1002:1002::/home/user1:/bin/bash
user2:x:1003:1003::/home/user2:/bin/bash
```

文件中的每一行代表一个用户账户的信息，可以看到第一个账户是 root，然后是一些标准账户，此类账户的 shell 为/sbin/nologin，代表无本地登录权限，最后一行是由系统管理员创建的普通账户 user2。

passwd 文件的每一行用“:”分隔为 7 个字段，各个字段的内容如下。

```
用户名:加密密码:UID:GID:用户的描述信息:主目录:命令解释器（登录 shell）
```

passwd 文件字段说明如表 3-2 所示，其中，少数字段的内容是可以为空的，但仍需使用“:”进行占位来表示该字段。

表 3-2 passwd 文件字段说明

字段	说明
用户名	用户账户名称，用户登录时使用的用户名
加密密码	用户密码，考虑系统的安全性，现在已经不使用该字段保存密码，而用字母 x 来填充该字段，真正的密码保存在 shadow 文件中
UID	用户标识，唯一表示某用户的数字标识
GID	用户所属的组标识，对应 group 文件中的 GID
用户的描述信息	可选的关于用户名、用户电话号码等描述性信息
主目录	用户的宿主目录，用户成功登录后的默认目录
命令解释器	用户使用的 shell，默认为“/bin/bash”

2. /etc/shadow 文件

由于所有用户对/etc/passwd 文件均有读取权限，为了增强系统的安全性，用户经过加密之后的密码都存放在/etc/shadow 文件中。/etc/shadow 文件只对 root 用户可读，因而大大提高了系统的安全性。shadow 文件的内容形式如下（使用 cat /etc/shadow 命令可查看整个文件）。

```
root:$6$NsjRIQQB7zorTmE8$VgnF4Uj2eCBaFVAeU9Sw5zjJNkywY7GQ.LpaR/Tdo6.yQcqeCJe9tcac
Jm89cmObUYDamvruT/CYNjshWa/TG/::0:99999:7:::
bin:*:19347:0:99999:7:::
daemon:*:19347:0:99999:7:::
……
bobby:!!:19956:0:99999:7:::
user1:!!:19956:0:99999:7:::
user2:!!:19956:0:99999:7:::
```

shadow 文件用于保存加密之后的密码以及与密码相关的一系列信息，每个用户的信息在 shadow 文件中占一行，并且用“:”分隔为 9 个字段，其各字段的说明如表 3-3 所示。

表 3-3 shadow 文件各字段的说明

字段	说明
1	用户登录名
2	加密后的用户密码，“*”表示非登录用户，“!!”表示未设置密码
3	自 1970 年 1 月 1 日起，到用户最近一次密码被修改的天数
4	自 1970 年 1 月 1 日起，到用户可以更改密码的天数，即最短密码存活期
5	自 1970 年 1 月 1 日起，到用户必须更改密码的天数，即最长密码存活期
6	密码过期前几天提醒用户更改密码

续表

字段	说明
7	密码过期后几天账户被禁用
8	密码被禁用的具体日期（相对日期，从 1970 年 1 月 1 日至禁用时的天数）
9	保留字段，用于功能扩展

3. /etc/login.defs 文件

/etc/login.defs 文件用于在创建用户时，对用户的一些基本属性做默认设置。这个文件定义了与/etc/passwd 和/etc/shadow 配套的用户限制设定，包括指定用户的 UID 和 GID 的范围、用户的过期时间、密码的最大长度等。

重要的是，该文件的用户默认配置对 root 用户无效。在管理用户过程中，/etc/login.defs 是一个重要的配置文件，它提供了创建新用户时的默认设置，从而简化了用户账户的创建过程，同时确保了系统的安全性和管理的便利性。

建立用户账户时，会根据/etc/login.defs 文件的配置设置用户账户的某些选项。该配置文件的有效设置内容及中文注释如下。

```
[root@Server01 ~]# grep -Ev '^$|^\s*#' /etc/login.defs >file_login.defs.bak
[root@Server01 ~]# cat file_login.defs.bak
MAIL_DIR        /var/spool/mail           #用户邮箱目录
MAIL_FILE       .mail
PASS_MAX_DAYS    99999                    #账户密码最长有效天数
PASS_MIN_DAYS    0                        #账户密码最短有效天数
PASS_MIN_LEN     5                        #账户密码的最小长度
PASS_WARN_AGE    7                        #账户密码过期前提前警告的天数
UID_MIN                 1000              #用 useradd 命令创建账户时自动产生的最小 UID 值
UID_MAX                60000              #用 useradd 命令创建账户时自动产生的最大 UID 值
GID_MIN                 1000              #用 groupadd 命令创建组时自动产生的最小 GID 值
GID_MAX                60000              #用 groupadd 命令创建组时自动产生的最大 GID 值
USERDEL_CMD     /usr/sbin/userdel_local
#如果定义，将在删除用户时执行，以删除相应用户的计划作业和输出作业等
CREATE_HOME      yes                      #创建用户账户时是否为用户创建主目录
```

3.1.3 理解组文件

组账户的信息存放在/etc/group 文件中，而关于组管理的信息（组密码、组管理员等）则存放在/etc/gshadow 文件中。

1. group 文件

group 文件位于/etc 目录，用于存放用户的组账户信息，对于该文件的内容，任何用户都可以读取。每个组账户在 group 文件中占一行，并且用“:”分隔为 4 个字段。每一行各字段的内容如下（使用 cat /etc/group 命令可以查看整个文件内容）。

```
组名称:组密码（一般为空，用 x 占位）:GID:组成员列表
```

group 文件的内容形式如下。

```
root:x:0:
bin:x:1:
daemon:x:2:
```

```
……
yangyun:x:1000:
bobby:x:1001:user1,user2
user1:x:1002:
user2:x:1003:
```

可以看出，root 的 GID 为 0，没有其他组成员。group 文件的组成员列表中如果有多个用户账户属于同一个组，则各成员之间以“,”分隔。在/etc/group 文件中，用户的主组并不把该用户作为成员列出，只有用户的附属组才会把该用户作为成员列出。例如，用户 bobby 的主组是 bobby，但/etc/group 文件中，组 bobby 的成员列表中并没有用户 bobby，只有用户 user1 和 user2。

2. gshadow 文件

gshadow 文件用于存放组的加密密码、组管理员等信息，该文件只有 root 用户可以读取。每个组账户在 gshadow 文件中占一行，并以“:”分隔为 4 个字段。每一行中各字段的内容如下。

```
组名称:加密后的组密码（没有就用!）:组的管理员:组成员列表
```

gshadow 文件的内容形式如下。

```
root:::
bin:::
daemon:::
……
yangyun:!::
bobby:!::user1,user2
user1:!::
user2:!::
```

3.2 项目设计与准备

服务器安装完成后，需要对用户账户和组、文件权限等内容进行管理。

在进行本项目的教学与实验前，需要做好如下准备。

（1）已经安装好 RHEL 9 的计算机。

（2）ISO 映像文件。

（3）VMware Workstation Pro 17 以上虚拟机软件。

（4）设计教学或实验用的用户及权限列表。

本项目的所有实例都在服务器 Server01 上完成。

3-2 慕课

管理 Linux 服务器的用户和组

3.3 项目实施

用户账户管理包括新建用户、设置用户账户密码和维护用户账户等内容。

任务 3-1 新建用户

新建用户可以使用 useradd 或者 adduser 命令。useradd 命令的格式为：

```
useradd  [选项]  <username>
```

useradd 命令的选项及其说明如表 3-4 所示。

表 3-4 useradd 命令的选项及其说明

选项	说明
-c	用户的注释性信息
-d	指定用户的主目录
-e	禁用账户的日期，格式为 YYYY-MM-DD
-f	设置账户过期多少天后被禁用。如果为 0，账户过期后将立即被禁用；如果为-1，账户过期后，将不被禁用，即永不过期
-g	用户所属主组的组名称或者 GID
-G	用户所属的附属组列表，多个组之间用“,”分隔
-m	若用户主目录不存在则创建它
-M	不要创建用户主目录
-n	不要创建用户私人组
-p	加密的密码
-r	创建 UID 小于 1000 的不带主目录的系统账号
-s	指定用户的登录 shell，默认为/bin/bash
-u	指定用户的 UID，它必须是唯一的，且大于 999

【例 3-1】新建用户 user3，UID 为 1010，指定其所属的主组为 group1（group1 的标识符为 1010），用户的主目录为/home/user3，用户的 shell 为/bin/bash，用户的密码为 12345678，账户永不过期。

```
[root@Server01 ~]# groupadd -g 1010  group1      #新建组 group1，其 GID 为 1010
[root@Server01 ~]# useradd -u 1010 -g 1010  -d /home/user3 -s /bin/bash -p 12345678 -f -1 user3
[root@Server01 ~]# tail -1 /etc/passwd
user3:x:1010:1010::/home/user3:/bin/bash
[root@Server01 ~]# grep user3 /etc/shadow        #grep 用于查找符合条件的字符串
user3:12345678:18495:0:99999:7:::           #这种方式下生成的密码是明文，即 12345678
```

如果新建用户已经存在，那么在执行 useradd 命令时，系统会提示该用户已经存在。

```
[root@Server01 ~]# useradd user3
useradd：用户“user3”已存在
```

任务 3-2 设置用户账户密码

设置用户账户密码的命令是 passwd。这个命令允许普通用户更改自己的密码，而超级用户（通常是 root）则可以更改任何用户的密码。

1. passwd 命令

passwd 命令的格式为：

```
passwd  [选项]  [username]
```

passwd 命令的常用选项及其说明如表 3-5 所示。

表 3-5 passwd 命令的常用选项及其说明

选项	说明
passwd	更改当前用户的密码
passwd username	更改指定用户的密码

续表

选项	说明
-d	删除指定用户的密码，使用户下次登录时被强制更改密码
-e	立即使指定用户的密码过期，使用户下次登录时被强制更改密码
-l	锁定指定用户的密码，禁止用户登录
-u	解锁指定用户的密码，允许用户登录
-n MIN_DAYS	设置密码最小使用期限，即两次密码更改之间的最小天数
-x MAX_DAYS	设置密码最大使用期限，即密码有效的最大天数
-w WARN_DAYS	设置密码过期警告时间，即密码过期前警告用户的天数
-i INACTIVE_DAYS	设置密码过期后失效时间，即密码过期后多少天禁用账户
--stdin	从标准输入读取密码，可以用于批量更改密码（需要以管理员身份运行）

【例 3-2】假设当前用户为 root，则下面的两个命令分别表示 root 用户修改自己的密码和 root 用户修改 user1 用户的密码。

```
[root@Server01 ~]# passwd           #root 用户修改自己的密码，直接执行“passwd”命令
[root@Server01 ~]# passwd user1     #root 用户修改 user1 用户的密码
更改用户 user1 的密码 。
新的密码：
无效的密码： 密码未通过字典检查 - 太简单或太有规律
重新输入新的密码：
passwd：所有的身份验证令牌已经成功更新。
```

需要注意的是，普通用户修改密码时，执行 passwd 命令后，系统会首先询问原来的密码，只有验证通过才可以修改。而 root 用户修改密码时，不需要知道原来的密码。为了系统安全，用户应选择包含字母、数字和特殊符号组合的复杂密码，且密码长度应至少为 8 个字符。

如果密码复杂度不够，系统会提示“无效的密码：密码未通过字典检查-太简单或太有规律”。这时有两种处理方法，一种方法是再次输入刚才输入的简单密码，系统也会接受；另一种方法是更改为符合要求的密码，例如，P@ssw02d 为包含大小写字母、数字、特殊符号等 8 位字符的组合。

2. chage 命令

chage 命令用于更改用户密码过期信息。chage 命令的常用选项及其说明如表 3-6 所示。

表 3-6　chage 命令的常用选项及其说明

选项	说明
-l	列出账户密码属性的各个数值
-m	指定密码最短存活期
-M	指定密码最长存活期
-W	密码要到期前提前警告的天数
-I	密码过期后多少天停用账户
-E	用户账户到期作废的日期
-d	设置密码上一次修改的日期

【例 3-3】设置 user1 用户的最短密码存活期为 6 天，最长密码存活期为 60 天，密码到期前 5

天提醒用户修改密码，设置完成后查看各属性值。

```
[root@Server01 ~]# chage -m 6 -M 60 -W 5 user1
[root@Server01 ~]# chage -l user1
最近一次密码修改时间                    : 9月 24, 2024
密码过期时间                            : 11月 23, 2024
密码失效时间                            : 从不
账户过期时间                            : 从不
两次改变密码之间相距的最小天数          : 6
两次改变密码之间相距的最大天数          : 60
在密码过期之前警告的天数  : 5
```

任务 3-3　维护用户账户

在 Linux 操作系统中，维护用户账户是一项重要的系统管理工作，它涉及用户账户的修改、禁用和恢复、删除等多个方面。

1. 修改用户账户

usermod 命令用于修改用户账户的属性，格式为：

```
usermod [选项] 用户名
```

前文曾反复强调，Linux 操作系统中的一切都是文件，因此在系统中创建用户的过程也就是修改配置文件的过程。用户的信息保存在/etc/passwd 文件中，可以直接用 vim 文本编辑器来修改其中用户的信息，也可以用 usermod 命令修改已经创建的用户信息，包括用户的 UID、基本/扩展组成员、默认终端等。usermod 命令的选项及说明如表 3-7 所示。

表 3-7　usermod 命令的选项及说明

选项	说明
-a	仅与 -G 选项一起使用，用于将用户添加到附加组而不移除其他组
-c	修改用户账户的注释字段，通常用于存放用户的全名或其他信息
-d	修改用户的家目录，并可选择使用 -m 选项将旧的家目录内容移动到新目录
-e	设置账户的过期日期，过期后用户无法登录。日期格式为 YYYY-MM-DD
-g	修改用户的主组。需指定新的主组名或组 ID
-G	修改用户所属的附加组。使用此选项不影响用户的主组
-l	修改用户的登录名
-L	锁定用户账户，阻止其登录系统
-s	修改用户的登录 shell
-u	修改用户的 UID。这是一个敏感操作，因为它会影响文件系统上用户所有权的匹配
-U	解锁用户账户，允许其登录系统

下面是一些使用 usermod 命令的常见选项的案例，这些案例展示了如何通过不同的选项来修改用户信息。

（1）将用户 dongfangyun 的 UID 修改为 2024。

```
[root@server01 ~]# useradd  dongfangyun
[root@server01 ~]# id  dongfangyun
```

```
用户 id=1011(dongfangyun) 组 id=1011(dongfangyun) 组=1011(dongfangyun)
[root@server01 ~]# usermod -u 2024 dongfangyun
[root@server01 ~]# id dongfangyun
用户 id=2024(dongfangyun) 组 id=1011(dongfangyun) 组=1011(dongfangyun)
```

（2）将用户 dongfangyun 的主目录修改为/var/www/dongfangyun。

```
[root@server01 ~]# mkdir -p /var/www/dongfangyun
[root@server01 ~]# usermod -d /var/www/dongfangyun dongfangyun
[root@server01 ~]# tail -n 1 /etc/passwd
dongfangyun:x:2024:1011::/var/www/dongfangyun:/bin/bash
```

（3）将用户 dongfangyun 的登录 shell 修改为/bin/sh。

```
[root@server01 ~]# usermod -s /bin/sh dongfangyun
[root@server01 ~]# tail -n 1 /etc/passwd
dongfangyun:x:2024:1011::/var/www/dongfangyun:/bin/sh    #查看 passwd 文件，仅显示最后一行
```

（4）设置用户 dongfangyun 的账户在 2027 年 12 月 31 日过期。

```
[root@server01 ~]# usermod -e 2027-12-31 dongfangyun
[root@server01 ~]# chage -l dongfangyun
最近一次密码修改时间                    : 9月 24, 2024
密码过期时间                            : 从不
密码失效时间                            : 从不
账户过期时间                            : 12月 31, 2027
两次改变密码之间相距的最小天数              : 0
两次改变密码之间相距的最大天数              : 99999
在密码过期之前警告的天数                    : 7
```

（5）将用户 dongfangyun 的登录 shell 修改为默认 shell，即/bin/bash。

```
[root@server01 ~]# usermod -s /bin/bash dongfangyun
[root@server01 ~]# tail -n 1 /etc/passwd
dongfangyun:x:2024:1011::/var/www/dongfangyun:/bin/bash
```

2．锁定和解锁用户账户

有时需要临时锁定一个账户而不删除它。锁定用户账户可以用 passwd 或 usermod 命令实现，也可以直接修改/etc/passwd 或/etc/shadow 文件。

例如，暂时锁定和解锁 user1 账户，可以使用以下 3 种方法实现。

（1）使用 passwd 命令（被锁定用户的密码必须是使用 passwd 命令生成的）。

使用 passwd 命令锁定 user1 账户，利用 grep 命令查看，可以看到被锁定的账户密码字段前面会加上“!!”。

```
[root@Server01 ~]# passwd user1                    #修改 user1 的密码
更改用户 user1 的密码。
新的密码:
重新输入新的密码:
passwd: 所有的身份验证令牌已经成功更新。
[root@Server01 ~]# grep user1 /etc/shadow          #查看用户 user1 的密码文件
user1:$6$JTNSAaCr4Ghq7POZ$9/rJAcs91wR9XCkRwK0g2HJsfNN/4bfL1X4CnnEe5VaMb3g99qy9eqn
JYHnX7CPSn3CBekY6hYY7XBuct5gCK0:19990:6:60:5:::
[root@Server01 ~]# passwd -l user1                 #锁定用户 user1
锁定用户 user1 的密码。
passwd: 操作成功
[root@Server01 ~]# grep user1 /etc/shadow          #查看被锁定用户的密码文件，注意“!!”
user1:!!$6$JTNSAaCr4Ghq7POZ$9/rJAcs91wR9XCkRwK0g2HJsfNN/4bfL1X4CnnEe5VaMb3g99qy9e
```

```
qnJYHnX7CPSn3CBekY6hYY7XBuct5gCK0:19990:6:60:5:::
    [root@Server01 ~]# passwd -u user1          #解锁 user1 用户，重新启用 user1 账户
    [root@Server01 ~]# grep user1 /etc/shadow      #查看是否解锁成功，注意“!!”已经没有了
    user1:$6$JTNSAaCr4Ghq7POZ$9/rJAcs91wR9XCkRwK0g2HJsfNN/4bfL1X4CnnEe5VaMb3g99qy9eqn
JYHnX7CPSn3CBekY6hYY7XBuct5gCK0:19990:6:60:5:::
```

（2）使用 usermod 命令。

使用 usermod 命令锁定 user1 账户，利用 grep 命令查看，可以看到被锁定的账户密码字段前面会加上“!”。

```
    [root@Server01 ~]# grep user1 /etc/shadow      #查看 user1 账户被锁定前的密码
    user1:$6$JTNSAaCr4Ghq7POZ$9/rJAcs91wR9XCkRwK0g2HJsfNN/4bfL1X4CnnEe5VaMb3g99qy9eqn
JYHnX7CPSn3CBekY6hYY7XBuct5gCK0:19990:6:60:5:::
    [root@Server01 ~]# usermod -L user1            #锁定 user1 账户
    [root@Server01 ~]# grep user1 /etc/shadow      #查看 user1 账户被锁定后的密码
    user1:!$6$JTNSAaCr4Ghq7POZ$9/rJAcs91wR9XCkRwK0g2HJsfNN/4bfL1X4CnnEe5VaMb3g99qy9eq
nJYHnX7CPSn3CBekY6hYY7XBuct5gCK0:19990:6:60:5:::
    [root@Server01 ~]# usermod -U user1            #解锁 user1 账户
    [root@Server01 ~]# grep user1 /etc/shadow      #查看是否解锁成功，注意“!”已经没有了
    user1:$6$JTNSAaCr4Ghq7POZ$9/rJAcs91wR9XCkRwK0g2HJsfNN/4bfL1X4CnnEe5VaMb3g99qy9eqn
JYHnX7CPSn3CBekY6hYY7XBuct5gCK0:19990:6:60:5:::
```

（3）直接修改用户账户配置文件。

可在/etc/passwd 文件或/etc/shadow 文件中关于 user1 账户的 passwd 字段的第一个字符前面加上一个“*”，达到锁定账户的目的，在需要解锁的时候只要删除“*”即可。

如果只是禁止用户账户登录系统，可以将其启动 shell 设置为/bin/false 或者/dev/null。

3. 删除用户账户

要删除一个账户，可以直接删除/etc/passwd 和/etc/shadow 文件中对应的行，或者用 userdel 命令删除。userdel 命令的格式为：

```
    userdel  [-r]  用户名
```

如果不加-r 选项，则 userdel 命令会在系统中与账户有关的文件（如/etc/passwd、/etc/shadow、/etc/group）中将用户的信息全部删除。

如果加-r 选项，则在删除用户账户的同时，还将用户主目录及其下的所有文件和目录删除。另外，如果用户使用 E-mail，则也将/var/spool/mail 目录下的用户文件删除。

例如，完全删除账户 user2、user3 可用以下命令。

```
    [root@Server01 ~]# userdel -r user3
    [root@Server01 ~]# userdel -r user2
```

任务 3-4 管理组

管理组包括创建和删除组账户、为组添加用户等内容。

1. 创建和删除组

创建组和删除组的命令与创建、维护用户账户的命令相似。创建组可以使用命令 groupadd 或者 addgroup。

例如，创建一个名称为 testgroup 的组可用以下命令。

```
    [root@Server01 ~]# groupadd  testgroup
```

删除一个组可以用 groupdel 命令，例如，删除刚创建的 testgroup 组可用以下命令。

```
[root@Server01 ~]# groupdel testgroup
```

需要注意的是，如果要删除的组是某个用户的主组，则该组不能被删除。

修改组的命令是 groupmod，该命令的格式为：

```
groupmod  [选项]  组名
```

groupmod 命令的选项及其说明如表 3-8 所示。

表 3-8　groupmod 命令的选项及其说明

选项	说明
-g gid	把组的 GID 改为 gid
-n group-name	把组的名称改为 group-name
-o	强制接受更改的组的 GID 为重复的号码

2. 为组添加用户

在 RHEL 9 中使用不带任何参数的 useradd 命令创建用户时，会同时创建一个和用户账户同名的组，该组称为主组。当一个组中必须包含多个用户时，需要使用附属组。在附属组中增加、删除用户都用 gpasswd 命令。gpasswd 命令的格式为：

```
gpasswd [选项] [用户] [组]
```

只有 root 用户和组管理员才能够使用 gpasswd 命令，gpasswd 命令的选项及其说明如表 3-9 所示。

表 3-9　gpasswd 命令的选项及其说明

选项	说明
-a	把用户加入组
-d	把用户从组中删除
-r	取消组的密码
-A	给组指派管理员

例如，要把 user1 用户加入 testgroup 组，并指派 user1 为管理员，可以执行下列命令。

```
[root@Server01 ~]# groupadd  testgroup
[root@Server01 ~]# gpasswd -a user1 testgroup
正在将用户“user1”加入“testgroup”组中
[root@Server01 ~]# gpasswd -A user1 testgroup
```

任务 3-5　使用 su 命令

su 命令用于切换当前用户身份到其他用户身份。当不指定用户账号时，默认切换到 root 用户身份。如果指定了用户账号，则会切换到指定用户的身份。需要注意的是，切换到其他用户身份需要输入目标用户的密码。

（1）从 root 用户切换到普通用户 yangyun。

```
[root@Server01 ~]# pwd
/root
```

```
[root@Server01 ~]# su  -  yangyun
[yangyun@Server01 ~]$ pwd
/home/yangyun
[yangyun@Server01 ~]$
```

注意 从 root 用户切换到普通用户，只需要执行 su 命令并输入普通用户的密码。

（2）从普通用户 yangyun 切换至 root 用户，并查看用户的家目录，命令如下。

```
[yangyun@Server01 ~]$ su  -  root
密码:
[root@Server01 ~]# pwd
/root
[root@Server01 ~]#
```

注意 从管理员用户到普通用户不需要输入密码即可完成用户切换。其中，使用“-”选项可以重新创建一个新的 shell 环境，并且按照目标用户的配置文件（如.bashrc、.profile 等）加载环境变量和配置项。请读者试一下，直接使用 su 命令，而不加“-”选项，会有什么区别？

任务 3-6 使用常用的账户管理命令

使用账户管理命令可以在非图形化操作中对账户进行有效的管理。

1. vipw 命令

vipw 命令用于直接对用户账户文件/etc/passwd 进行编辑，使用的默认编辑器是 vi。在用 vipw 命令对/etc/passwd 文件进行编辑时将自动锁定该文件，编辑结束后对该文件进行解锁，保证文件的一致性。vipw 命令在功能上等同于 vi /etc/passwd 命令，但是比直接使用 vi 命令更安全。vipw 命令的格式为:

```
[root@Server01 ~]# vipw
```

2. vigr 命令

vigr 命令用于直接对组文件/etc/group 进行编辑。在用 vigr 命令对/etc/group 文件进行编辑时将自动锁定该文件，编辑结束后对该文件进行解锁，保证文件的一致性。vigr 命令在功能上等同于 vi /etc/group 命令，但是比直接使用 vi 命令更安全。vigr 命令的格式为:

```
[root@Server01 ~]# vigr
```

3. pwck 命令

pwck 命令用于验证用户账户文件认证信息的完整性。该命令可以检测/etc/passwd 文件和/etc/shadow 文件每行中字段的格式和值是否正确。pwck 命令的格式为:

```
[root@Server01 ~]# pwck
```

4. grpck 命令

grpck 命令用于验证组文件认证信息的完整性。该命令可检测/etc/group 文件和/etc/gshadow 文件每行中字段的格式和值是否正确。grpck 命令的格式为:

```
[root@Server01 ~]# grpck
```

5. id 命令

id 命令用于显示一个用户的 UID 和 GID 以及用户所属的组列表。在命令行中输入“id”并直接按“Enter”键将显示当前用户的 ID 信息。id 命令的格式为：

```
id  [选项] 用户名
```

例如，显示 user1 用户的 UID、GID 信息的实例如下。

```
[root@Server01 ~]# id  user1
用户 id=1002(user1) 组 id=1002(user1) 组=1002(user1),1001(bobby),1012(testgroup)
```

6. whoami 命令

whoami 命令用于显示当前用户的名称。whoami 命令与“id -un”命令的作用相同。

```
[root@Server01 ~]# su  user1
[user1@Server01 root]$ whoami
user1
[user1@Server01 root]$ exit
exit
[root@Server01 ~]#
```

7. newgrp 命令

newgrp 命令用于转换用户的当前组到指定的主组，对于没有设置组密码的组账户，只有组的成员才可以使用 newgrp 命令改变主组身份到该组。如果组设置了密码，则其他组的用户只要拥有组密码就可以将主组身份改变到该组。应用实例如下。

```
[root@Server01 ~]# id                    #显示当前用户的 GID
用户 id=0(root) 组 id=0(root) 组=0(root)
上下文=unconfined_u:unconfined_r:unconfined_t:s0-s0:c0.c1023
[root@Server01 ~]# newgrp group1         #改变用户的主组
[root@Server01 ~]# id
用户 id=0(root) 组 id=1010(group1) 组=1010(group1),0(root)
上下文=unconfined_u:unconfined_r:unconfined_t:s0-s0:c0.c1023
[root@Server01 ~]# newgrp                #newgrp 命令不指定组时转换为用户的主组
[root@Server01 ~]# id
用户 id=0(root) 组 id=0(root) 组=0(root),1010(group1)
上下文=unconfined_u:unconfined_r:unconfined_t:s0-s0:c0.c1023
```

使用 groups 命令可以列出指定用户的组。例如：

```
[root@Server01 ~]# whoami
root
[root@Server01 ~]# groups
root group1
```

3.4 企业实战与应用——账户管理实例

1. 情境

假设需要的账户数据如表 3-10 所示，你该如何操作？

表 3-10　账户数据

账户名称	账户全名	支持次要组	是否可登录主机	密码
myuser1	1st user	mygroup1	可以	password
myuser2	2nd user	mygroup1	可以	password
myuser3	3rd user	无额外支持	不可以	password

2. 解决方案

```
# 先处理账户相关属性的数据
[root@Server01 ~]# groupadd mygroup1
[root@Server01 ~]# useradd -G mygroup1 -c "1st user" myuser1
[root@Server01 ~]# useradd -G mygroup1 -c "2nd user" myuser2
[root@Server01 ~]# useradd -c "3rd user" -s /sbin/nologin myuser3

# 再处理账户的密码相关属性的数据
[root@Server01 ~]# echo "password" | passwd --stdin myuser1
[root@Server01 ~]# echo "password" | passwd --stdin myuser2
[root@Server01 ~]# echo "password" | passwd --stdin myuser3
```

特别注意 myuser1 与 myuser2 都支持次要组，但该组不见得存在，因此需要先手动创建。再者，myuser3 是“不可登录系统”的账户，因此需要使用/sbin/nologin 来设置，这样该账户就成为非登录账户了。

3.5 拓展阅读 中国国家顶级域名 CN

你知道我国是在哪一年真正拥有了互联网吗？中国国家顶级域名 CN 服务器是在哪一年完成设置的呢？

1994 年 4 月 20 日，一条 64kbit/s 的国际专线从中国科学院计算机网络信息中心通过美国 Sprint 公司连入 Internet，实现了中国与 Internet 的全功能连接。从此我国被国际上正式承认为真正拥有全功能互联网的国家。此事被我国新闻界评为 1994 年我国十大科技新闻之一，被国家统计公报列为我国 1994 年重大科技成就之一。

1994 年 5 月 21 日，在钱天白教授和德国卡尔斯鲁厄大学的教授的协助下，中国科学院计算机网络信息中心完成了中国国家顶级域名 CN 服务器的设置，改变了我国的顶级域名 CN 服务器一直放在国外的历史。钱天白、钱华林分别担任中国国家顶级域名 CN 的行政联络员和技术联络员。

3.6 项目实训 管理用户和组

1. 视频位置

实训前扫描二维码，观看“项目实录　管理用户和组”慕课。

2. 项目实训目的

- 熟悉 Linux 用户的访问权限。
- 掌握在 Linux 操作系统中增加、修改、删除用户或组成员的方法。
- 掌握用户账户管理及安全管理的方法。

3. 项目背景

某公司有 60 名员工，分别在 5 个部门工作，每个人的工作内容不同。需要在服务器上为每个人创建不同的账户，把相同部门的用户放在一个组中，每个用户都有自

项目实录　管理用户和组

己的工作目录。另外，需要根据工作性质对每个部门和每个用户在服务器上的可用空间进行限制。

4. 项目要求

练习设置用户的访问权限，练习账户的创建、修改、删除。

5. 做一做

根据项目实录视频进行项目实训，检查学习效果。

3.7 练习题

一、填空题

1. Linux 操作系统是________的操作系统，它允许多个用户同时登录到系统，使用系统资源。

2. Linux 操作系统下的用户账户分为两种：________和________。

3. root 用户的 UID 为________，普通用户的 UID 可以在创建时由管理员指定，如果不指定，则用户的 UID 默认从________开始顺序编号。

4. 在 Linux 操作系统中，创建用户账户的同时也会创建一个与用户同名的组，该组是用户的________。普通组的 GID 默认也从________开始编号。

5. 一个用户账户可以同时是多个组的成员，其中某个组是该用户的________（私有组），其他组为该用户的________（标准组）。

6. 在 Linux 操作系统中，所创建的用户账户及其相关信息（密码除外）均放在________配置文件中。

7. 由于所有用户对/etc/passwd 文件均有________权限，因此为了增强系统的安全性，用户经过加密之后的密码都存放在________文件中。

8. 组账户的信息存放在________文件中，而关于组管理的信息（组密码、组管理员等）则存放在________文件中。

二、选择题

1.（　　）目录可存放用户密码信息。

A. /etc　　B. /var　　C. /dev　　D. /boot

2. 创建用户 ID 是 1200，组 ID 是 1100，用户主目录为/home/user01 的正确命令为（　　）。

A. useradd -u:1200 -g:1100 -h:/home/user01 user01

B. useradd -u=1200 -g=1100 -d=/home/user01 user01

C. useradd -u 1200 -g 1100 -d /home/user01 user01

D. useradd –u 1200 -g 1100 -h /home/user01 user01

3. 用户登录系统后首先进入（　　）。

A. /home　　B. /root 的主目录

C. /usr　　D. 用户自己的家目录

4.（　　）可以删除一个用户并同时删除用户的主目录。

A. rmuser –r　　B. deluser –r　　C. userdel –r　　D. usermgr -r

5. 系统管理员应该采用的安全措施有（　　）。

A. 把 root 密码告诉每一位用户

B．设置 Telnet 服务来提供远程系统维护

C．经常检测账户数量、内存信息和磁盘信息

D．当员工辞职后，立即删除该用户账户

6. 在/etc/group 文件中有一行 students::600:z3,14,w5，这表示有(　　)个用户在 students 组里。

A．3　　B．4　　C．5　　D．不知道

7．命令（　　）可以用来检测用户 lisa 的信息。

A．finger lisa　　B．grep lisa /etc/passwd

C．find lisa /etc/passwd　　D．who lisa

三、简答题

1．Linux 系统中用户和组的作用是什么?

2．Linux 系统中的用户分为哪几类?

3．什么是私有组（主组）和附加组?

4．Linux 系统提供哪些命令来管理用户和组?

5．如何查看系统中的用户和组信息?

项目4 配置与管理文件系统

04

项目导入

对于 Linux 系统的管理员而言，深入学习 Linux 文件系统的配置与管理至关重要。特别是对于初学者来说，文件的权限与属性构成了学习 Linux 系统中的一个核心挑战。若缺乏这方面的知识储备，一旦遇到“Permission denied”（权限被拒绝）的错误提示，往往会感到束手无策。

知识和能力目标

- 了解 Linux 文件系统结构和文件权限管理。
- 掌握 Linux 文件系统管理工具。
- 掌握 Linux 操作系统权限管理的应用。

素质目标

- 从姚期智的事迹中，学习对学术卓越的不懈追求、勇于创新的科研精神以及深厚的家国情怀。应不断提升自我，为国家的科技事业和全球计算机科学的发展贡献自己的力量。
- “观众器者为良匠，观众病者为良医。”“为学日益，为道日损。”青年学生要多动手、多动脑，只有多实践、多积累，才能提高技艺，成为优秀的工匠。

4.1 项目相关知识

文件系统（file system）是操作系统中用于数据存储和管理的关键组件。它不仅是存储设备上按特定格式组织的一块区域，还是一套复杂的规则和算法集合，用于管理文件和目录。通过文件系统，操作系统能够在存储设备上高效地存储、检索、更新和删除文件。

4-1 微课

Linux 的文件系统

4.1.1 认识文件系统

文件系统是操作系统中至关重要的组件，它负责高效地管理存储设备上的数据。尽管不同的操作系统可能偏好支持特定的文件系统，但为了确保广泛的兼容性，它们通常都具备对多种文件系统的支持能力。

1. 文件系统的类型

（1）Ext4。作为 Ext3 的升级版，Ext4 在多个方面进行了优化。它支持更大的单个文件及文件系统容量（最高可达 1EB），允许创建无限数量的子目录，并采用了更高效的数据块分配策略。如今，Ext4 已被视为 Linux 中最通用和实用的文件系统之一。

（2）XFS。XFS 是一种高性能的日志文件系统，特别适合处理大型文件和并行 I/O 操作。它的最大存储容量高达 18EB，且具备在系统崩溃后迅速恢复数据的能力，从而确保数据的一致性和完整性。

（3）Btrfs。Btrfs 是一种现代化的文件系统，提供了诸如卷管理、快照、动态 inode 分配等高级功能。它的设计旨在提高存储效率，并具备数据纠错能力，同时保持了较高的易用性。

（4）Swap。Swap 文件系统主要用于 Linux 的交换空间管理，有助于系统虚拟内存的调配。通常建议的交换分区大小为物理内存的两倍，以满足系统的内存需求。

2. 文件权限和属性的记录

文件权限与属性构成了 Linux 文件系统管理的基石，对于确保系统安全性和数据完整性至关重要。在 Linux 系统中，每个文件和目录都被赋予了一套详细的权限和属性，这些设置决定了不同用户对其的访问和操作权限。

（1）Linux 文件权限

Linux 文件权限主要围绕 3 类用户进行定义：文件所有者（owner）、用户组成员（group）以及其他用户（others）。针对这 3 类用户，分别设定了以下 3 种基本权限。

- 读权限（read，r）：允许用户查看文件内容或列出目录中的文件列表。
- 写权限（write，w）：允许用户修改文件内容或在目录中新增/删除文件。
- 执行权限（execute，x）：允许用户执行文件或进入目录进行浏览。

关于权限，任务 4-1 会有更详细的介绍和实践。

（2）文件或目录属性

除了基本权限外，每个文件或目录还包含一系列其他属性，这些属性提供了关于文件的额外重要信息，具体如下。

- 所有者和所属组：明确指出了文件的拥有者以及与文件相关联的组成员。
- 文件大小：以字节为单位，表示文件所占用的存储空间大小。
- 时间戳：Linux 系统记录了以下 3 种关键的时间信息。
    - 修改时间（mtime）：记录文件最后一次被修改的具体时间。
    - 访问时间（atime）：记录文件最后一次被访问的时间点。
    - 状态改变时间（ctime）：记录文件的元数据（如权限或所有者信息）最后一次发生变化的时间。

（3）特殊权限和标志

此外，Linux 还引入了特殊权限和标志，以提供更加精细的访问控制机制。关于特殊权限，任务 4-1 会有更详细的介绍和实践。

这些权限和属性的灵活组合，使得 Linux 系统能够为用户提供强大而灵活的访问控制功能。

4.1.2 理解 Linux 文件系统结构

Linux 操作系统坚持“一切皆文件”的理念，这一原则贯穿于其设计。在这一框架下，硬件设备、目录、数据、进程等在系统中都以文件或文件夹形式存在。这种设计提升了 Linux 的操作便捷性和管理灵活性。

Linux 文件系统具有层次结构，以根目录（/）为起点，所有文件和目录均源自此处。系统中存在一些常见目录，各自有特定的用途，具体如表 4-1 所示。

表 4-1 Linux 操作系统常见目录及其主要用途

目录	主要用途
/	根目录，作为文件系统的起点，所有其他目录和文件均源于此
/bin	存放基本用户命令的目录，如 ls、cp 等，这些命令对所有用户而言都是不可或缺的
/boot	包含启动 Linux 系统所需的文件，如内核镜像和启动加载器配置
/dev	设备文件存放的目录，Linux 将硬件设备视为文件进行处理
/etc	系统配置文件目录，存储用户账户信息、系统启动脚本等关键配置信息
/home	用户家目录的集合，用于存放用户的个人文件和设置
/lib	系统库文件和内核模块目录，提供系统运行所需的基本功能和驱动支持
/media	可移动媒体设备的挂载点，如 USB 驱动器、CD-ROM 等
/mnt	临时挂载文件系统的位置，常用于挂载网络文件系统（如 NFS）
/opt	附加应用软件的安装目录，通常由第三方软件提供商进行维护
/proc	虚拟文件系统目录，提供系统运行时信息的接口，如进程状态、系统资源等
/root	系统管理员（root 用户）的家目录，用于存放管理员的个人文件和配置信息
/sbin	系统管理命令的存放目录，如 fdisk、ifconfig 等，主要由管理员使用
/tmp	临时文件存放的目录，用于存放系统运行过程中产生的临时数据
/usr	用户应用程序和文件的主要存储区域，包含系统文档、库文件等丰富资源
/var	存放经常变动的文件，如日志文件、邮件队列等，这些文件的内容会随时间而增长

这一精心设计的目录结构不仅提升了系统的组织性和可维护性，还为用户及开发者提供了清晰、直观的操作界面。

4.1.3 理解绝对路径与相对路径

在文件系统中，路径用于定位文件和目录。路径分为绝对路径和相对路径两种。理解这两种路径对于在操作系统中导航和操作文件至关重要。

1. 绝对路径与相对路径的深入理解

(1)绝对路径：绝对路径是一条从文件系统的根目录（/）开始，直至目标文件或目录的完整且明确的路径。它如同一张详尽的地图，无论当前身处何处，都能准确无误地指向目的地。例如，/home/user/documents 便是一条绝对路径，它精确标识了文件或目录在庞大文件系统中的位置。

(2)相对路径：相对路径是一条相对于当前工作目录而言的简化路径。它并不从根目录开始，而是从当前所在的位置出发，以更简洁的方式描述到达目标文件或目录的路线。在使用相对路径时，其含义会随当前工作目录的变化而有所变化。例如，若当前工作目录为/home/user，则 documents/report.txt 是一条相对路径，它指向的实际位置是/home/user/documents/report.txt。一个简单的判断绝对路径与相对路径的技巧是，若路径不以“/”开头，那么它很可能就是一条相对路径。

2. “.”与“..”的特殊含义

在 Linux 系统中，“.”和“..”是两个极具特色的目录项，它们分别代表当前目录和父目录。

(1)“.”：代表当前所在的目录。当前工作目录为/home/user 时，./documents 便是指向/home/user/documents 的快捷方式。使用“.”可以在执行文件或搜索当前目录下的内容时，避免输入冗长的完整路径。

(2)“..”：代表当前目录的上一级目录，即父目录。它如同一个向上的箭头，帮助用户轻松地在文件系统的层级结构中穿梭。例如，若当前工作目录为/home/user/documents，使用“cd ..”命令便能迅速将工作目录切换至/home/user。

这两个特殊的目录项在脚本编写、命令行操作，以及避免硬编码绝对路径等场景中均发挥举足轻重的作用。它们不仅可以提升操作的灵活性，还可以极大简化文件系统的导航过程。

4.2 项目设计与准备

在进行本项目的教学与实验前，需要做好如下准备。

（1）已经安装好 RHEL 9 的计算机。

（2）RHEL 9 安装光盘或 ISO 映像文件。

（3）设计教学或实验用的用户及权限列表。

本项目的所有实例都在服务器 Server01 上完成。

4.3 项目实施

文件是操作系统用来存储信息的基本结构，是一组信息的集合。文件通过文件名来唯一标识。Linux 中的文件名称最长允许 255 个字符，这些字符可以是 A～Z、0～9、.、_、-等。

任务 4-1 管理 Linux 文件权限

Linux 中的每一个文件或目录都有访问权限，这些访问权限决定了谁能访问和如何访问这些文件和目录。

1. 认识文件和目录的权限

Linux 操作系统在文件管理方面展现出与其他系统截然不同的特性，其中最为显著的是其摒弃了扩展名的概念。在 Linux 中，文件的名称与其类型并无直接联系，这为用户提供了更大的命名自由。例如，一个名为 sample.txt 的文件可能是一个可执行程序，而 sample.exe 则可能是一个纯文本文件。此外，Linux 文件名严格区分大小写，sample.txt、Sample.txt、SAMPLE.txt 和 samplE.txt 被视为不同的文件，这一特性在 DOS 和 Windows 系统中是不存在的。

（1）文件与目录的 3 种访问方式

在 Linux 系统中，权限管理是一项至关重要的工作，它允许用户以以下 3 种不同的方式限制对文件和目录的访问。

① 仅限用户本人访问。

这种方式确保了文件或目录的私密性，只有文件的创建者或拥有者才能对其进行访问。这适用于存储敏感信息的文件，如个人文档、配置文件等。

② 允许特定组成员访问。

组成员是 Linux 系统中用于管理用户权限的一种机制。通过将用户添加到特定的组中，可以授予他们对该组中文件的访问权限。这种方式适用于需要团队协作或共享资源的场景，如项目文档、共享目录等。

③ 允许系统所有用户访问。

在某些情况下，可能需要将文件或目录设置为对所有用户开放。这通常用于存储公共信息或共享资源的文件，如系统文档、公共工具等。然而，这种访问方式需要谨慎使用，以确保系统的安全性和稳定性。

（2）文件与目录的 3 种权限

除了上述 3 种访问方式外，用户还可以控制对给定文件或目录的访问程度。具体来说，一个文件或目录具有以下 3 种权限。

- 读权限：允许用户查看文件内容或浏览目录中的文件和子目录。
- 写权限：允许用户修改文件内容或删除目录中的文件。对于目录而言，写权限还允许用户在其中创建新的文件或子目录。
- 执行权限：对于文件而言，执行权限允许用户将其作为程序运行。对于目录而言，执行权限允许用户进入该目录并访问其中的内容。

当创建一个新文件时，系统会自动赋予文件所有者读和写的权限，这是为了确保文件所有者能够查看和修改自己的文件。然而，文件所有者可以根据需要更改这些权限，以授予其他用户或组成员相应的访问权限。

例如，一个文件可能仅具有读权限，这意味着其他用户无法修改其内容。或者，一个文件可能仅具有执行权限，允许它像程序一样被执行。权限可以根据实际需求进行灵活调整，以满足不同场景下的安全需求。

（3）3 种用户类型及其权限

为了确保系统的安全性和数据的完整性，Linux 系统采用了精细的权限控制机制。这一机制将用户分为 3 种类型：**所有者、组成员和其他用户**，并为每种用户类型设定了独立的访问权限。

① 所有者：作为文件的创建者，所有者拥有对文件的最高管理权限。他们可以自由地读取、写

入、执行文件，并有权授予其所在用户组的其他成员，以及系统中其他非组成员用户相应的文件访问权限。他们由第一套权限体系控制访问自己的文件权限，即所有者权限。

② 组成员：组成员是 Linux 系统中用于管理用户权限的一种有效方式，通过将用户添加到特定的组中，可以方便地控制该组成员对其他用户文件的访问权限。组成员的权限由第二套权限体系来控制。

③ 其他用户：除了所有者和组成员之外，系统中的其他所有用户都被归类为其他用户，他们的文件访问权限由第三套权限体系来定义。

【例 4-1】可以用 ls –l 或者 ll 命令显示文件的详细信息，其中包括权限，如下所示。

```
[root@Server01 ~]# ll
总用量 4
drwxr-xr-x. 2 root root    6  9月 14 10:01 公共
drwxr-xr-x. 2 root root    6  9月 14 10:01 模板
-rw-------. 1 root root 1447  9月 14 09:45 anaconda-ks.cfg
```

在上面的结果中从第二行开始，每一行的第一个字符一般用来区分文件的类型，一般取值为 d、–、l、b、c、s、p，具体含义如下。

d：表示是一个目录，在 ext 文件系统中，目录也是一种特殊的文件。

–：表示该文件是一个普通的文件。

l：表示该文件是一个符号链接文件，实际上它指向另一个文件。

b、c：分别表示该文件为区块设备或其他的外围设备，是特殊类型的文件。

s、p：分别表示这些文件关系到系统的数据结构和管道，通常很少见到。

下面详细介绍权限的种类和设置权限的方法。

2. 详解文件和目录的权限

在 Linux 系统中，文件的访问权限是通过一组特定的字符来表示的。这些字符位于文件名的开头部分，每行的第 2～10 个字符表示文件的访问权限。这 9 个字符每 3 个为一组，分别表示文件所有者、组成员以及其他用户的权限。

（1）权限字符分组及含义

① 所有者权限

- 字符 2、3、4 表示文件所有者的权限。
- 包括读、写和执行 3 种权限。

② 组成员权限

- 字符 5、6、7 表示文件所有者所属用户组的权限。
- 适用于该组中的所有成员。

③ 其他用户权限

字符 8、9、10 表示文件所有者所属用户组以外的用户的权限。

（2）权限类型

① 读权限

- 对文件：读取文件内容。
- 对目录：浏览目录内容。

② 写权限

- 对文件：新增、修改文件内容。

- 对目录：删除、移动目录内文件。

③ 执行权限

- 对文件：执行文件。
- 对目录：进入目录。

④ 无权限（-）：表示不具有某项权限。

（3）文件和目录的权限示例

- brwxr--r--：块设备文件，所有者具有读、写与执行权限，其他用户具有读权限。
- -rw-rw-r-x：普通文件，所有者与组成员具有读、写权限，其他用户具有读和执行权限。
- drwx--x--x：目录文件，所有者具有读、写与进入目录权限，其他用户能进入目录但无法读取数据。
- lrwxrwxrwx：符号链接文件，所有者、组成员和其他用户都具有读、写和执行权限。

（4）默认权限与 umask

- 用户主目录默认权限：用户的主目录通常位于/home 目录下，默认权限为 rwx------。
- mkdir 命令创建的目录默认权限：rwxr-xr-x。
- umask 命令：用于修改默认权限。例如，umask 777 屏蔽所有权限，之后建立的文件或目录权限为 000。root 账户常用 umask 数值为 022、027 和 077，普通用户常用 002，产生的默认权限依次为 755、750、700、775。
- 用户登录系统时，用户环境会自动执行 umask 命令来决定文件、目录的默认权限。

3. 认识文件和目录的特殊权限

在 Linux 系统中，文件与目录的设置不仅包含基本的读、写、执行权限，还存在一些特殊权限。这些特殊权限赋予了文件或目录额外的特权，但也可能带来安全风险。因此，除非有特定需求，否则不建议启用这些权限，以避免系统遭受黑客攻击或出现其他安全漏洞。

（1）SUID（set user ID）

当可执行文件被设置了 SUID 权限时，该文件在执行时将具有文件所有者的权限。这意味着，即使普通用户执行该文件，他们也能访问文件所有者（通常是 root 用户）所能使用的所有系统资源。然而，这种权限也常被黑客利用，通过将 SUID 与 root 账户结合，在系统中悄无声息地创建后门，以便日后进行非法访问。

（2）SGID（set group ID）

与 SUID 类似，SGID 权限被设置在文件上时，该文件在执行时将具有文件所属组成员的权限。这意味着，执行该文件的用户可以访问整个组成员所能使用的系统资源。SGID 权限同样需要谨慎使用，以避免潜在的安全风险。

（3）Sticky Bit（粘滞位）

Sticky Bit 是一种特殊的权限，通常用于/tmp 和/var/tmp 等公共目录。这些目录允许所有用户进行文件的临时存取，但 Sticky Bit 确保了只有文件的创建者或超级用户才能删除或重命名这些文件。这样，即使其他用户具有对这些目录的写权限，他们也无法删除或修改不属于他们的文件。

（4）权限表示与大小写区分

在 Linux 中，SUID、SGID 和 Sticky Bit 占用执行权限的位置来表示。当这些特殊权限与执行权限同时开启时，权限表示字符是小写的。

例如,“-rwsr-sr-t”表示该文件具有 SUID 和 SGID 权限,并且是可执行的,同时设置了 Sticky Bit;而“-rwSr-Sr-T”则表示该文件关闭了执行权限,但设置了 SUID、SGID 和 Sticky Bit(此时这些权限的表示字符为大写)。

4. 修改文件权限

在建立文件时系统会自动为其设置权限,如果这些默认权限无法满足需要,可以使用 chmod 命令来修改权限。通常在进行权限修改时可以用两种方式来表示权限类型:数字表示法和文字表示法。

chmod 命令的格式是:

```
chmod  选项  文件
```

(1)以数字表示法修改权限

数字表示法是指将读取、写入和执行分别以 4、2、1 表示,没有授予的部分就表示为 0,然后把所授予的权限相加。表 4-2 所示是以数字表示法修改权限的例子。

表 4-2 以数字表示法修改权限的例子

原始权限	转换为数字	数字表示法
rwxrwxr-x	(421)(421)(401)	775
rwxr-xr-x	(421)(401)(401)	755
rw-rw-r--	(420)(420)(400)	664
rw-r--r--	(420)(400)(400)	644

例如,为文件/yy/file 设置权限:赋予所有者和组成员读取和写入的权限,而其他用户只有读取权限。应该将权限设为 rw-rw-r--,而该权限的数字表示法为 664,因此可以使用下面的命令来设置权限。

```
[root@Server01 ~]# mkdir /yy
[root@Server01 ~]# cd /yy
[root@Server01 yy]# touch file
[root@Server01 yy]# ll
总用量 0
-rw-r--r--. 1 root root 0  9月 21 09:24 file
```

特殊权限也可以采用数字表示法。SUID、SGID 和 Sticky Bit 权限分别为 4、2 和 1。使用 chmod 命令设置文件权限时,可以在普通权限的数字前面加上一位数字来表示特殊权限。例如:

```
[root@Server01 yy]# chmod 6664 /yy/file
[root@Server01 yy]# ll /yy
总用量 0
-rwSrwSr--. 1 root root 0  9月 21 09:24 file
```

(2)以文字表示法修改权限

① 使用文字表示法修改文件权限。

使用权限的文字表示法时,系统用 4 种字符来表示不同的用户。

- u:user,表示所有者。
- g:group,表示属组成员。
- o:others,表示其他用户。
- a:all,表示以上 3 种用户。

操作权限使用下面 3 种字符的组合表示法。

- r：read，读取。
- w：write，写入。
- x：execute，执行。

操作符号包括以下内容。

- +：添加某种权限。
- -：减去某种权限。
- =：赋予给定权限并取消原来的权限。

以文字表示法修改文件权限时，上例中的权限设置命令应该为：

```
[root@Server01 yy]# chmod u=rw,g=rw,o=r /yy/file
```

② 修改目录及其子目录权限。

修改目录权限的方法和修改文件权限的相同，都是使用 chmod 命令，但不同的是，要使用通配符"*"来表示目录中的所有文件。

例如，要同时将/yy 目录中的所有文件权限设置为所有人都可读取及写入，应该使用下面的命令。

```
[root@Server01 yy]# chmod a=rw /yy/*
//或者
[root@Server01 yy]# chmod 666 /yy/*
```

如果目录中包含其他子目录，则必须使用-R（Recursive）选项来同时设置所有文件及子目录的权限。

利用 chmod 命令也可以修改文件的特殊权限。

例如，设置文件/yy/file 文件的 SUID 权限的方法为：

```
[root@Server01 yy]# chmod u+s /yy/file
[root@Server01 yy]# ll
总用量 0
-rwSrw-rw-. 1 root root 0  9月  21 09:23 file
```

5. 修改文件所有者与属组

修改文件的所有者可以使用 chown 命令。chown 命令的格式为：

```
chown  选项  用户和属组   文件列表
```

用户和属组可以是名称，也可以是 UID 或 GID。多个文件之间用空格分隔。

例如，要把/yy/file 文件的所有者修改为 test 用户，命令如下。

```
[root@Server01 yy]# useradd test
[root@Server01 yy]# chown test /yy/file
[root@Server01 yy]# ll
总计 0
-rw-rwSr--. 1 test root 0  9月 21 09:24 file
```

chown 命令可以同时修改文件的所有者和属组，用"："分隔。

例如，将/yy/file 文件的所有者和属组都改为 test 的命令如下。

```
[root@Server01 yy]# chown test:test /yy/file
```

如果只修改文件的属组可以使用下列命令。

```
[root@Server01 yy]# chown :test /yy/file
```

修改文件的属组也可以使用 chgrp 命令，命令如下。

```
[root@Server01 yy]# chgrp test /yy/file
```

任务 4-2　修改文件与目录的默认权限与隐藏属性

文件权限主要包括读（r）、写（w）、执行（x）等基本权限，而文件类型的属性则涵盖目录（d）、普通文件（-）、符号链接等。修改权限的方法（chmod）在前面已经介绍过。在 Linux 的 ext2/ext3/ext4 文件系统中，除了基本的 r、w、x 权限外，还可以设置系统的隐藏属性。通过 chattr 命令可以配置这些隐藏属性，而使用 lsattr 命令则可以查看当前文件的隐藏属性。

此外，出于安全的考虑，设定文件不可修改的特性，即使是文件的拥有者也无法进行修改，这一点显得尤为重要。通过合理配置文件权限和属性，可以有效提升系统的安全性和数据保护性能。

1. 理解文件预设权限：umask

默认权限与 umask 密切相关，umask 指定了用户在创建文件或目录时的默认权限值。

（1）查看与设置 umask 值

要查看或设置 umask 值，可以使用相应的命令。以下是示例命令及其运行结果。

```
[root@Server01 ~]# umask
0022                //后面 3 个数字表示与一般权限相关的设置
[root@Server01 ~]# umask  -S
u=rwx,g=rx,o=rx
```

通过调整 umask 值，用户可以有效控制新创建文件或目录的权限，确保安全性与可访问性之间的平衡。

查阅默认权限的方式有两种：一是直接输入 umask，可以看到数字形式的权限设定；二是加入-S（Symbolism，符号）选项，以文字形式显示权限。

（2）umask 值的含义与调整

umask 值由 4 个八进制数字组成，但通常我们只关注后 3 个数字，因为第 1 个数字与特殊权限（如 SUID、SGID 和 Sticky Bit）相关，而在这里我们主要讨论的是一般权限。

① 在 Linux 中，文件和目录的默认权限是不同的。

- 对于文件，默认的最大权限是 666（即-rw-rw-rw-），因为文件通常不需要执行权限。
- 对于目录，默认的最大权限是 777（即 drwxrwxrwx），因为目录需要执行权限才能进入。

② umask 值指定了这些默认权限中需要被去除的部分。

- 去掉写入的权限时，umask 值中包含 2（对应 w 权限）。
- 去掉读取的权限时，umask 值中包含 4（对应 r 权限）。
- 去掉执行权限时（对于文件通常不需要，但对于目录很重要），umask 值中包含 1（对应 x 权限）。
- 去掉读取和写入的权限时，umask 值中包含 6。
- 去掉执行和写入的权限时，umask 值中包含 3。
- 组合权限时，只需将对应的数值相加即可。例如，umask 值为 027 时，表示去除组用户的写权限（2）和其他用户的读、写、执行权限（4+2+1=7）。

思考　5 是什么意思？就是读取（4）与执行（1）的权限。

（3）示例分析

① 分析。

在前面的例子中，因为 umask 值为 022，所以 user（对应 umask 的 0）并没有被去掉任何权限，不过 group（对应 umask 的 2）与 others（对应 umask 最后面的 2）的权限被去掉了 2（也就是 w 这个权限），那么用户的权限如下。

- 建立文件时：(-rw-rw-rw-) -（-----w--w-）=-rw-r--r--。
- 建立目录时：(drwxrwxrwx) -（d----w--w-）=drwxr-xr-x。

② 验证。

```
[root@Server01 ~]# umask
0022
[root@Server01 ~]# touch test1
[root@Server01 ~]# mkdir test2
[root@Server01 ~]# ll
总用量 4
……
-rw-r--r--. 1 root root    0  9月 21 10:01 test1
drwxr-xr-x. 2 root root    6  9月 21 10:01 test2
```

2. 利用 umask

假如你与同学在同一个项目组，你们的账号属于相同的组，并且/home/class/目录是你们的公共目录。想象一下，有没有可能你所创建的文件你的同学无法编辑？如果要让你的同学能够编辑你的文件，该怎么办呢？

这种情况可能经常发生。以上面的案例来说，test1 的权限是 644。也就是说，如果 umask 的值为 022，那么新建的数据只有用户自己具有 w 权限，同组的用户只有 r 权限，无法修改，这样就不能共同编辑项目文件。

因此，当我们需要新建文件给同组的用户共同编辑时，umask 的组就不能去掉 2 这个 w 权限。这时 umask 的值应该是 002，这样才能使新建文件的权限是-rw-rw-r--。要设定 umask 值，直接在 umask 后面输入 002 就可以了。命令运行情况如下。

```
[root@Server01 ~]# umask 002 ;touch test3 ;mkdir test4
[root@Server01 ~]# ll
总用量 4
……
-rw-r--r--. 1 root root    0  9月 21 10:01 test1
drwxr-xr-x. 2 root root    6  9月 21 10:01 test2
-rw-rw-r--. 1 root root    0  9月 21 10:02 test3
drwxrwxr-x. 2 root root    6  9月 21 10:02 test4
```

umask 与新建文件及目录的默认权限有很大关系。这个属性可以用在服务器上，尤其是文件服务器（file server）上。例如，在创建 Samba 服务器或者 FTP 服务器时，显得尤为重要。

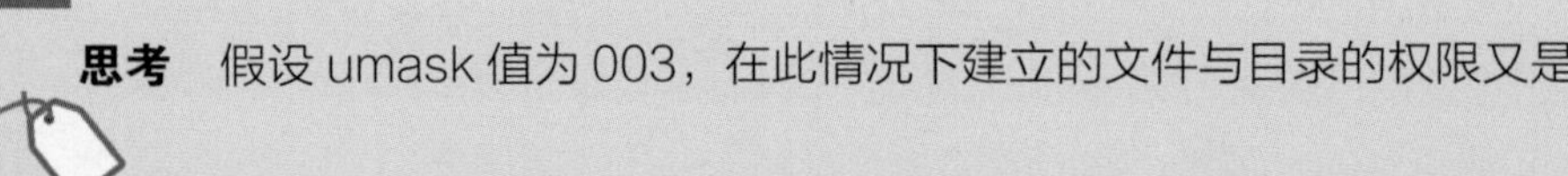

思考 假设 umask 值为 003，在此情况下建立的文件与目录的权限又是怎样的呢？

umask 为 003，所以去掉的权限为---------wx。因此相关权限如下。

- 文件：(-rw-rw-rw-) - (--------wx)=-rw-rw-r--。

- 目录：(drwxrwxrwx) – (d-------wx)=drwxrwxr--。

在关于 umask 与权限的计算方式中，有的教材喜欢使用二进制的方式来进行 AND 与 NOT 的计算。不过，本书认为上面这种计算方式比较容易。

> **提示** 在有的书或者论坛上，喜欢使用文件默认属性 666 及目录默认属性 777 与 umask 值相减来计算文件属性，这是不对的。以上面的思考来看，如果使用默认属性相减，则文件属性变成 666–003=663，即-rw-rw--wx，这是完全不对的。原本的文件已经去除了 x 的默认权限，无法再出现该属性。所以，这个地方一定要特别小心。

root 的 umask 值默认是 022，这是基于安全的考虑。对于一般用户，通常 umask 值为 002，即保留同组的写入权限。关于预设 umask 可以参考/etc/bashrc 这个文件的内容。

3. 设置文件隐藏属性

在 Linux 中，以点开头的文件或文件夹被视为隐藏文件或文件夹，不能用普通的文件管理器或 ls 命令（不带参数）查看、管理。

（1）chattr 命令

chattr 是 Linux 系统中一个功能强大的命令，它允许系统管理员为文件设定特定的属性，从而精细地控制文件。这一功能在系统管理和安全维护方面尤为关键，为管理员提供了额外的安全层级。

① 命令格式。

```
chattr [选项] [模式] [属性] 文件名
```

② 选项详解。

- -V：在执行命令时，使用此选项会显示详细的操作信息，帮助管理员了解命令的每一步执行过程。
- -R：当需要处理某个目录及其所有子目录中的文件时，可使用此选项进行递归操作，无须逐一手动处理。
- -f：在某些情况下，即使在执行命令过程中遇到错误，使用此选项也能强制命令继续执行，确保操作的完整性。

③ 模式构成。

- +：此模式用于为文件添加指定的属性，而不会移除其他已存在的属性。
- -：使用此模式可以移除文件的指定属性，其他属性则保持不变。
- =：此模式将设置文件的精确属性，所有未明确指定的属性都将被移除，确保文件属性的唯一性和准确性。

④ 常用属性及其作用。

- A：启用此属性后，文件的访问时间戳将不会被修改，这有助于减少系统开销，提升性能。
- a：此属性适用于需要不断追加内容的文件（如日志文件等），设置为只读追加模式，防止文件被意外修改或删除。
- i：将文件设置为不可变状态，此时文件将无法被删除、修改、重命名或创建链接等，为关键文件提供最高级别的保护。
- s：安全删除属性，确保在删除文件时，其内容能够被彻底清除，防止敏感信息泄露。

- S：同步更新属性，每次对文件进行修改后，都会立即将其写入硬盘，确保数据的完整性和一致性。

灵活运用 chattr 命令及其选项和属性，系统管理员可以实现对文件的精细控制，从而提升系统的安全性和稳定性。

【例 4-2】尝试在/tmp 目录下建立文件，加入 i 属性，并尝试删除该文件。

```
[root@Server01 ~]# cd  /tmp
[root@Server01 tmp]# touch attrtest          //建立一个空文件
[root@Server01 tmp]# chattr  +i attrtest     //加入 i 属性
[root@Server01 tmp]# rm attrtest             //尝试删除，查看结果
rm：是否删除普通空文件 'attrtest'? y
rm：无法删除'attrtest'：不允许的操作            //操作被拒绝
#连 root 管理员也没有办法将这个文件删除，所以应赶紧解除设定
```

将该文件的 i 属性取消：

```
[root@Server01 tmp]# chattr -i attrtest
```

这个命令很重要，尤其是在保证系统的数据安全方面。

此外，如果是日志文件，就需要+a 属性，可增加但不能修改与删除旧数据。

（2）lsattr 命令

lsattr 命令是 Linux 系统中的一个实用命令，它专门用于展示文件和目录的隐藏属性。这些隐藏属性也被称为扩展属性，能够对文件的访问权限和操作行为进行微调，为系统管理员提供更为精细的文件管理手段。

① 命令格式。

```
lsattr [-adR] 文件或目录
```

② lsattr 选项说明如表 4-3 所示。

表 4-3 lsattr 选项说明

选项	功能	说明
-a	显示所有文件的属性，包括隐藏文件	使用-a 选项，可以确保隐藏文件的扩展属性也被列出，有助于系统管理和安全审计
-d	仅显示目录本身的属性，不列出其内部文件的属性	当需要检查目录的特定属性（如不可变性）时，-d 选项非常有用，它可避免列出目录内所有文件的属性，从而提高效率
-R	递归地列出指定目录及其所有子目录中的文件和目录的属性	-R 选项允许管理员全面审查整个目录树的文件和目录属性，这对于确保整个文件系统的安全性和一致性至关重要

③ 示例。

通过 lsattr 命令及其丰富的选项，系统管理员可以轻松获取文件和目录的隐藏属性信息，进而根据实际需求进行相应的权限调整和安全配置。

```
[root@Server01 tmp]# chattr +aiS attrtest
[root@Server01 tmp]# lsattr attrtest
--S-ia---------- attrtest
```

使用 chattr 命令后，可以使用 lsattr 命令来查阅隐藏属性。不过，在使用这两个命令时必须特别小心，否则会造成很大的困扰。例如，如果将/etc/shadow 密码文件设定为具有 i 属性，则在若干天后，会发现无法新增用户。

任务 4-3 使用文件访问控制列表

文件访问控制列表（access control list，ACL）作为 Linux 和 UNIX 系统中的一项关键机制，为文件权限管理提供了更为精细的控制方式。相较传统的 UNIX 权限模型，ACL 能够赋予管理员为特定用户或组设定不同访问权限的能力，从而制定出更为灵活且贴合实际需求的安全策略。

为了方便管理 ACL，Linux 提供了两个主要的命令：setfacl 和 getfacl。

1. setfacl 命令

setfacl（set file access control(list)）命令是用于设置和管理 Linux 文件系统中的 ACL 的命令。ACL 允许更细粒度的权限控制，超越传统的用户、组和其他分类。这使得系统管理员能够针对特定用户和组配置访问权限，适应更复杂的权限需求。命令的格式为：

```
setfacl [选项] [ACL 规则] 文件名
```

（1）选项说明

- -m：用于修改现有的 ACL，或者添加新的 ACL 规则。此选项非常重要，因为它允许管理员在不完全覆盖现有权限的情况下更新权限设置。
- -x：删除指定的 ACL 条目。使用该选项可以去除不再需要的权限设置。
- -b：删除所有 ACL 条目，包括默认条目。这在需要重置所有权限时非常有用。
- -k：仅删除默认的 ACL 条目，而保留用户和组的其他 ACL 条目设置。
- -d：设置目录的默认 ACL 条目。此选项特别重要，因为默认 ACL 条目会自动应用于该目录下新创建的文件和子目录。这可简化权限管理，确保一致性。
- -R：递归地修改指定目录及其所有子目录中的文件权限。使用该选项可以一次性更新大量文件的权限。
- -L：只处理符号链接本身，而不是符号链接指向的目标文件。这在处理文件系统中的链接时非常重要。

（2）ACL 规则的格式

- u::为特定用户设置权限。例如，u:username:rw- 表示将读写权限授予用户 username。
- g::为特定组设置权限。例如，g:groupname:r-- 表示将只读权限授予组 groupname。
- o::为其他用户设置权限（即不在用户和组中的用户）。例如，o:r-- 表示其他用户具有只读权限。
- m::设置掩码，掩码是对最高权限的限制，会影响组和其他用户的权限。

权限包括 r（读取）、w（写入）、x（执行）。

下面设置一个/boot 目录的 ACL，使得用户 yangyun 能够读写该目录下的所有现有和未来的文件。

```
[root@server01 ~]# setfacl -m u:yangyun:rwx /boot
[root@server01 ~]# setfacl -d -m u:yangyun:rwx /boot
```

在上述操作中，-m 选项用于修改 ACL，u:yangyun:rwx 指定了将读、写、执行权限授予用户 yangyun。而第二个命令中的-d 选项则表示设置的是默认 ACL 条目，这些默认 ACL 条目会自动应用于/boot 目录中未来创建的所有文件。

- 第一个命令确保了用户 yangyun 能够立即对/boot 目录及其现有文件具有完全的访问能力。
- 第二个命令确保了/boot 目录中未来创建的所有文件都会默认赋予用户 yangyun 读、写、执行的权限，从而简化权限管理，并确保一致性。

通过深入理解 ACL 机制及灵活使用 setfacl 命令，管理员能够制定出更为贴合实际需求的安全策略，为 Linux 系统提供更为强大的安全保障。

2. getfacl 命令

getfacl（get file access control list）命令用于查看文件或目录的 ACL 信息。它可以显示文件的所有权限，包括传统的 UNIX 权限和额外的 ACL 权限。命令的格式为：

```
getfacl [选项] 文件名
```

常用选项如下。

- -a：显示文件或目录所有的 ACL 信息，包括文件所有者、所属组等基础属性，此为默认执行模式。
- -C：仅展示 ACL 相关配置，不显示文件所有者、所属组及其他默认属性信息。
- -d：仅针对目录生效，用于显示目录的默认 ACL 配置，不涉及具体文件的 ACL 相关信息。
- -e：以扩展模式展示 ACL 权限，除当前生效的权限条目外，还包含默认 ACL 规则（若存在）。
- -R：递归处理指定目录及其子目录下的所有文件和目录，依次输出各自的 ACL 信息。
- -t：以纯文本格式输出 ACL 信息，便于脚本或其他程序解析与处理。
- -p：在输出结果中保留文件或目录的完整路径，而非仅显示末尾的文件名或目录名，提升路径信息的完整性。

要查看/boot 目录的 ACL 设置，可以使用以下命令。

```
[root@Server01 ~]# getfacl /boot
getfacl: Removing leading '/' from absolute path names
# file: boot
# owner: root
# group: root
user::r-x
user:yangyun:rwx
group::r-x
mask::rwx
other::r-x
default:user::r-x
default:user: yangyun:rwx
default:group::r-x
default:mask::rwx
default:other::r-x
```

4.4 企业实战与应用

1. 情境及需求

情境：假设系统中有两个用户账号，分别是 alex 与 arod，这两个账号除了支持自己的组，还共同支持一个名为 project 的组。如果这两个账号需要共同拥有/srv/ahome/目录的开发权，且该目录不允许其他账号进入查阅，该目录的权限应如何设定？先以传统权限说明，再以 SGID 的功能解析。

目标：了解为何项目开发时，目录最好设定 SGID 的权限。

前提：多个账号支持同一组，且共同拥有目录的使用权。

需求：需要使用 root 管理员的身份运行 chmod、chgrp 等命令，帮用户设定好他们的开发环境。这也是管理员的重要任务之一。

2. 解决方案

（1）制作这两个用户账号的相关数据。

```
[root@Server01 ~]# groupadd project                #增加新的组
[root@Server01 ~]# useradd -G project alex         #建立 alex 账号，且支持 project
[root@Server01 ~]# useradd -G project arod         #建立 arod 账号，且支持 project
[root@Server01 ~]# id alex                         #查阅 alex 账号的属性
uid=1008(alex) gid=1012(alex) 组=1012(alex),1011(project) #确定有支持
[root@Server01 ~]# id arod
uid=1009(arod) gid=1013(arod) 组=1013(arod),1011(project)
```

（2）建立所需要开发的项目目录。

```
[root@Server01 ~]# mkdir    /srv/ahome
[root@Server01 ~]# ll  -d  /srv/ahome
drwxr-xr-x 2 root root 4096 Sep 29 22:36/srv/ahome
```

（3）从上面的输出结果可以发现，alex 与 arod 都不能在该目录内建立文件，因此需要修改权限与属性。由于其他用户均不可进入此目录，所以该目录的组应为 project，权限应为 770 才合理。

```
[root@Server01 ~]# chgrp project  /srv/ahome
[root@Server01 ~]# chmod 770  /srv/ahome
[root@Server01 ~]# ll -d /srv/ahome
drwxrwx---  2 root project 4096 Sep 29 22:36/srv/ahome
# 从上面的权限来看，由于 alex、arod 均支持 project，所以似乎没问题了
```

（4）分别以两个用户来测试，情况会如何？先用 alex 建立文件，再用 arod 去处理。

```
[root@Server01 ~]# su  -  alex                     #先切换身份成 alex 来处理
[alex@Server01~]$ cd  /srv/ahome                   #切换到组的工作目录
[alex@Server01 ahome]$ touch abcd                  #建立一个空的文件
[alex@Server01 ahome]$ exit                        #离开 alex 的身份
[root@Server01 ~]# su  -  arod
[arod@Server01 ~]$ cd   /srv/ahome
[arod@Server01 ahome]$ ll abcd
-rw-rw-r--  1 alex alex 0 Sep 29 22:46 abcd
#仔细看上面的文件，组是 alex，而组 arod 并不支持
#因此对于 abcd 这个文件来说，arod 应该只是其他用户，只有 r 权限
[arod@Server01 ahome]$ exit
```

由上面的结果可以知道，若单纯使用传统的 rwx，则对于 alex 建立的 abcd 这个文件来说，arod 可以删除它，但不能编辑它。若要实现目标，就需要用到特殊权限。

（5）加入 SGID 的权限，并进行测试。

```
[root@Server01 ~]# chmod 2770  /srv/ahome
[root@Server01 ~]# ll  -d  /srv/ahome
drwxrws---  2 root project 4096 Sep 29 22:46/srv/ahome
```

（6）测试：使用 alex 建立一个文件，并查阅文件权限。

```
[root@Server01 ~]# su  -  alex
[alex@Server01~]$ cd  /srv/ahome
[alex@Server01 ahome]$ touch 1234
[alex@Server01 ahome]$ ll 1234
-rw-rw-r--  1 alex project 0 Sep 29 22:53 1234
# 现在 alex、arod 建立的新文件所属组都是 project
# 由于两个账号均属于此组，再加上 umask 值都是 002，所以这两个账号才可以互相修改对方的文件
```

最终的结果显示，此目录的权限最好是 2770，所属文件拥有者属于 root 管理员即可，至于组，则必须为两个账号共同支持的 project 才可以。

4.5 拓展阅读 图灵奖

图灵奖全称 A.M. 图灵奖（A.M. Turing Award），是由美国计算机协会（Association for Computing Machinery，ACM）于 1966 年设立的计算机奖项，名称取自艾伦·马西森·图灵（Alan Mathison Turing），旨在奖励对计算机事业做出重要贡献的个人。图灵奖的获奖要求极高，评奖程序极严，一般每年仅授予一名计算机科学家。图灵奖是计算机领域的国际最高奖项，被誉为“计算机界的诺贝尔奖”。

2000 年，科学家姚期智获图灵奖。

4.6 项目实训 管理文件权限

1. 视频位置

实训前扫描二维码，观看“项目实录　管理文件权限”慕课。

2. 项目实训目的

- 掌握利用 chmod 及 chgrp 等命令实现 Linux 文件权限管理的方法。
- 掌握磁盘限额的实现方法（项目 5 会详细讲解）。

3. 项目背景

项目实录 管理文件权限

某公司有 60 名员工，分别在 5 个部门工作，每个人的工作内容不同。需要在服务器上为每个人创建不同的用户账号，把相同部门的用户放在一个组中，每个用户都有自己的工作目录。另外，需要根据每个人的工作性质对每个部门和每个用户在服务器上的可用空间进行限制。

假设有用户 user1，请设置 user1 对/dev/sdb1 分区的磁盘限额，将 user1 对 blocks 的 soft 设置为 5000，hard 设置为 10000；inodes 的 soft 设置为 5000，hard 设置为 10000。

4. 项目要求

练习使用 chmod、chgrp 等命令，练习在 Linux 下实现磁盘限额。

5. 做一做

根据项目实录视频进行项目实训，检查学习效果。

4.7 练习题

一、填空题

1. 文件系统是磁盘上有特定格式的一片区域，操作系统利用文件系统________、________、________和________文件。

2. ext 文件系统在 1992 年 4 月完成，称为________，是第一个专门针对 Linux 操作系统的文件系统。Linux 操作系统使用________文件系统。

3. ext 文件系统结构的核心组成部分是________、________和________。

4. Linux 的文件系统是采用阶层式的________结构，在该结构中的最上层是________。

5. 默认的权限可用________命令修改，方法非常简单，只需执行________命令，便可屏蔽所有权限，因而之后建立的文件或目录，其权限都变成________。

6. ________代表当前的目录，也可以使用./来表示。________代表上一层目录，也可以用../来表示。

7. 若文件名前多一个“.”，则代表该文件为________。可以使用________命令查看隐藏文件。

8. 想要让用户拥有文件 filename 的执行权限，但又不知道该文件原来的权限是什么，应该执行________命令。

二、选择题

1. 存放 Linux 基本命令的目录是（　　）。

A. /bin　　B. /tmp　　C. /lib　　D. /root

2. 对于普通用户创建的新目录，（　　）是默认的访问权限。

A. rwxr-xr-x　　B. rw-rwxrw-　　C. rwxrwrxr-x　　D. rwxrwxrw-

3. 如果当前目录是/home/sea/china，那么“china”的父目录是（　　）目录。

A. /home/sea　　B. /home/　　C. /　　D. /sea

4. 系统中有用户 user1 和 user2 同属于 users 组。在 user1 用户目录下有一文件 file1，它拥有 644 的权限，如果 user2 想修改 user1 用户目录下的 file1 文件，则应拥有（　　）权限。

A. 744　　B. 664　　C. 646　　D. 746

5. 用 ls -al 命令列出下面的文件列表，则（　　）是符号链接文件。

A. -rw------- 2 hel-s users 56 Sep 09 11:05 hello

B. -rw------- 2 hel-s users 56 Sep 09 11:05 goodbey

C. drwx----- 1 hel users 1024 Sep 10 08:10 zhang

D. lrwx----- 1 hel users 2024 Sep 12 08:12 cheng

6. 如果 umask 值设置为 022，则默认的新建文件的权限为（　　）。

A. ----w--w-　　B. –rwxr-xr-x　　C. -r-xr-x---　　D. -rw-r--r--

三、简答题

1. Linux 文件系统主要有哪些类型?

2. Linux 文件系统的权限有哪些?

3. 什么是 SUID、SGID 和 Sticky Bit 特殊权限?

项目5 配置与管理硬盘

项目导入

Linux 网络管理员需精通磁盘管理，特别是在多用户服务器环境中，需运用 disk quota（磁盘配额）设定用户存储限制，保障资源公平使用。此外，还需掌握独立磁盘冗余阵列（redundant arrays of independent disks，RAID）技术提升数据存储可靠性，以及利用逻辑卷管理器（logical volume manager，LVM）实现灵活的分区管理。这些高级工具的应用，有助于确保系统稳定、性能优化，并满足用户的数据存储需求。

知识和能力目标

- 掌握 Linux 下的磁盘管理工具的使用方法。
- 掌握设置磁盘限额的使用方法。
- 掌握 Linux 下的软 RAID 和 LVM 的使用方法。

素质目标

- 了解科学技术奖中最高等级的奖项——国家最高科学技术奖，激发学生的科学精神和爱国情怀。
- “盛年不重来，一日难再晨。及时当勉励，岁月不待人。”盛世之下，青年学生要惜时如金，学好知识，报效国家。

5.1 项目知识准备

掌握硬盘和分区的基础知识是我们完成本项目的基础。

5-1 微课
配置与管理硬盘

5.1.1 MBR 硬盘与 GPT 硬盘

硬盘按分区表的格式可以分为主引导记录（Master Boot Record，MBR）与全局唯一标识分区表（GUID Partition Table，GPT）两种硬盘格式。

（1）MBR 硬盘：使用的是旧的传统硬盘分区表格式，其硬盘分区表存储在

MBR（见图 5-1 左半部）内。MBR 位于硬盘最前端，计算机启动时，使用传统基本输入输出系统（basic input/output system，BIOS，是固化在计算机主板上一个 ROM 芯片上的程序）的计算机，其 BIOS 会先读取 MBR，并将控制权交给 MBR 内的程序，然后由此程序来继续后续的启动工作。MBR 硬盘支持的硬盘最大容量为 2.2TB (1TB=1024GB)。

（2）GPT 硬盘：一种新的硬盘分区表格式，其硬盘分区表存储在 GPT（见图 5-1 右半部）内，位于硬盘的前端，而且它有主分区表与备份分区表，可提供容错功能。使用新式 UEFI BIOS 的计算机，其 BIOS 会先读取 GPT，并将控制权交给 GPT 内的程序，然后由此程序来继续后续的启动工作。GPT 硬盘支持的硬盘最大容量可以超过 2.2TB。

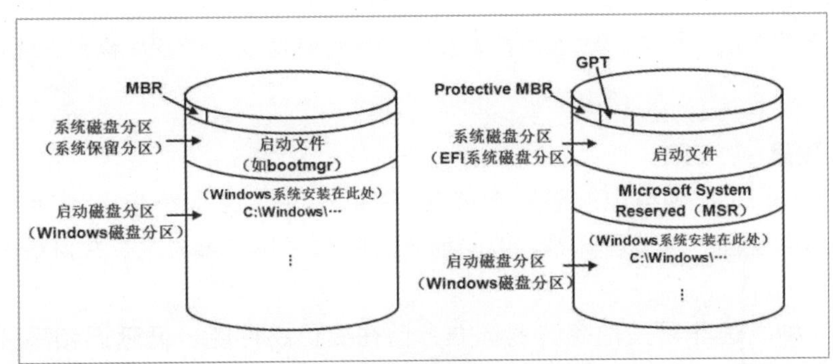

图 5-1　MBR 硬盘与 GPT 硬盘

5.1.2　磁盘分区

在这里我们将根据硬盘的不同来分类介绍磁盘分区，这是因为硬盘类型不同，其设备命名和分区命名不同。

1. 传统 MBR 硬盘

传统的 MBR 硬盘最多只能有 4 个主分区，其中一个主分区可以用一个扩展分区来替换。也就是说，主分区可以有 1～4 个，扩展分区可以有 0～1 个，而扩展分区可以划分出若干个逻辑分区。

目前常用的硬盘主要有两大类：IDE（电子集成驱动器）硬盘和 SCSI（小型计算机系统接口）硬盘。IDE 硬盘读写速度比较慢，但价格相对便宜，是家庭用 PC 常用的硬盘类型。SCSI 硬盘读写速度比较快，但价格相对较贵。通常，要求较高的服务器会采用 SCSI 硬盘。一台计算机一般有两个 IDE 接口（IDE0 和 IDE1），每个 IDE 接口可连接两个硬盘设备（主盘和从盘）。采用 SCSI 的计算机也遵循这一规律。

Linux 的所有设备均表示为/dev 目录中的一个文件，例如：

- IDE0 接口上的主盘称为/dev/hda；
- IDE0 接口上的从盘称为/dev/hdb；
- IDE1 接口上的主盘称为/dev/hdc；
- IDE1 接口上的从盘称为/dev/hdd；
- 第一个 SCSI 硬盘称为/dev/sda；

- 第二个 SCSI 硬盘称为/dev/sdb；
- IDE0 接口上主盘的第 1 个主分区称为/dev/hda1；
- IDE0 接口上主盘的第 1 个逻辑分区称为/dev/hda5。

由此可知，/dev 目录下以 hd 为开头的设备是 IDE 硬盘，以 sd 为开头的设备是 SCSI 硬盘。对于 IDE 硬盘，设备名称中的第 3 个字母为 a，表示该硬盘是连接在第 1 个接口上的主盘，而 b 则表示该盘是连接在第 1 个接口上的从盘，并以此类推。对于 SCSI 硬盘，第 1～3 个磁盘对应的设备名称依次为/dev/sda、/dev/sdb、/dev/sdc，其他以此类推。另外，分区使用数字来表示，数字 1～4 用于表示主分区或扩展分区，逻辑分区的编号从 5 开始。

特别提示 如果是在虚拟机中，则不存在主盘、从盘的问题，建议在虚拟机中使用 SCSI 硬盘。

2. NVMe 硬盘

在 Linux 中，NVMe 硬盘也被称为 NVMe SSD（NVMe 固态盘）。特别要注意，NVMe 硬盘是 GPT 类型的硬盘，这就意味着，该硬盘不分主分区和扩展分区，并且最多可以分为 128 个分区。

NVMe 是一种高速非易失性存储器标准，旨在提供高性能、低延迟和高并发的存储解决方案，以优化存储器的使用性能。它利用高速串行计算机扩展总线（PCIe）进行数据传输，实现计算机系统与非易失性存储设备（如固态盘）之间的高性能、低延迟通信。相较于传统的 SATA 接口，NVMe 能够更好地发挥固态盘的潜力，提供更快的数据传输速度和更低的延迟。

NVMe 硬盘可以用/dev/nvme0n[1-m]来表示，其硬盘和分区的命名规则下。

- 第 1 个 NVMe 硬盘称为/dev/nvme0n1；
- 第 2 个 NVMe 硬盘称为/dev/nvme0n2；
- 第 3 个 NVMe 硬盘称为/dev/nvme0n3；
- 其他依次类推。

/dev/nvme0n1p1 表示第 1 个 NVMe 硬盘的第 1 个分区
/dev/nvme0n1p2 表示第 1 个 NVMe 硬盘的第 2 个分区
……
/dev/nvme0n1p128 表示第 1 个 NVMe 硬盘的第 128 个分区
同样：

- /dev/nvme0n2p2 表示第 2 个 NVMe 硬盘的第 2 个分区；
- /dev/nvme0n3p2 表示第 3 个 NVMe 硬盘的第 2 个分区；

……

- /dev/nvme0n3p12 表示第 3 个 NVMe 硬盘的第 12 个分区。

思考 /dev/sdb4 和/dev/sdb8 是什么意思？/dev/nvme0n1p7 是什么意思？
参考答案：/dev/sdb4 可能是第 2 个 SCSI 硬盘的第 4 个主分区，也可能是第 2 个 SCSI 硬盘的扩展分区；/dev/sdb8 是第 2 个 SCSI 硬盘的扩展分区的第 4 个逻辑分区；/dev/nvme0n1p7 是第 1 个 NVMe 硬盘的第 3 个分区。

5.2 项目设计与准备

一般情况下，虚拟机默认安装在 SCSI 硬盘上。但是如果宿主机使用固态盘作为系统引导盘，则在安装 RHEL 9 时默认会将系统安装在 NVMe 硬盘，而不是 SCSI 硬盘。所以在使用硬盘工具进行硬盘管理时要特别注意。

小知识 硬盘和磁盘并不相同。硬盘是计算机最主要的存储设备。硬盘由一个或者多个铝制或者玻璃制的碟片组成，这些碟片外覆盖有铁磁性材料。
磁盘是计算机的外部存储器中类似磁带的装置。为了防止磁盘表面被划伤而导致数据丢失，磁盘圆形的磁性盘片通常会被封装在一个方形的密封盒子里。磁盘分为软磁盘和硬磁盘，一般情况下，硬磁盘就是指硬盘。

5.2.1 为虚拟机添加需要的硬盘

Server01 初始系统默认安装到 NVMe 硬盘上。为了完成后续的实训任务，需要额外添加 4 块 SCSI 硬盘和 2 块 NVMe 硬盘（**注意：NVM 硬盘只有在关闭计算机的情况下才能添加**），每块硬盘的容量都为 20GB。

注意 ① 如果启动硬盘是 NVMe 硬盘，而后添加了 SCSI 硬盘，一般要调整 BIOS 的启动顺序，否则系统可能将无法正常启动。
② 添加硬盘的步骤是：在虚拟机主界面中选中 Server01，选择“编辑虚拟机设置”命令，再单击“添加”→“下一步”按钮，选择磁盘类型后按向导完成硬盘的添加。

添加硬盘和选择磁盘类型分别如图 5-2、图 5-3 所示，添加完成后的硬盘情况如图 5-4 所示。

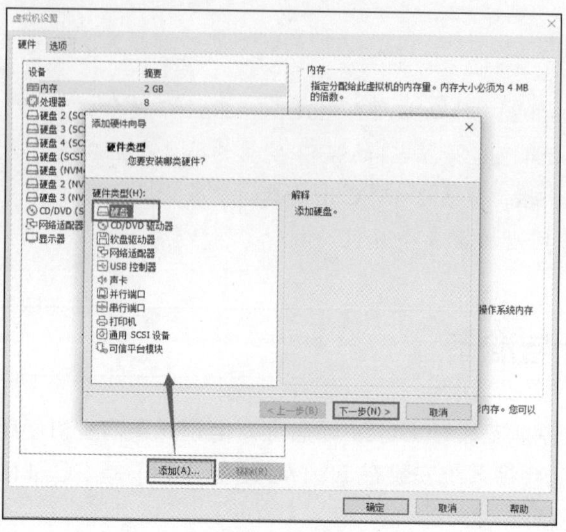

图 5-2　添加硬盘

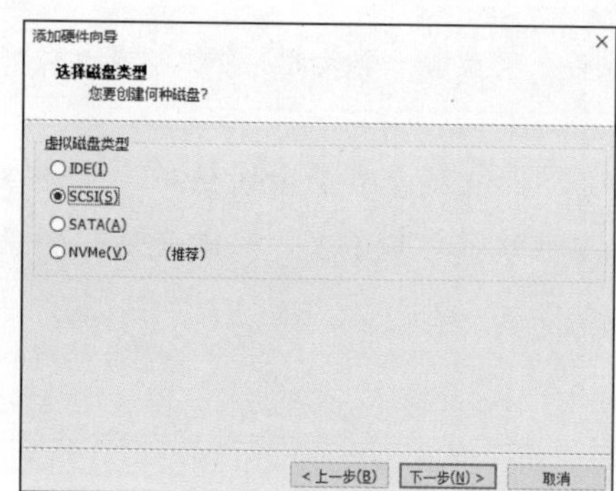

图 5-3　选择磁盘类型

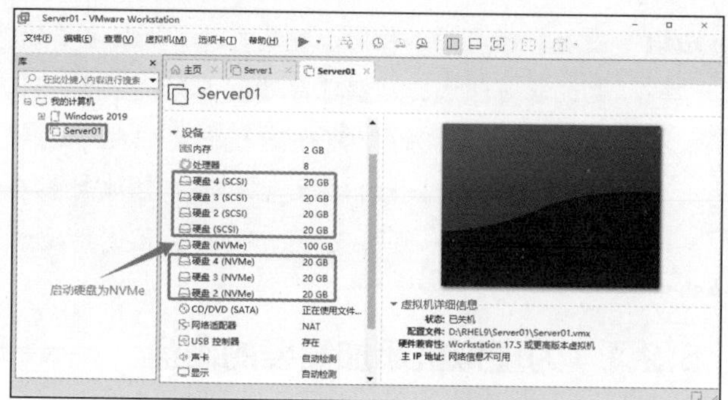

图 5-4　添加完成后的硬盘情况

5.2.2　必要时更改启动顺序（一般不更改）

更改系统启动顺序的方法是：在关闭虚拟机的情况下，选择“虚拟机”→“电源”→“打开电源时进入固件”命令，如图 5-5 所示。

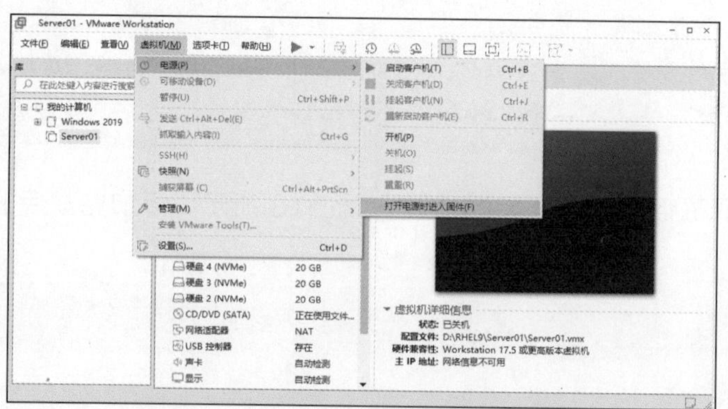

图 5-5　选择“打开电源时进入固件”命令

进入的界面会因固件类型不同而不同。

1. 虚拟机的固件类型为 BIOS

将 BIOS 界面中“Boot”下“Hard Drive”的“NVMe（B:0.0:1）”硬盘调为第一启动硬盘，如图 5-6 所示。

2. 虚拟机的固件类型为 UEFI

当虚拟机的固件类型为 UEFI 时，固件中启动硬盘的调整顺序界面如图 5-7 所示。

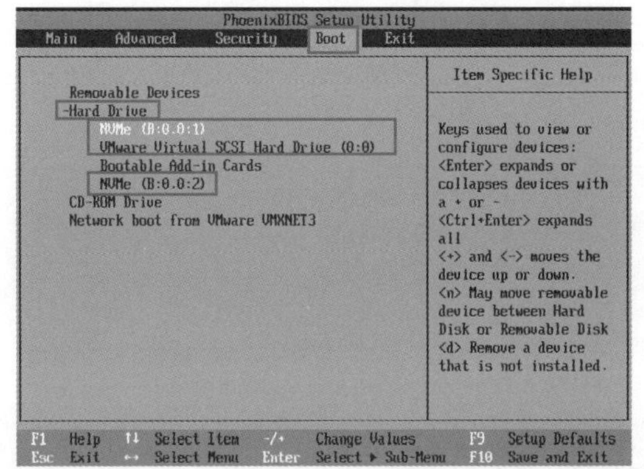

图 5-6 将“NVMe（B:0.0:1）”硬盘调为第一启动硬盘

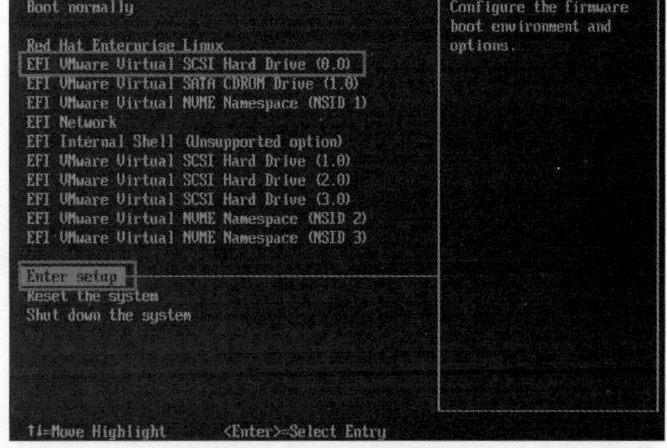

图 5-7 调整顺序界面

提示 调整的操作顺序为：Enter setup→Configure boot options→Change boot order，按“Enter”键选中，按“+”“-”键调整条目的前后顺序，最后保存退出。

5.2.3 硬盘的使用规划

本项目的所有实例都在 Server01 上实现，所添加的所有硬盘也用于为后续的实例服务。

本项目用到的硬盘和分区特别多，为了便于学习，对硬盘的使用进行规划设计，如表 5-1 所示。

表 5-1 硬盘的使用规划

任务（或命令）	使用硬盘	分区类型、分区名、容量
fdisk 、mkfs、mount	/dev/nvme0n1 /dev/sdb	主分区：/dev/sdb[1-3]，各 500MB 扩展分区：/dev/sdb4，18.5GiB 逻辑分区：/dev/sdb5，500MiB
软 RAID（分别使用硬盘和硬盘分区）	/dev/sd[c-d] /dev/nvme0n[2-3]	主分区：/dev/sdc1、/dev/sdd1、/dev/nvme0n2p1、/dev/nvme0n3p1，各 500MiB
lvm	/dev/sda 、 /dev/sdc 、 /dev/sdd	主分区：/dev/sdc2、/dev/sdd2，各 500MiB /dev/sda 整个硬盘 20GiB

5.3 项目实施

在安装 Linux 系统时，有一个步骤是进行硬盘分区，可以采用 Disk Druid、RAID 和 LVM 等进行分区。除此之外，在 Linux 系统中还有 fdisk、cfdisk、parted 等分区工具。

5-2 慕课

配置与管理硬盘

任务 5-1 常用硬盘管理工具 fdisk

fdisk 硬盘分区工具在 DOS、Windows 和 Linux 中都有相应的应用程序。在 Linux 系统中，fdisk 是基于菜单的命令。对硬盘进行分区时，可以在 fdisk 命令后面直接加上要分区的硬盘作为参数。例如，查看 Server01 计算机上的硬盘及分区情况的操作如下（省略了部分内容）。

```
[root@Server01 ~]# fdisk -l
Disk /dev/nvme0n1: 100 GiB, 107374182400 字节, 209715200 个扇区
磁盘型号: VMware Virtual NVMe Disk
单元: 扇区 / 1 * 512 = 512 字节
扇区大小(逻辑/物理): 512 字节 / 512 字节
I/O 大小(最小/最佳): 512 字节 / 512 字节
磁盘标签类型: gpt
磁盘标识符: 789A90D9-19CB-4B83-81E3-ED0201B0CAD2

设备                  起点       末尾       扇区   大小 类型
/dev/nvme0n1p1      2048  1026047  1024000  500M EFI 系统
/dev/nvme0n1p2  1026048  2050047  1024000  500M Linux 文件系统
……
/dev/nvme0n1p8 76263424 78215167  1951744  953M Linux 文件系统

Disk /dev/nvme0n2: 20 GiB, 21474836480 字节, 41943040 个扇区
磁盘型号: VMware Virtual NVMe Disk
单元: 扇区 / 1 * 512 = 512 字节
扇区大小(逻辑/物理): 512 字节 / 512 字节
I/O 大小(最小/最佳): 512 字节 / 512 字节

Disk /dev/nvme0n3: 20 GiB, 21474836480 字节, 41943040 个扇区
Disk /dev/sdb: 20 GiB, 21474836480 字节, 41943040 个扇区
……
```

从上面的输出结果可以看出，3 块 NVMe 硬盘为/dev/nvme0n1、/dev/nvme0n2、/dev/nvme0n3，4 块 SCSI 硬盘为/dev/sda、/dev/sdb、/dev/sdc、/dev/sdd。其中，/dev/nvme0n1 硬盘为启动（系统）硬盘，已经创建了 8 个分区。

再如，对新增加的第 2 块 SCSI 硬盘进行分区的操作如下。

```
[root@Server01 ~]# fdisk /dev/sdb
命令(输入 m 获取帮助):
```

在命令提示符后面输入相应的命令来选择需要的操作，例如，输入 m 命令可以列出所有可用命令。表 5-2 所示是 fdisk 命令的选项及其功能。

表 5-2　fdisk 命令的选项及其功能

命令	功能	命令	功能
a	调整硬盘启动分区	q	不保存更改，退出 fdisk 命令
d	删除硬盘分区	t	更改分区类型
l	列出所有支持的分区类型	u	切换所显示的分区大小的单位
m	列出所有命令	w	把修改写入硬盘分区表，然后退出
n	创建新分区	x	列出高级选项
p	列出硬盘分区表		

下面以在/dev/sdb 硬盘上创建大小为 500MB，分区类型为 Linux 的/dev/sdb[1-3]主分区及逻辑分区为例，讲解 fdisk 命令的用法。

1. 创建主分区

（1）利用如下命令，打开 fdisk 操作菜单。

```
[root@Server01 ~]# fdisk /dev/sdb
```

（2）输入 p，查看当前分区表。从命令执行结果可以看到，/dev/sdb 硬盘并无任何分区。

```
命令(输入 m 获取帮助): p
Disk /dev/sdb: 20 GiB, 21474836480 字节, 41943040 个扇区
磁盘型号: VMware Virtual S
单元: 扇区 / 1 * 512 = 512 字节
扇区大小(逻辑/物理): 512 字节 / 512 字节
I/O 大小(最小/最佳): 512 字节 / 512 字节
磁盘标签类型: dos
磁盘标识符: 0x2d553265
```

以上显示了/dev/sdb 的参数和分区情况。/dev/sdb 大小为 20GiB，21 474 836 480 字节，41 943 040 个扇区。每个扇区有 512 字节，该硬盘共有 41 943 040 个扇区，所以磁盘共有 512×41 943 040=21 474 836 480 字节。

上面使用了 GiB 这个容量单位，那么 GiB 与 GB 有什么区别？下面简单介绍。

① GiB（gibibyte）是计算机存储中常用的单位，它采用二进制系统。具体来说，1GiB=1024MiB=1024×1024KiB=1024×1024×1024B。这种进制方式在计算机存储中更为常见，因为它与计算机内部数据处理的方式更为匹配。

② GB（gigabyte）则是一个十进制的容量单位，它的定义是 1GB=1000MB=1000×1000kB=1000×1000×1000B。这种定义方式在传统的存储介质中更为常见，尤其是在那些不直接关联计算机内部处理的数据存储中。

这种进制上的差异导致了在实际应用中，特别是在计算机存储设备的标注可用空间与实际可用空间上会出现一定的差异。例如，一个标注可用空间为 16GB 的存储设备，在实际使用中可能只有大约 14.9GiB 的空间可供使用，这是因为制造商通常使用十进制的方式标注存储设备的容量，而操作系统和计算机内部处理则采用二进制的方式计算存储空间，导致实际可用的存储空间略小。

（3）输入 n，创建一个新分区。输入 p，选择创建主分区（创建扩展分区输入 e，创建逻辑分区输入 l）。输入数字 1，创建第一个主分区（主分区和扩展分区可选数字为 1～4，逻辑分区的数字标识从 5 开始）。输入此分区的起始、结束扇区，以确定当前分区的大小。也可以使用+sizeM 或者+sizeK

的方式指定分区大小。操作如下。

```
命令(输入 m 获取帮助)：n                                    #输入 n 创建新分区
分区类型
   p   主分区 (0 个主分区，0 个扩展分区，4 空闲)
   e   扩展分区 (逻辑分区容器)
选择 (默认 p)：p                                            #输入 p 创建主分区
分区号 (1-4, 默认  1)：1
第一个扇区 (2048-41943039, 默认 2048)：
上个扇区，+sectors 或 +size{K,M,G,T,P} (2048-41943039, 默认 41943039)：+500M
创建了一个新分区 1，类型为"Linux"，大小为 500 MiB。
```

（4）输入l可以查看已知的分区类型及其ID，其中列出Linux的ID为83。输入t，指定/dev/sdb1的分区类型为Linux。操作如下。

```
命令(输入 m 获取帮助)：t
已选择分区 1
Hex 代码(输入 L 列出所有代码)：83
已将分区"Linux"的类型更改为"Linux"。
```

提示 如果不知道分区类型的ID是多少，可以在命令提示符后面输入l查找。建立分区的默认类型就是Linux，可以不用修改。

（5）分区结束后，输入w，把分区信息写入硬盘分区表并退出。

（6）用同样的方法建立硬盘主分区/dev/sdb2、/dev/sdb3。

```
命令(输入 m 获取帮助)：p
……
设备         启动    起点       末尾      扇区      大小    Id   类型
/dev/sdb1          2048    1026047  1024000    500M    83   Linux
/dev/sdb2       1026048    2050047  1024000    500M    83   Linux
/dev/sdb3       2050048    3074047  1024000    500M    83   Linux
```

2. 创建逻辑分区

扩展分区是一个概念，实际在硬盘中是看不到的，也无法直接使用扩展分区。除了主分区外，剩余的硬盘空间就是扩展分区了。下面创建1个500MB的逻辑分区。

```
命令(输入 m 获取帮助)：n
分区类型
   p   主分区 (3 个主分区，0 个扩展分区，1 空闲)
   e   扩展分区 (逻辑分区容器)
选择 (默认 e)：e          #创建扩展分区，连续按两次"Enter"键，余下空间全部为扩展分区
已选择分区 4
第一个扇区 (3074048-41943039, 默认 3074048)：
上个扇区，+sectors 或 +size{K,M,G,T,P} (3074048-41943039, 默认 41943039)：
创建了一个新分区 4，类型为"Extended"，大小为 18.5 GiB。
命令(输入 m 获取帮助)：n
所有主分区都在使用中。
添加逻辑分区 5
第一个扇区 (3076096-41943039, 默认 3076096)：
上个扇区，+sectors 或 +size{K,M,G,T,P} (3076096-41943039, 默认 41943039)：+500M
创建了一个新分区 5，类型为"Linux"，大小为 500 MB。
命令(输入 m 获取帮助)：p
```

```
设备         启动       起点         末尾        扇区     大小  Id    类型
/dev/sdb1           2048    1026047   1024000   500M 83 Linux
/dev/sdb2       1026048    2050047   1024000   500M 83 Linux
/dev/sdb3       2050048    3074047   1024000   500M 83 Linux
/dev/sdb4       3074048   41943039 38868992 18.5G  5   扩展
/dev/sdb5       3076096    4100095   1024000   500M 83 Linux
命令(输入 m 获取帮助): w
```

3. 删除磁盘分区

如果要删除磁盘分区，在 fdisk 菜单下输入 d，并选择相应的磁盘分区即可。删除后输入 w，保存退出。

```
#删除/dev/sdb3 分区，并保存退出

命令(输入 m 获取帮助): d
分区号 (1-5, 默认 5): 3

分区 3 已删除。

命令(输入 m 获取帮助): p
Disk /dev/sdb: 20 GiB, 21474836480 字节, 41943040 个扇区
磁盘型号: VMware Virtual S
单元: 扇区 / 1 * 512 = 512 字节
扇区大小(逻辑/物理): 512 字节 / 512 字节
I/O 大小(最小/最佳): 512 字节 / 512 字节
磁盘标签类型: dos
磁盘标识符: 0x2c590d19

设备         启动       起点       末尾       扇区     大小       Id     类型
/dev/sdb1           2048  1026047    1024000   500M       83   Linux
/dev/sdb2       1026048  2050047    1024000   500M       83   Linux
/dev/sdb4       3074048 41943039 38868992 18.5G        5     扩展
/dev/sdb5       3076096  4100095    1024000   500M       83   Linux
命令(输入 m 获取帮助): w
```

4. 使用 mkfs 命令建立文件系统

硬盘分区后，下一步的工作就是建立文件系统。类似于 Windows 下的格式化硬盘。在硬盘分区上建立文件系统会冲掉分区上的数据，而且不可恢复，因此在建立文件系统之前要确认分区上的数据不再使用。建立文件系统的命令是 mkfs，格式如下。

```
mkfs   [参数]   文件系统
```

mkfs 命令常用的参数选项如下。

- -t：指定要创建的文件系统类型。
- -c：建立文件系统前首先检查坏块。
- -l file：从 file 文件中读硬盘坏块列表，file 文件一般是由硬盘坏块检查程序产生的。
- -V：输出建立文件系统详细信息。

例如，在/dev/sdb1 上建立 XFS 类型的文件系统，建立时检查硬盘坏块并显示详细信息，命令如下。

```
[root@Server01 ~]# mkfs.xfs /dev/sdb1
```

完成存储设备的分区和格式化操作之后，下一步就要挂载并使用存储设备。步骤非常简单：首

先创建一个用于挂载设备的目录，即挂载点，然后使用 mount 命令将存储设备与挂载点关联，最后使用 df -h 命令查看挂载状态和硬盘使用量信息。

```
[root@Server01 ~]# mkdir /newFS
[root@Server01 ~]# mount /dev/sdb1 /newFS/
[root@Server01 ~]# df -h
文件系统              容量      已用      可用      已用%     挂载点
……
/dev/nvme0n1p3  7.5G  4.0G    3.6G    53%      /usr
……
/dev/sdb1       495M  29M             466M    6%        /newFS
```

5. 使用 fsck 命令检查文件系统

fsck 命令主要用于检查文件系统的正确性，并对 Linux 硬盘进行修复。fsck 命令的格式如下。

```
fsck  [参数选项]  文件系统
```

fsck 命令常用的参数选项如下。

- -t：给定文件系统类型，若在/etc/fstab 中已有定义或 kernel 本身已支持的不需添加此项。
- -s：一个一个地执行 fsck 命令进行检查。
- -A：对/etc/fstab 中所有列出来的分区进行检查。
- -C：显示完整的检查进度。
- -d：列出 fsck 的 debug 结果。
- -P：在同时有-A 选项时，多个 fsck 的检查任务一起执行。
- -a：如果检查中发现错误，则自动修复。
- -r：如果检查有错误，则询问是否修复。

例如，检查分区/dev/sdb1 上是否有错误，如果有错误则自动修复（**必须先把硬盘卸载才能检查分区**）。

```
[root@Server01 ~]# umount /dev/sdb1
[root@Server01 ~]# fsck -a /dev/sdb1
fsck，来自 util-linux 2.37.4
/usr/sbin/fsck.xfs: XFS file system.
```

6. 删除分区

如果要删除硬盘分区，在 fdisk 菜单下输入 d，并选择相应的硬盘分区即可。删除后输入 w，保存退出。以删除/dev/sdb3 分区为例，操作如下。

```
命令(输入 m 获取帮助)：d
分区号 (1-5, 默认  5)： 3
分区 3 已删除。
命令(输入 m 获取帮助)： w
```

任务 5-2　在 Linux 中配置软 RAID

RAID 用于将多个廉价的小型硬盘驱动器合并成一个硬盘阵列，以提高存储性能和容错能力。RAID 可分为软 RAID 和硬 RAID，其中，软 RAID 是通过软件实现多块硬盘冗余的，而硬 RAID 一般通过 RAID 卡来实现 RAID。前者配置简单，管理也比较灵活，对于中小企业来说不失为一种好的选择。硬 RAID 在性能方面具有一定优势，但往往花费比较高。

RAID 作为高性能的存储系统，已经得到了越来越广泛的应用。从 RAID 概念的提出到现在，RAID 已经发展了 6 个级别，别是 0、1、2、3、4、5，常用的是 0、1、3、5 这 4 个级别。

RAID 0：将多个硬盘合并成一个大的硬盘，不具有冗余，并行 I/O，速度最快，也称为带区集。在存放数据时，RAID 0 将数据按硬盘的数量进行分段，然后同时将这些数据写进这些盘中，如图 5-8 所示。

在所有的级别中，RAID 0 的速度是最快的。但是 RAID 0 没有冗余功能，如果一个硬盘（物理）损坏，则所有的数据都无法使用。

RAID 1：把硬盘阵列中的硬盘分成相同的两组，互为镜像，当任意硬盘出现故障时，可以利用其镜像上的数据恢复，从而提高系统的容错能力。对数据的操作仍采用分块后并行传输方式。RAID 1 不仅提高了读写速度，还加强了系统的可靠性。其缺点是硬盘的利用率低，只有 50%，如图 5-9 所示。

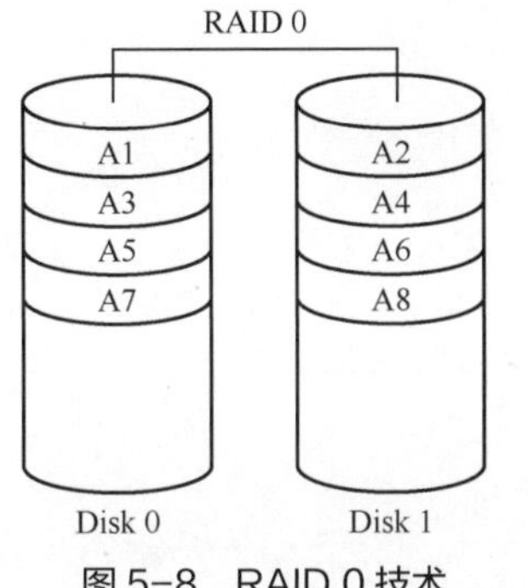

图 5-8 RAID 0 技术

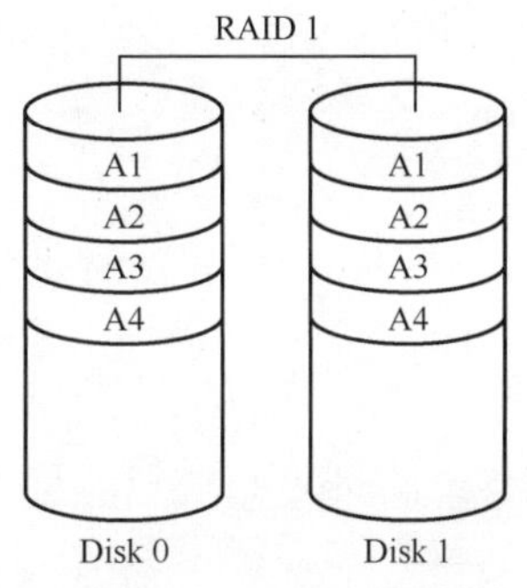

图 5-9 RAID 1 技术

RAID 3：RAID3 存放数据的原理和 RAID 0、RAID 1 的不同，它以一个硬盘来存放数据的奇偶校验位，数据则分段存储于其余硬盘中。它像 RAID 0 一样以并行的方式来存放数据，但速度没有 RAID 0 快。如果数据盘（物理）损坏，则只要将坏的硬盘换掉，RAID 控制系统就会根据校验盘的数据校验位在新盘中重建坏盘上的数据。不过，如果校验盘（物理）损坏的话，则全部数据都无法使用。利用单独的校验盘来保护数据虽然没有镜像的安全性高，但是硬盘利用率得到了很大的提高，为(n–1)。其中，n 为使用 RAID 3 的硬盘总数量。

RAID 5：向阵列中的硬盘写数据，奇偶校验数据存放在阵列中的各个盘上，允许单个硬盘出错。RAID 5 也是以数据的校验位来保证数据的安全的，但它不是以单独硬盘来存放数据的校验位，而是将数据段的校验位交互存放于各个硬盘上。这样，任何一个硬盘损坏都可以根据其他硬盘上的校验位来重建损坏的数据。硬盘的利用率为(n–1)，如图 5-10 所示。

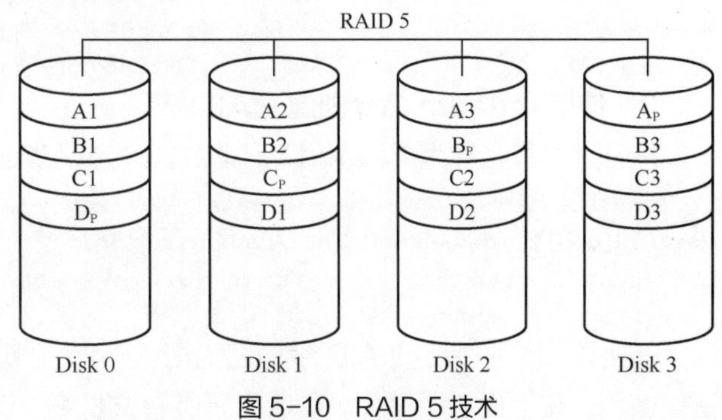

图 5-10 RAID 5 技术

Red Hat Enterprise Linux 提供了对软 RAID 技术的支持。在 Linux 系统中建立软 RAID 可以使用 mdadm 工具建立和管理 RAID 设备。

1. 实现软 RAID 的环境

下面以 4 块硬盘/dev/sdc、/dev/sdd、/dev/nvme0n2、/dev/nvme0n3 为例来讲解 RAID 5 的创建方法。此处利用 VMware 虚拟机，事先安装 4 块硬盘。

2. 创建 4 个硬盘分区

使用 fdisk 命令重新创建 4 个硬盘分区/dev/sdc1、/dev/sdd1、/dev/nvme0n2p1、/dev/nvme0n3p1，容量一致，都为 500MB，并设置分区类型 ID 为 fd（Linux raid autodetect）。

① 以创建/dev/nvme0n2p1 硬盘分区为例（先删除原来的分区，若是新硬盘则直接分区）。

```
[root@Server01 ~]# fdisk /dev/nvme0n2
```

更改将停留在内存中，直到写入硬盘。

设备不包含可识别的分区表。

创建一个硬盘标识符为 0x6440bb1c 的新 DOS 硬盘标签。

```
命令(输入 m 获取帮助): n                                          #创建分区
分区类型
   p   主分区 (0 个主分区, 0 个扩展分区, 4 空闲)
   e   扩展分区 (逻辑分区容器)
选择 (默认 p): p                                                  #创建主分区 1
分区号 (1-4, 默认  1): 1                                          #创建主分区 1
第一个扇区 (2048-41943039, 默认 2048):
上个扇区, +sectors 或 +size{K,M,G,T,P} (2048-41943039, 默认 41943039): +500M
                                                                  #分区容量为 500MB

创建了一个新分区 1, 类型为“Linux”, 大小为 500 MiB。

命令(输入 m 获取帮助): t                                          #设置文件系统
已选择分区 1
Hex 代码(输入 L 列出所有代码): fd                                 #设置文件系统为 fd
已将分区“Linux”的类型更改为“Linux raid autodetect”。

命令(输入 m 获取帮助): w                                          #存盘退出
```

② 用同样的方法创建其他 3 个硬盘分区，最后的分区结果如下（已去掉无用信息）。

```
[root@Server01 ~]# fdisk -l
设备              起点    末尾     扇区     大小   Id 类型
/dev/nvme0n2p1    2048    1026047 1024000  500M   fd Linux raid 自动检测
/dev/nvme0n3p1    2048    1026047 1024000  500M   fd Linux raid 自动检测
/dev/sdc1         2048    1026047 1024000  500M   fd Linux raid 自动检测
/dev/sdd1         2048    1026047 1024000  500M   fd Linux raid 自动检测
```

3. 使用 mdadm 命令创建 RAID 5

RAID 设备名称为/dev/md*X*，其中，*X*为设备编号，该编号从 0 开始。

```
[root@Server01~]#mdadm --create /dev/md0 --level=5 --raid-devices=3 --spare-devices=1 /dev/sd[c-d]1 /dev/nvme0n2p1 /dev/nvme0n3p1
mdadm: Defaulting to version 1.2 metadata
mdadm: array /dev/md0 started.
```

在上述命令中指定 RAID 设备名为/dev/md0，级别为 5，使用 3 个设备建立 RAID，空余一个留作备用。在上面的语法中，最后面是装置文件名，这些装置文件名可以是整个硬盘，如/dev/sdc，也可以是硬盘上的分区，如/dev/sdc1。不过，这些装置文件名的总数必须等于--raid-devices 与--spare-devices 的数量总和。在此例中，/dev/sd[c-d]1 是一种简写，表示/dev/sdc1、/dev/sdd1（**不使用简写时，各硬盘或分区间用空格隔开**），/dev/nvme0n3p1 为备用。

4. 为新建立的/dev/md0 建立类型为 XFS 的文件系统

```
[root@Server01 ~]mkfs.xfs /dev/md0
```

5. 查看建立的 RAID 5 的具体情况（注意哪个是备用）

```
[root@Server01 ~]mdadm --detail /dev/md0
/dev/md0:
           Version : 1.2
     Creation Time : Mon May 28 05:45:21 2018
        Raid Level : raid5
     ......
    Active Devices : 3
   Working Devices : 4
    Failed Devices : 0
     Spare Devices : 1

 ......

    Number   Major   Minor   RaidDevice State
       0       8       33        0      active sync   /dev/sdc1
       1       8       49        1      active sync   /dev/sdd1
       4     259       12        2      active sync   /dev/nvme0n2p1

       3     259       13        -      spare         /dev/nvme0n3p1
```

6. 将 RAID 设备挂载

（1）将 RAID 设备/dev/md0 挂载到指定的目录/media/md0 中，并显示该设备中的内容。

```
[root@Server01 ~]# umount /media
[root@Server01 ~]# mkdir /media/md0
[root@Server01 ~]# mount /dev/md0 /media/md0 ; ls /media/md0
[root@Server01 ~]# cd /media/md0
```

（2）写入一个 50MB 的文件 50_file 供数据恢复时测试用。

```
[root@Server01 md0]# dd if=/dev/zero of=50_file count=1 bs=50M; ll
记录了 1+0 的读入
记录了 1+0 的写出
52428800 bytes (52 MB, 50 MiB) copied, 0.356753 s, 147 MB/s
总用量 51200
-rw-r--r--. 1 root root 52428800 8月  30 09:33 50_file
[root@Server01 ~]# cd
```

7. RAID 设备的数据恢复

如果 RAID 设备中的某个硬盘损坏，则系统会自动停止这块硬盘的工作，让备用硬盘代替损坏的硬盘继续工作。例如，假设/dev/sdc1 损坏，更换损坏的 RAID 设备中成员的方法如下。

（1）将损坏的 RAID 成员标记为失效。

```
[root@Server01 ~]# mdadm /dev/md0 --fail /dev/sdc1
mdadm: set /dev/sdc1 faulty in /dev/md0
```

（2）移除失效的 RAID 成员。

```
[root@Server01 ~]# mdadm /dev/md0 --remove /dev/sdc1
mdadm: hot removed /dev/sdc1 from /dev/md0
```

（3）更换硬盘设备，添加一个新的 RAID 成员（注意查看 RAID 5 的情况）。备份硬盘一般会自动替换，如果没有自动替换，则手动设置。

```
[root@Server01 ~]# mdadm  /dev/md0  --add  /dev/nvme0n3p1
mdadm: Cannot open /dev/nvme0n3p1: Device or resource busy #说明已自动替换
```

（4）查看 RAID 5 下的文件是否损坏，同时再次查看 RAID 5 的情况。命令如下。

```
[root@Server01 ~]#ll  /media/md0
总用量 51200
-rw-r--r--. 1 root root 52428800 8月  30 09:33 50_file      #文件未受损失
[root@Server01 ~]# mdadm --detail /dev/md0
/dev/md0:
    ……
   Number   Major   Minor   Raid    Device          State
      3     259      13       0      active sync   /dev/nvme0n3p1
      1       8      49       1      active sync   /dev/sdd1
      4     259      12       2      active sync   /dev/nvme0n2p1
```

RAID 5 中的失效硬盘已被成功替换。

说明 mdadm 命令选项凡是以“--”引出的，一般与“-”加单词首字母的方式等价。例如，“--remove”等价于“-r”，“--add”等价于“-a”。

8. 停止 RAID

当不再使用 RAID 设备时，可以使用命令“mdadm -S /dev/md*X*”停止 RAID 设备。需要注意的是，应先卸载再停止。

```
[root@Server01 ~]# umount /dev/md0
[root@Server01 ~]# mdadm  -S  /dev/md0      #停止 RAID
mdadm: stopped /dev/md0
[root@Server01 ~]# mdadm --misc  --zero-superblock /dev/sd[c-d]1  /dev/nvme0n[2-3]p1
#删除 RAID 信息
```

任务 5-3 管理逻辑卷

在深入探讨 LVM 时，首先需要了解几个核心概念，这些概念构成了 LVM 架构的基础。

1. LVM 的概念

- **PV（物理卷）**：最小物理存储单元，可为整个磁盘或分区，实际存储数据。
- **VG（卷组）**：由至少一个 PV 组成，类似逻辑大磁盘，提供灵活空间给 LV。
- **LV（逻辑卷）**：相当于传统分区，建于 VG 上，大小可动态调整。
- **PE（物理区域）**：PV 中的最小分配单元，创建时指定大小，VG 内 PE 大小须一致。
- **LE（逻辑区域）**：LV 中的最小分配单元，与 PE 大小相同，实现灵活存储管理。
- **VGDA（卷组描述区域）**：存在于每个 PV 中，包含 LVM 管理所需的所有信息。

在 LVM 的管理流程中，创建顺序遵循 PV→VG→LV 的路径。首先创建一个或多个物理卷（对应物理硬盘分区或整个物理硬盘）。然后将这些物理卷组合成一个卷组，形成一个逻辑上的大磁盘。接着在卷组上划分出逻辑卷，这些逻辑卷相当于传统意义上的分区。最后将逻辑卷格式化并挂载到挂载点上，即可像使用传统分区一样使用逻辑卷。此外，逻辑卷的大小可以根据需要进行动态调整，这提供了极大的灵活性和便利性。

为了形象地说明这些概念之间的关系，可以将物理硬盘比作一个长方形蛋糕，将其切割成小块，每个小块相当于一个物理卷，然后将某些小块重新组合并抹上奶油，形成一个新的蛋糕，这个新的蛋糕就是卷组。最后切割这个新蛋糕，切出来的小蛋糕就是逻辑卷。这种比喻有助于我们更好地理解 LVM 的架构和工作原理，如图 5-11 所示。

2. 常用的 LVM 命令

在生产环境中，很难准确评估每个硬盘分区未来的使用情况，可能导致原先分配的空间不足以满足需求。例如，随着业务量的增加，存储交易记录的数据库目录也会增大，对用户行为进行分析并记录可能导致日志目录不断增大，这些都会使得原有的硬盘分区面临容量不足的问题。此外，有时还需要对较大的硬盘分区进行精简缩容。

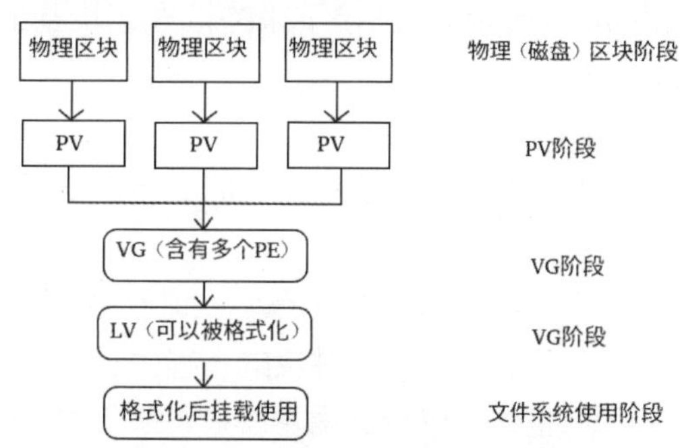

图 5-11　LVM 的架构和工作原理

为了解决这些问题，可以使用 LVM 来管理硬盘空间。通过部署 LVM，可以动态调整硬盘空间，而无须重新分区。部署 LVM 时，需要逐步配置物理卷、卷组和逻辑卷。合理使用 LVM 命令，可以更灵活地管理硬盘空间，避免出现硬盘分区容量不足的问题。常用的 LVM 命令如表 5-3 所示。

表 5-3　常用的 LVM 命令

类型	命令	功能	示例	示例说明
物理卷	pvscan	扫描	pvscan	扫描系统中的所有物理卷
	pvcreate	建立	pvcreate /dev/sdb	创建一个物理卷/dev/sdb
	pvdisplay	显示	pvdisplay /dev/sdb	显示物理卷/dev/sdb 的详细信息
	pvremove	删除	pvremove /dev/sdb	删除物理卷/dev/sdb
卷组	vgscan	扫描	vgscan	扫描系统中的所有卷组
	vgcreate	建立	vgcreate myvg /dev/sdb	创建一个名为 myvg 的卷组，包含物理卷/dev/sdb
	vgdisplay	显示	vgdisplay myvg	显示卷组 myvg 的详细信息
	vgremove	删除	vgremove myvg	删除卷组 myvg
	vgextend	扩展	vgextend myvg /dev/sdc	将物理卷/dev/sdc 添加到卷组 myvg 中
	vgreduce	缩小	vgreduce myvg /dev/sdc	从卷组 myvg 中移除物理卷 /dev/sdc
逻辑卷	lvscan	扫描	lvscan	扫描系统中的所有逻辑卷
	lvcreate	建立	lvcreate -L 1G -n mylv myvg	在卷组 myvg 中创建一个名为 mylv 的逻辑卷，大小为 1GB
	lvdisplay	显示	lvdisplay /dev/myvg/mylv	显示逻辑卷/dev/myvg/mylv 的详细信息
	lvremove	删除	lvremove /dev/myvg/mylv	删除逻辑卷/dev/myvg/mylv
	lvextend	扩展	lvextend -L +500M /dev/myvg/mylv	将逻辑卷/dev/myvg/mylv 扩展 500MB
	lvreduce	缩小	lvreduce -L -200M /dev/myvg/mylv	将逻辑卷/dev/myvg/mylv 缩小 200MB

3. 部署逻辑卷的具体任务

在前面的实训中使用的硬盘和分区如下：/dev/sdb1、/dev/sdb2、/dev/sdb3、/dev/sdb4、/dev/sdb5、/dev/sdc1、/dev/sdd1、/dev/nvmd0n2p1、/dev/nvmd0n3p1，以及启动盘/dev/nvme0n1。在接下来的管理逻辑卷的实训中，将会使用/dev/sda、/dev/sdc2、/dev/sdd2等设备部署逻辑卷。

部署逻辑卷的任务如下。

① 建立 LVM 类型的分区，使其支持 LVM 技术。

② 建立物理卷。

③ 将/dev/sda 和/dev/sdc2 合并到一个卷组中，用户可以自定义卷组的名称。

④ 根据需要从合并后的卷组中划分出一个约为 200MB 的逻辑卷设备。

⑤ 格式化这个逻辑卷设备，采用 XFS 文件系统并挂载使用。

⑥ 增加新的物理卷到卷组，动态调整逻辑卷容量。

⑦ 检查物理卷、卷组和逻辑卷。

⑧ 删除逻辑卷、卷组、物理卷。

特别提示 物理卷可以建立在整个物理硬盘上，也可以建立在硬盘分区中。如果在整个硬盘上建立物理卷，则不需要在该硬盘上建立任何分区；如果使用硬盘分区建立物理卷，则需事先对硬盘进行分区并设置该分区为 LVM 类型，其类型 ID 为 0x8e。

4. 建立 LVM 类型的分区

（1）利用 fdisk 命令在/dev/sdc 建立 LVM 类型的分区。

```
[root@ Server01~]# fdisk /dev/sdc
命令(输入 m 获取帮助)：n
分区类型
   p   主分区 (0 primary, 0 extended, 4 free)
   e   扩展分区 (逻辑分区容器)
选择 (默认 p)：p
分区号 (1-4, 默认  1)：2
第一个扇区 (2048-41943039, 默认 2048)：
最后一个扇区，+/-sectors 或 +size{K,M,G,T,P} (2048-41943039, 默认 41943039)：+500M

创建了一个新分区 1，类型为“Linux”，大小为 500 MiB。
命令(输入 m 获取帮助)：p
Disk /dev/sdc：20 GiB，21474836480 字节，41943040 个扇区
磁盘型号：VMware Virtual S
单元：扇区 / 1 * 512 = 512 字节
扇区大小(逻辑/物理)：512 字节 / 512 字节
I/O 大小(最小/最佳)：512 字节 / 512 字节
磁盘标签类型：dos
磁盘标识符：0xb7475960

设备          启动  起点     末尾          扇区      大小    Id   类型
/dev/sdc2           1026048 2050047      1024000   500M    83   Linux
```

（2）使用 t 子命令将/dev/sdc2 分区的类型修改为 LVM 类型。

```
命令(输入 m 获取帮助): t
已选择分区 1
Hex 代码或别名 ( 输入 L 列出所有代码): 8e          //设置分区类型为 LVM 类型
已将分区“Linux”的类型更改为“Linux LVM”。
命令(输入 m 获取帮助): p
Disk /dev/sdc: 20 GiB, 21474836480 字节, 41943040 个扇区
磁盘型号: VMware Virtual S
单元: 扇区 / 1 * 512 = 512 字节
扇区大小(逻辑/物理): 512 字节 / 512 字节
I/O 大小(最小/最佳): 512 字节 / 512 字节
磁盘标签类型: dos
磁盘标识符: 0xb7475960

设备          启动     起点     末尾     扇区          大小     Id   类型
/dev/sdc2              1026048 2050047 1024000       500M     8e   Linux LVM
```

(3)使用同样的方法建立/dev/sdd2 分区，并将其分区类型修改为 LVM 类型，最后使用 w 命令保存对分区的修改，并退出 fdisk 命令。使用 fdisk -l 命令查看分区设置情况(无用信息已经过滤)。

```
[root@Server01 ~]# fdisk -l
设备         启动     起点     末尾     扇区  大小 Id 类型
/dev/sdc2            1026048 2050047 1024000  500M 8e Linux LVM

Disk /dev/sda: 20 GiB, 21474836480 字节, 41943040 个扇区

设备         启动     起点     末尾     扇区       大小     Id   类型
/dev/sdd2            1026048 2050047 1024000  500M     8e   Linux LVM
```

5. 建立物理卷

设置设备支持 LVM 技术(特别要注意，这里使用了整个物理硬盘/dev/sda 和分区/dev/sdc2)。

```
[root@Server01 ~]# pvcreate  /dev/sda  /dev/sdc2
Devices file /dev/sdb is excluded: device is partitioned.
Devices file /dev/sdc is excluded: device is partitioned.
Devices file /dev/sdd is excluded: device is partitioned.
Physical volume "/dev/sda" successfully created.
Physical volume "/dev/sdc2" successfully created.
```

6. 建立卷组

建立卷组，命名为 vg0，然后查看卷组的状态。

```
[root@Server01 ~]# vgcreate  vg0  /dev/sda  /dev/sdc2
 Devices file /dev/sdb is excluded: device is partitioned.
 Devices file /dev/sdc is excluded: device is partitioned.
 Devices file /dev/sdd is excluded: device is partitioned.
 Volume group "vg0" successfully created
[root@Server01 ~]# vgdisplay
  --- Volume group ---
   VG Name               vg0
  System ID
  Format                lvm2
  Metadata Areas         2
  Metadata Sequence No  1
  ……
```

```
  VG Size               20.48 GiB
  PE Size                4.00 MiB
  Total PE               5243
  Alloc PE / Size         0 / 0
  Free  PE / Size        5243 / 20.48 GiB
  VG UUID               abyQNs-gnYi-Wy2y-8HER-npCc-k493-tutPJ0
```

7. 建立大小为 100MB 的逻辑卷

建立好卷组后，可以使用命令 lvcreate 在已有卷组上建立逻辑卷。逻辑卷设备文件位于其所在的卷组的目录中，该文件是在使用 lvcreate 命令建立逻辑卷时创建的。

```
#使用 lvcreate 命令创建逻辑卷 lv0
[root@Server01 ~]# lvcreate -L 100M -n lv0 vg0
Logical volume "lv0" created

#使用 lvdisplay 命令显示创建的 lv0 的信息
[root@Server01 ~]# lvdisplay /dev/vg0/lv0
--- Logical volume ---
……
 # open 0
 LV Size 100.00 MiB
 ……
```

注意 ① -L 选项用于设置逻辑卷大小，-n 选项用于指定逻辑卷的名称和卷组的名称。
② 若使用小写的-l 选项，则表示指定逻辑卷的大小，以 LE 为单位。LE 是 LVM 中的一个概念，表示卷组中的一个基本存储单元，其大小默认为 4MB。示例：-l 256 表示创建一个由 256 个 LE 组成的逻辑卷。

8. 格式化逻辑卷并挂载到目录

（1）创建逻辑卷后，需要使用文件系统格式化它。现在将前面生成的逻辑卷格式化并挂载到 /bobby 目录使用。

```
[root@Server01 ~]# mkfs.xfs  /dev/vg0/lv0
Filesystem should be larger than 300MB.
Log size should be at least 64MB.
Support for filesystems like this one is deprecated and they will not be supported
in future releases.
meta-data=/dev/vg0/lv0          isize=512    agcount=4, agsize=6400 blks
         =                    sectsz=512   attr=2, projid32bit=1
         =                    crc=1        finobt=1, sparse=1, rmapbt=0
         =                    reflink=1    bigtime=1 inobtcount=1 nrext64=0
data     =                    bsize=4096   blocks=25600, imaxpct=25
         =                    sunit=0      swidth=0 blks
naming   =version 2             bsize=4096   ascii-ci=0, ftype=1
log      =internal log          bsize=4096   blocks=1368, version=2
         =                    sectsz=512   sunit=0 blks, lazy-count=1
realtime =none                  extsz=4096   blocks=0, rtextents=0
[root@Server01 ~]# mkdir  /bobby
[root@Server01 ~]# mount  /dev/vg0/lv0  /bobby
```

（2）查看挂载状态信息（做下一个实验时要恢复到初始状态）。

```
[root@Server01 ~]# df -h
文件系统               容量  已用  可用 已用% 挂载点
devtmpfs               4.0M     0  4.0M    0% /dev
tmpfs                 866M     0  866M    0% /dev/shm
tmpfs                 347M  7.2M  340M    3% /run
/dev/nvme0n1p3         9.3G  182M  9.1G    2% /
……
/dev/sr0               9.9G  9.9G     0  100% /run/media/root/RHEL-9-3-0-BaseOS-x86_64
/dev/mapper/vg0-lv0   95M  6.0M   89M    7% /bobby
```

9. 增加新的物理卷到卷组

当卷组中没有足够的空间分配给逻辑卷时，可以用给卷组增加物理卷的方法来增加卷组的空间。需要注意的是，下面的 /dev/sdd2 必须为 LVM 类型，而且必须为 PV。

```
[root@Server01 ~]# pvcreate  /dev/sdd2
[root@Server01 ~]# vgextend  vg0  /dev/sdd2
Volume group "vg0" successfully extended
[root@Server01 ~]# vgdisplay
……
  --- Volume group ---
  VG Name               vg0
  System ID
  Format                lvm2
  Metadata Areas         3
  Metadata Sequence No  3
  ……
 VG Size               20.96 GiB
  PE Size               4.00 MiB
  Total PE              5367
  Alloc PE / Size       25 / 100.00 MiB
  Free  PE / Size       5342 / <20.87 GiB
  VG UUID               abyQNs-gnYi-Wy2y-8HER-npCc-k493-tutPJ0
```

10. 动态调整逻辑卷的容量

当逻辑卷的空间不能满足要求时，可以利用 lvextend 命令把卷组中的空闲空间分配到该逻辑卷以扩展逻辑卷的容量。当逻辑卷的空闲空间太大时，可以使用 lvreduce 命令减少逻辑卷的容量。

lvextend 是 LVM 中的一个命令，用于扩展逻辑卷。当发现逻辑卷的空间不足时，可以使用 lvextend 命令来增加。

常用的参数是：-L [+]Size。

- +Size 表示增加指定大小的容量。
- Size 可以使用 b（byte）、K（kilobyte）、M（megabyte）、G（gigabyte）、T（terabyte）等作为单位。

注意，在执行任何 LVM 操作之前，最好先备份重要数据，以防止数据丢失。使用 lvextend 命令时，应确保有足够的未分配空间在卷组中，以便为逻辑卷分配更多空间。如果不确定如何使用这些命令，应先在非生产环境中进行测试，并参考 LVM 的官方文档或相关教程。

```
#使用 lvextend 命令增加逻辑卷容量
[root@Server01 ~]# lvextend -L +100M /dev/vg0/lv0
```

```
Rounding up size to full physical extent 300.00 MB
Extending logical volume lv0 to 300.00 MB
Logical volume lv0 successfully resized
#使用 lvreduce 命令减少逻辑卷容量
[root@Server01 ~]# lvreduce -L -100M /dev/vg0/lv0
  Rounding up size to full physical extent 200.00 MB
  WARNING: Reducing active logical volume to 200.00 MB
  THIS MAY DESTROY YOUR DATA (filesystem etc.)
 Do you really want to reduce lv0? [y/n]: y
  Reducing logical volume lv0 to 200.00 MB
Logical volume lv0 successfully resized
```

11. 检查物理卷、卷组和逻辑卷

（1）物理卷的检查

```
[root@Server01 ~]# pvscan
  ……
  PV /dev/sda    VG vg0          lvm2 [<20.00 GiB / <19.90 GiB free]
  PV /dev/sdc2   VG vg0          lvm2 [496.00 MiB / 496.00 MiB free]
  PV /dev/sdd2   VG vg0          lvm2 [496.00 MiB / 496.00 MiB free]
  Total: 3 [20.96 GiB] / in use: 3 [20.96 GiB] / in no VG: 0 [0   ]
```

（2）卷组的检查

```
[root@Server01 ~]# vgscan
  ……
  Found volume group "vg0" using metadata type lvm2
```

（3）逻辑卷的检查

```
[root@Server01 ~]# lvscan
……（略）
ACTIVE            '/dev/vg0/lv0' [200.00 MiB] inherit
```

12. 删除逻辑卷、卷组、物理卷（必须按照先后顺序来执行删除）

在 Linux 的 LVM 中，删除逻辑卷、卷组和物理卷需要按照特定的顺序来执行，以确保数据的安全性和系统的稳定性。以下是删除这些组件的正确顺序及相应的命令。

（1）删除逻辑卷

首先需要确保逻辑卷上没有任何挂载的文件系统或正在使用的数据，然后使用 lvremove 命令删除逻辑卷。

lvremove 命令的格式如下。

```
lvremove  /dev/vgname/lvname
```

其中，/dev/vgname/lvname 是要删除的逻辑卷的路径。例如，逻辑卷名为 lvol1，并且它属于名为 myvg 的卷组，那么命令就是：

```
lvremove  /dev/myvg/lvol1
```

系统会询问是否确定删除逻辑卷，并警告这将永久删除其中的数据。如果确定删除，则输入 y 并按“Enter”键。

（2）删除卷组

在删除所有逻辑卷之后，可以使用 vgremove 命令删除卷组。

vgremove 命令的格式如下。

```
vgremove  vgname
```

其中，vgname 是要删除的卷组的名称。例如，卷组名为 myvg，那么命令就是：

```
vgremove  myvg
```

同样，系统会询问是否确定删除卷组。如果确定，则输入 y 并按“Enter”键。

（3）删除物理卷

最后可以使用 pvremove 命令删除物理卷。但是在删除物理卷之前，需要确保该物理卷上没有任何卷组。

pvremove 命令的格式如下。

```
pvremove  /dev/sdXN
```

其中，/dev/sdXN 是要删除的物理卷的设备路径。注意，这里的 XN 是物理分区号，如/dev/sda、/dev/sdb2 等。

系统会询问是否确定删除物理卷。如果确定，则输入 y 并按“Enter”键。

注意 在执行这些命令之前，请确保已经备份了所有重要数据，因为删除操作将永久删除数据。在删除物理卷之前，确保没有任何卷组或逻辑卷与之关联，否则你会收到错误消息。在删除逻辑卷、卷组或物理卷时，系统可能会要求你确认操作。这是为了防止意外删除，所以请仔细阅读系统提示并谨慎操作。

① 卸载已挂载的所有目录。

```
[root@Server01 ~]# umount /bobby
```

② 使用 lvremove 命令删除逻辑卷。

```
[root@Server01 ~]# lvremove /dev/vg0/lv0
Do you really want to remove active logical volume "lv0"? [y/n]: y
  Logical volume "lv0" successfully removed
```

③ 使用 vgremove 命令删除卷组。

```
[root@Server01 ~]# vgremove vg0
 Volume group "vg0" successfully removed
```

④ 使用 pvremove 命令删除物理卷。

```
[root@Server01 ~]# pvremove /dev/sda /dev/sdc2 /dev/sdd2
Labels on physical volume "/dev/sda" successfully wiped.#删除整个磁盘/dev/sda
Labels on physical volume "/dev/sdc2" successfully wiped.#删除单独分区物理卷
Labels on physical volume "/dev/sdd2" successfully wiped.#删除单独分区物理卷
```

任务 5-4 硬盘配额配置企业案例（XFS 文件系统）

Linux 是一个多用户的操作系统，为了防止某个用户或组群占用过多的硬盘空间，可以通过硬盘配额功能限制用户和组群对硬盘空间的使用。在 Linux 系统中可以通过索引结点（inode）数和硬盘块（block）区数来限制用户和组群对硬盘空间的使用。

① 限制用户和组的索引结点数是指限制用户和组可以创建的文件数量。

② 限制用户和组的硬盘块区数是指限制用户和组可以使用的硬盘容量。

1. 案例需求

- 目的账号：5 个员工的账号分别是 myquota1、myquota2、myquota3、myquota4 和

myquota5，5 个用户的密码都是 password，且这 5 个用户所属的主组都是 myquotagrp。其他的账号属性则使用默认值。

- 账号的硬盘容量限制值：5 个用户都能够取得 300MB 的硬盘使用量（hard），文件数量则不予限制。此外，只要容量使用超过 250MB，就予以警告（soft）。
- 组的配额：由于系统还有其他用户存在，限制 myquotagrp 这个组最多仅能使用 1GB 的容量。也就是说，如果 myquota1、myquota2 和 myquota3 都用了 280MB 的容量，那么其他两人最多只能使用（1000MB － 280MB × 3=160MB）的硬盘容量。这就是使用者与组同时设定时会产生的效果。
- 宽限时间的限制：每个使用者在超过 soft 限制值之后，还能够有 14 天的宽限时间。

注意  本例中的/home 必须是独立分区，文件系统是 XFS。在项目 1 中的配置分区时已有详细介绍。使用命令“df -T /home”可以查看/home 的独立分区的名称。

2. 解决方案

详细解决方案请向作者索要，QQ：3883864976。

5.4 拓展阅读 国家最高科学技术奖

你知道国家最高科学技术奖吗？你知道哪位计算机科学家获得过此殊荣吗？

2002 年 2 月，在国家科学技术奖励大会上，王选荣获 2001 年度国家最高科学技术奖。

国家最高科学技术奖于 2000 年由中华人民共和国国务院设立，由国家科学技术奖励工作办公室负责，是中国五个国家科学技术奖中最高等级的奖项，授予在当代科学技术前沿取得重大突破，在科学技术发展中有卓越建树，在科学技术创新、科学技术成果转化和高技术产业化中创造巨大经济效益或者社会效益的科学技术工作者。

2000 年，国家最高科学技术奖正式设立。2004 年，国家最高科学技术奖第一次出现空缺，2015 年第二次出现空缺。

根据国家科学技术奖励工作办公室官网，国家最高科学技术奖每年评选一次，每次授予不超过两名，由国家主席亲自签署、颁发荣誉证书、奖章和 800 万元奖金。截至 2024 年 6 月，共有 37 位杰出科学工作者获得该奖。

5.5 项目实训

5.5.1 项目实训 1 管理文件系统

1. 视频位置

实训前扫描二维码观看“项目实录 管理文件系统”慕课。

2. 项目实训目的

- 掌握在 Linux 下创建、挂载与卸载文件系统的方法。
- 掌握自动挂载文件系统的方法。

3. 项目背景

5-3 慕课
项目实录 管理文件系统

某企业的 Linux 服务器中新增了一块硬盘/dev/sdb，请使用 fdisk 命令新建/dev/sdb1 主分区和/dev/sdb2 扩展分区，并在扩展分区中新建逻辑分区/dev/sdb5，使用 mkfs 命令分别创建 vfat 和 ext3 文件系统。然后使用 fsck 命令检查这两个文件系统。最后把这两个文件系统挂载到 Linux 操作系统上。

4. 项目实训内容

练习在 Linux 操作系统下文件系统的创建、挂载、卸载及自动挂载。

5. 做一做

根据项目实录视频进行项目实训，检查学习效果。

5.5.2 项目实训 2 管理逻辑卷

1. 视频位置

实训前扫描二维码观看“项目实录　管理逻辑卷”慕课。

2. 项目实训目的

- 掌握创建 LVM 分区的方法。
- 掌握管理逻辑卷的基本方法。

3. 项目背景

某企业在 Linux 服务器中新增了一块硬盘/dev/sdb，要求 Linux 操作系统的分区能自动调整硬盘容量。请使用 fdisk 命令新建/dev/sdb1、/dev/sdb2、/dev/sdb3 和/dev/sdb4 LVM 类型的分区，并在这 4 个分区上创建物理卷、卷组和逻辑卷，最后将逻辑卷挂载。

4. 项目实训内容

物理卷、卷组、逻辑卷的创建及管理。

5. 做一做

根据项目实录视频进行项目实训，检查学习效果。

5.5.3 项目实训 3 管理动态磁盘

1. 视频位置

实训前扫描二维码观看“项目实录　管理动态磁盘”慕课。

2. 项目实训目的

掌握在 Linux 操作系统中利用 RAID 技术实现磁盘阵列的方法。

3. 项目背景

某企业为了保护重要数据，购买了 4 块同一厂家的 SCSI 磁盘。要求在这 4 块磁盘上创建 RAID 5，以实现容错。

4. 项目实训内容

利用 mdadm 命令创建并管理 RAID。

5. 做一做

根据项目实录视频进行项目实训，检查学习效果。

5.6 练习题

一、填空题

1. ________是光盘使用的标准文件系统。

2. RAID 的中文全称是________，用于将多个小型硬盘驱动器合并成一个________，以提高存储性能和________功能。RAID 可分为________和________，软 RAID 通过软件实现多块硬盘________。

3. LVM 的中文全称是________，最早应用在 IBM AIX 系统上。它的主要作用是________及调整硬盘分区大小，并且可以让多个分区或者物理硬盘作为________来使用。

4. 可以通过________和________限制用户和组群对硬盘空间的使用。

二、选择题

1. 假定内核支持 vfat 分区，则（　　）可将/dev/hda1 这个 Windows 分区加载到/win 目录。

A. mount -t windows /win /dev/hda1　B. mount -fs=msdos /dev/hda1 /win
C. mount -s win /dev/hda1 /win　D. mount -t vfat /dev/hda1 /win

2. 下列关于/etc/fstab 的描述正确的是（　　）。

A. 启动系统后，由系统自动产生
B. 用于管理文件系统信息
C. 用于设置命名规则，是否可以使用“Tab”键来命名一个文件
D. 保存硬件信息

3. 若想在一个新分区上建立文件系统，则应该使用命令（　　）。

A. fdisk　B. makefs　C. mkfs　D. format

4. Linux 文件系统的目录结构是一棵倒置的树，文件都按其作用分门别类地放在相关的目录中。现有一个外部设备文件，我们应该将其放在（　　）目录中。

A. /bin　B. /etc　C. /dev　D. /lib

三、简答题

1. RAID 技术主要是为了解决什么问题?
2. RAID 0 和 RAID 5 哪个更安全?
3. 位于 LVM 底层的是物理卷还是卷组?
4. LVM 对逻辑卷的扩容和缩容操作有何异同点?
5. LVM 的删除顺序是怎样的?

项目6
配置网络和使用SSH服务

项目导入

作为 Linux 系统的管理员，掌握 Linux 服务器的网络配置与管理技能是至关重要的，学会这些技能是后续进行网络服务配置的基础。本项目旨在详细讲解如何利用 nmtui 命令来配置网络参数，并通过 nmcli 命令来查看网络信息及有效管理网络会话服务，以便管理员能够在不同工作场景下迅速切换网络运行参数。

此外，本项目还将深入探讨 SSH 与 sshd 服务程序的理论知识，涵盖 Linux 系统的远程管理技巧，以及如何在系统中配置服务程序。通过对本项目的学习，管理员将能够更全面地理解 Linux 网络配置与管理的精髓，为实际工作中的网络管理与服务配置打下坚实的基础。

知识和能力目标

- 掌握常见的网络配置服务。
- 掌握远程管理和控制服务。
- 使用 SCP 和 SFTP 命令传输文件。
- 在Windows客户端上连接Linux服务器。

素质目标

- 了解为什么会推出 IPv6。在 IPv6 时代，我国面临巨大机遇，其中推出的“雪人计划”就是一件益国益民的大事，这一计划必将助力中华民族的伟大复兴，将激发学生的爱国情怀和学习动力。
- “路漫漫其修远兮，吾将上下而求索。”国产化替代之路“道阻且长，行则将至，行而不辍，未来可期”。青年学生应该坚信中华民族的伟大复兴终会有时！

6.1 项目知识准备

Linux 主机要与网络中的其他主机通信，首先要正确配置网络。网络配置通常包括主机名、IP 地址、子网掩码、默认网关、DNS（域名服务器）等的设置。

6.1.1 设置主机名

设置主机名是首要任务。

1．主机名的形式

RHEL 9 有以下 3 种形式的主机名。

（1）静态（static）主机名：静态主机名也称为内核主机名，是系统在启动时从/etc/hostname 自动初始化的主机名。

（2）瞬态（transient）主机名：瞬态主机名是在系统运行时临时分配的主机名，由内核管理。例如，通过 DHCP 或 DNS 分配的 localhost 就是瞬态主机名。

（3）友好（pretty）主机名：友好主机名是 UTF8 格式的自由主机名，用以展示给终端用户。

2．修改主机名的方式

在 RHEL 9 中，修改主机名可以通过多种方式进行，包括使用命令行工具和编辑配置文件等。

（1）使用 hostnamectl 修改主机名

① 查看主机名。

```
[root@Server01 ~]# hostnamectl status
   Static hostname: Server01
……
```

② 设置新的主机名。

```
[root@Server01 ~]# hostnamectl set-hostname my.smile60.cn
```

③ 再次查看主机名。

```
[root@Server01 ~]# hostnamectl status
   Static hostname: my.smile60.cn
……
```

（2）使用 NetworkManager 的命令行接口 nmcli 修改主机名

① 用 nmcli 修改/etc/hostname 中的静态主机名。

```
//查看主机名
[root@Server01 ~]# nmcli general hostname
my.smile60.cn
//设置新的主机名
[root@Server01 ~]# nmcli general hostname Server01
[root@Server01 ~]# nmcli general hostname
Server01
```

② 重启 hostnamed 服务，让 hostnamectl 知道静态主机名已经被修改。

```
[root@Server01 ~]# systemctl restart systemd-hostnamed
```

（3）编辑配置文件修改主机名

与之前的版本不同，RHEL 9 中的主机名配置文件为/etc/hostname，可以在配置文件中直接更改主机名。可以使用 vim /etc/hostname 命令试一试。

3．网络接口相关命令

设备管理器在 RHEL 9 中实施一致的设备命名方案。设备管理器支持不同的命名方案，默认情况下，根据固件、拓扑和位置信息分配固定的名称。

（1）验证 Server01 计算机上的接口名称、显示网络接口的命令。

```
[root@Server01 ~]# ip link show
1: lo: <LOOPBACK,UP,LOWER_UP> mtu 65536 qdisc noqueue state UNKNOWN mode DEFAULT group
default qlen 1000
    link/loopback 00:00:00:00:00:00 brd 00:00:00:00:00:00
2: ens160: <BROADCAST,MULTICAST,UP,LOWER_UP> mtu 1500 qdisc mq state UP mode DEFAULT
group default qlen 1000
    link/ether 00:0c:29:72:c6:a9 brd ff:ff:ff:ff:ff:ff
    altname enp3s0
```

（2）显示接口的设备类型 ID。

```
[root@Server01 ~]# cat /sys/class/net/ens160/type
1
```

6.1.2 RHEL 9 中的网络配置文件

在 RHEL 9 中，网络配置文件的设置主要依赖于 NetworkManager，并且从 RHEL 9 开始，NetworkManager 以 key-file 格式存储新的网络配置，取代了传统的 ifcfg 格式。

1. 网络配置文件的位置

在 RHEL 9 中，新的网络配置文件通常存储在/etc/NetworkManager/system-connections/目录下，文件扩展名为.nmconnection。尽管传统的 ifcfg 文件（位于/etc/sysconfig/network-scripts/目录下）仍然可以使用，但它不再是 NetworkManager 存储新网络配置的默认文件。

2. 编辑网络配置文件

使用文本编辑器（如 vim 或 nano）打开位于/etc/NetworkManager/system- connections/目录下的网络配置文件（若无，应创建）。文件名可以自定义，但通常建议使用描述性的名称，以便管理。比如可以查看 Server01 计算机中默认的网卡配置文件。

（1）打开或创建网络配置文件

操作过程和执行结果如下。

```
[root@Server01 ~]# cd  /etc/NetworkManager/system-connections/
[root@Server01 system-connections]# ll
总用量 4
-rw-------. 1 root root 270  9月 22 13:13 ens160.nmconnection
[root@Server01 system-connections]# vim ens160.nmconnection
[connection]
id=ens160
uuid=99def1da-65a8-36f4-b24a-37d782882d5b
type=ethernet
autoconnect-priority=-999
interface-name=ens160
timestamp=1732521030

[ethernet]

[ipv4]
address1=192.168.10.10/24
address2=192.168.10.20/24
method=manual
```

```
[ipv6]
addr-gen-mode=eui64
method=auto

[proxy]
```

（2）配置网络参数

在网络配置文件中，需要设置以下关键参数。

- TYPE：指定连接类型，通常为 Ethernet（以太网）。
- NAME：指定连接名称，通常与网络接口名称相对应。
- UUID：唯一标识符，每个连接都需要一个唯一的 UUID。
- DEVICE：指定网络接口名称。
- BOOTPROTO：启动协议，对于静态 IP 地址配置，通常设置为 none 或 static。
- ONBOOT：指定是否在系统启动时自动激活连接，通常设置为 yes。
- IPADDR：指定静态 IP 地址（如果适用）。
- NETMASK：指定子网掩码（如果适用）。
- GATEWAY：指定默认网关（如果适用）。
- DNS1 和 DNS2：指定 DNS 地址（也可以使用 ipv4.dns 参数在 key-file 格式中设置）。

（3）保存并关闭文件

在文本编辑器中完成配置后，保存文件并关闭编辑器。

3. 重新加载和激活网络配置

（1）重新加载 NetworkManager 配置

使用 nmcli connection reload 命令重新加载 NetworkManager 的连接配置（适用于修改连接但不想重启服务的情况）。

```
[root@Server01 system-connections]# nmcli connection reload
```

（2）激活网络连接

使用 nmcli connection up <connection-name>命令激活指定的网络连接。其中，<connection-name>是在网络配置文件中设置的连接名称或 UUID。

```
[root@Server01 system-connections]# nmcli connection up ens160
连接已成功激活（D-Bus 活动路径：/org/freedesktop/NetworkManager/ActiveConnection/3）
```

（3）验证网络配置

① 使用 ip addr 或 nmcli connection show 命令验证网络配置是否成功应用。

```
[root@Server01 system-connections]# ip addr show ens160
2: ens160: <BROADCAST,MULTICAST,UP,LOWER_UP> mtu 1500 qdisc mq state UP group default qlen 1000
    link/ether 00:0c:29:72:c6:a9 brd ff:ff:ff:ff:ff:ff
    altname enp3s0
    inet 192.168.10.10/24 brd 192.168.10.255 scope global noprefixroute ens160
       valid_lft forever preferred_lft forever
    inet 192.168.10.20/24 brd 192.168.10.255 scope global secondary noprefixroute ens160
       valid_lft forever preferred_lft forever
    inet6 fe80::20c:29ff:fe72:c6a9/64 scope link noprefixroute
       valid_lft forever preferred_lft forever
[root@Server01 system-connections]# cd
[root@Server01 ~]#
```

② 尝试 ping 网关或其他已知可达的主机，以确认网络连接畅通。

4. 注意事项

- 在编辑网络配置文件时，请确保文件的语法正确，以避免配置错误导致网络连接失败。
- 如果使用图形化界面进行网络配置，NetworkManager 提供了图形化的网络配置工具（如 nmtui 或 gnome-control-center 的网络部分），这些工具可以简化配置过程并提供即时反馈。
- 在对网络配置进行更改之前，建议备份现有的网络配置文件，以便在出现问题时可以恢复原始配置。

综上所述，RHEL 9 中的网络配置文件设置主要依赖于 NetworkManager 的 key-file 格式配置文件。通过正确设置网络参数、重新加载和激活网络配置以及验证网络连接，可以确保 RHEL 9 系统的网络连接正常工作。

6.1.3 SSH 服务概述

SSH 是互联网上使用最广泛的安全协议之一，专为远程管理和安全通信设计。SSH 通过加密技术，为在不安全的网络环境中连接和管理远程服务器提供了一种安全方式。SSH 的使用场景如图 6-1 所示，与早期的远程通信技术（如 Telnet）相比，SSH 的优势在于它在传输数据时提供了端到端的加密，可以确保数据的保密性和完整性，使其无法被第三方窃听或篡改。在 SSH 通信过程中，所有传输的数据包括登录凭证都经过加密处理，这一点与电子邮件服务中对信息的加密处理类似，后者也经常使用类似技术来保护用户信息安全。SSH 连接不仅限于命令行界面，它也支持图形界面的传输，使其在功能上更为丰富和灵活。

图 6-1　SSH 的使用场景

用户通过 SSH 连接到服务器时，通常需要通过用户名和密码进行身份验证，更安全的方法是使用密钥对。用户的私钥储存在本地计算机上，而公钥则放在远程服务器上。建立连接时，服务器通过挑战-响应方式验证用户的私钥是否与公钥匹配，从而确认用户身份。SSH 配置文件通常位于用户的主目录下的.ssh 目录中，主要配置文件包括 ssh_config（用于客户端设置）和 sshd_config（用于服务器端设置）。通过编辑这些文件，用户和管理员可以精细控制认证方法、选择加密算法、设置超时限制和管理连接选项等。

在实际应用中，了解和配置 SSH 的各种参数是确保网络安全的关键。与电子邮件系统中服务器处理邮件的方式类似，SSH 服务也需要在后台持续运行，监听并接受来自合法用户的连接请求。此外，SSH 服务通常运行在默认的 22 端口，但出于安全考虑，管理员经常更改此端口以避开自动化的网络扫描。

6.2 项目设计与准备

本项目要用到 Server01 和 Client1，首先要配置 Server01 和 Client1 的网络参数，计算机的配置信息如表 6-1 所示（可以使用 VMware Workstation 的“克隆”技术快速安装需要的 Linux 客户端）。其中，Server01 的 IP 地址为 192.168.10.1/24，Client1 的 IP 地址为 192.168.10.20/24。

表 6-1 计算机的配置信息

主机名	操作系统	IP 地址	角色及其他
SSH 服务器：Server01	RHEL 9	192.168.10.1	SSH 服务主机，VMnet1
Linux 客户端：Client1	RHEL 9	192.168.10.20	SSH 客户端，VMnet1
Windows 客户端：Client2	Windows 11	192.168.10.30	SSH 客户端，VMnet1

然后完成如下主要任务。

（1）使用系统菜单配置网络。

（2）使用图形界面配置网络。

（3）使用 nmcli 命令配置网络。

（4）使用 SSH 服务。

（5）在 Windows 客户端上连接 Linux 服务器。

6.3 项目实施

任务 6-1 使用系统菜单配置网络

后续我们将学习如何在 Linux 操作系统上配置服务。在此之前，必须先保证主机之间能够顺畅地通信。如果网络不通，即使服务部署得再完善，用户也无法顺利访问，所以在学习部署 Linux 服务之前，必须先配置网络并确保网络畅通。

（1）以 Server01 为例。在 Server01 的桌面上依次单击“活动”→“显示应用程序”→“设置”→“网络”，打开网络配置界面，打开连接，如图 6-2 所示。

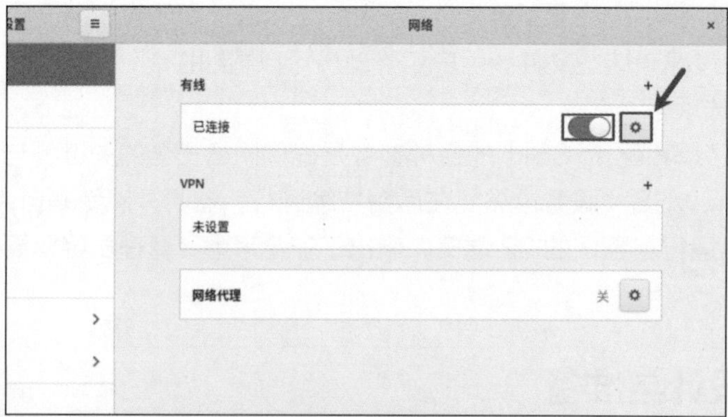

图 6-2 打开连接

（2）单击图 6-2 中的齿轮按钮，打开图 6-3 所示的界面。在此可以设置 IP 地址、子网掩码、默认网关、DNS 等信息。设置完成后，单击“应用”按钮应用配置，回到图 6-2 所示的界面。注意网络连接应该设置在“打开”状态。

（3）再次单击图 6-2 中的齿轮按钮，打开图 6-4 所示的网络配置界面，一定要勾选“自动连接”复选框，否则计算机启动后不能自动连接网络。最后单击“应用”按钮。

注意，有时需要重启系统，或者在图 6-2 中将有线连接先关闭再打开，配置才能生效。

图 6-3　配置有线连接

图 6-4　网络配置界面

建议　① 首选使用系统菜单配置网络，因为从 RHEL 9 开始，图形界面已经非常完善了。

② 如果网络正常工作，则会在桌面右上角显示网络连接图标，直接单击该图标也可以进行网络配置，如图 6-5 所示。

图 6-5　单击网络连接图标配置网络

（4）按同样的方法配置 Client1 的网络参数：计算机名为 Client1，IP 地址为 192.168.10.2024，默认网关为 192.168.10.254。

（5）在 Server01 上测试与 Client1 的连通性，测试成功。

```
[root@Server01 ~]# ping 192.168.10.21 -c 4
PING 192.168.10.21 (192.168.10.21) 56(84) 比特的数据。
64 比特，来自 192.168.10.21: icmp_seq=1 ttl=64 时间=1.37 毫秒
64 比特，来自 192.168.10.21: icmp_seq=2 ttl=64 时间=0.778 毫秒
64 比特，来自 192.168.10.21: icmp_seq=3 ttl=64 时间=0.375 毫秒
64 比特，来自 192.168.10.21: icmp_seq=4 ttl=64 时间=0.404 毫秒

--- 192.168.10.21 ping 统计 ---
已发送 4 个包， 已接收 4 个包, 0% packet loss, time 3035ms
rtt min/avg/max/mdev = 0.375/0.731/1.369/0.400 mss
```

任务 6-2 使用图形界面配置网络

在 RHEL 9 中，nmtui 通常默认已经安装。

1. 安装 nmtui 工具

nmtui 是 NetworkManager 的文本用户界面，它允许用户通过文本模式配置和管理网络连接。由于 NetworkManager 是 RHEL 中的核心网络管理工具，nmtui 作为其文本用户界面，通常在 RHEL 9 中默认已经被安装。

然而，在某些特定的安装选项或定制安装中，它可能会被省略。如果发现 RHEL 9 系统中没有 nmtui，可以通过 RHEL 的包管理器（如 DNF）来安装它。

要检查 nmtui 是否已经安装，可以在终端中执行 nmtui 命令。如果系统提示找不到该命令，那么需要使用以下命令来安装它。

```
[root@Server01 ~]# mount /dev/cdrom /media
mount: /media: WARNING: source write-protected, mounted read-only.
[root@Server01 ~]# vim /etc/yum.repos.d/dvd.repo
[Media]
name=Media
baseurl=file:///media/BaseOS
gpgcheck=0
enabled=1

[rhel8-AppStream]
name=rhel8-AppStream
baseurl=file:///media/AppStream
gpgcheck=0
enabled=1
[root@Server01 ~]# dnf install NetworkManager-tui -y
```

安装完成后，就可以使用 nmtui 来配置和管理网络连接了。

2. 使用 nmtui 工具

下面使用 nmtui 工具进行网络配置。

（1）如果不知道要在连接中使用的网络设备名称，可使用下面的命令显示可用的设备。

```
[root@Server01 ~]#  nmcli device status
DEVICE  TYPE      STATE        CONNECTION
ens160  ethernet  已连接        ens160
lo      loopback  连接（外部）  lo
```

（2）前文我们使用系统菜单配置网络，接下来使用 nmtui 命令配置网络。

```
[root@Server01 ~]# nmtui
```

提示 使用 nmtui 时要注意以下几点。① 使用方向键移动。② 选中一个选项并按“Enter”键。③ 使用 Space 选择或取消选择图 6-10 所示的复选框。

（3）进入图 6-6 所示的配置界面，选中“编辑连接”后，按“Enter”键。配置过程如图 6-7、图 6-8 所示。

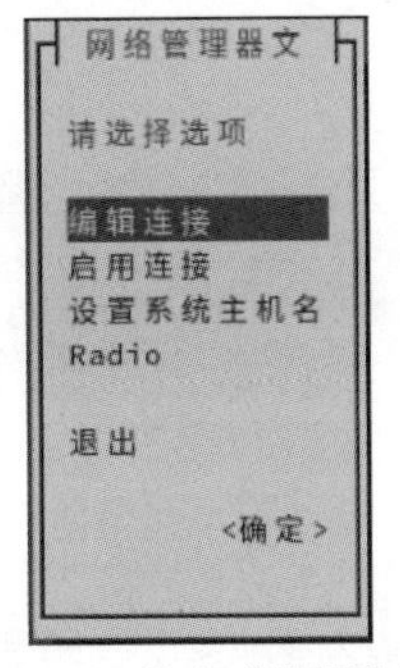

图 6-6　选中“编辑连接”

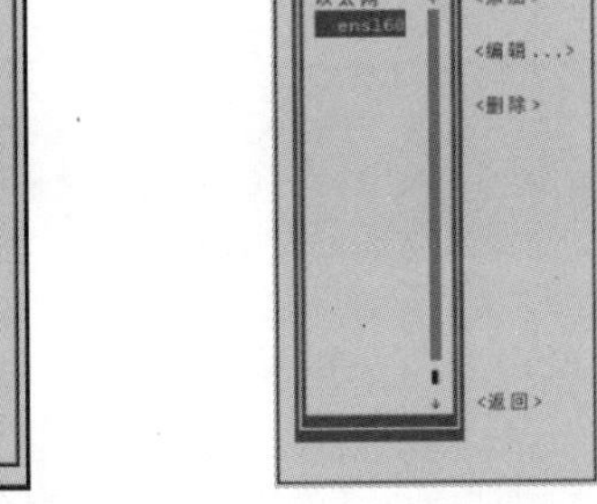

图 6-7　选中要编辑的连接

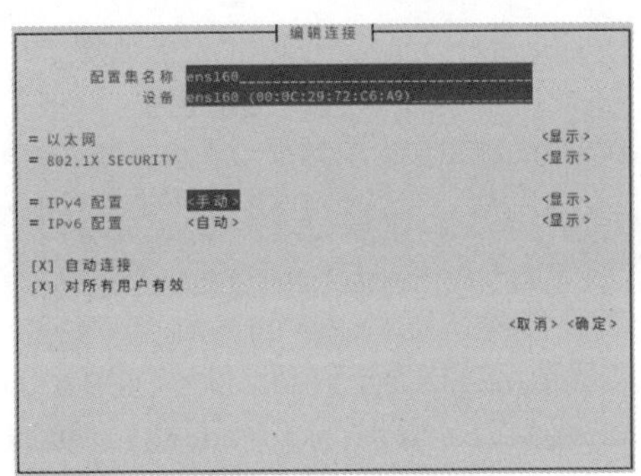

图 6-8　把网络 IPv4 的配置方式改成手动

> **注意**　本书中所有服务器主机的 IP 地址均为 192.168.10.1，而客户端主机一般设为 192.168.10.21 及 192.168.10.40。这样做是为了方便后面进行服务器配置。

（4）选中“显示”选项并按“Enter 键”，进入信息配置界面，如图 6-9 所示。在服务器主机的网络配置信息中填写 IP 地址为 192.168.10.1/24 等信息，通过向右或向下的方向键来选择对象，选中“确定”选项并按“Enter”键保存配置，如图 6-10 所示。

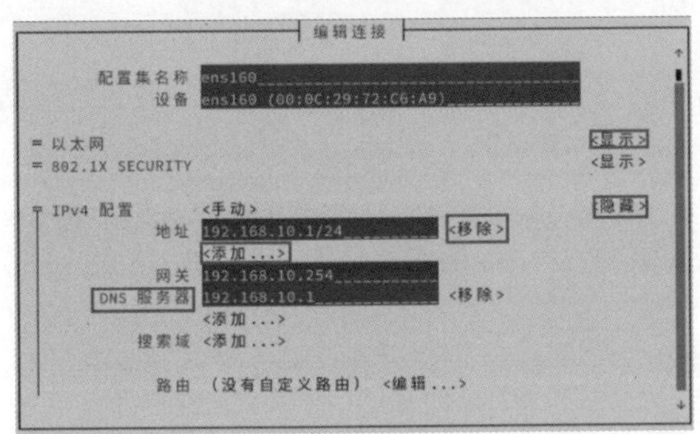

图 6-9　信息配置界面

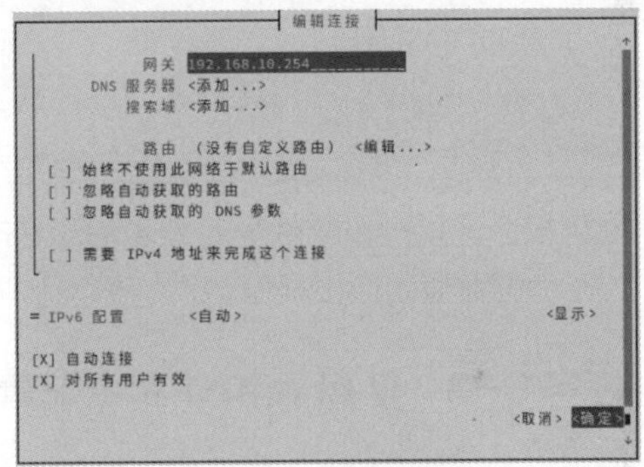

图 6-10　保存配置

（5）单击“返回”按钮，回到 nmtui 图形界面初始状态，选中“启用连接”选项，激活 ens160 网卡。网卡前面有“*”表示激活，如图 6-11、图 6-12 所示。

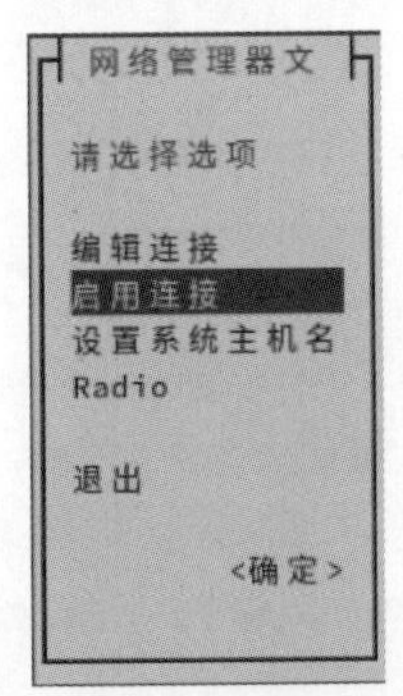

图 6-11　选中“启用连接”选项

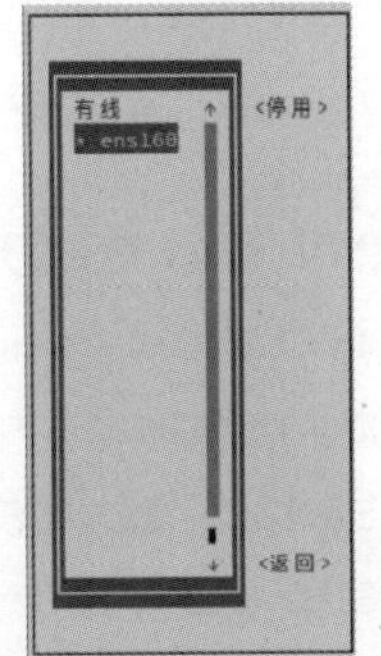

图 6-12　激活连接

（6）至此，在 Linux 操作系统中配置网络的步骤就结束了。需要重启计算机后才能使配置生效。重启计算机后，验证配置是否正确。

① 使用 ifconfig 命令测试配置情况。

```
[root@Server01 ~]# ifconfig
ens160: flags=4163<UP,BROADCAST,RUNNING,MULTICAST>  mtu 1500
        inet 192.168.10.1  netmask 255.255.255.0  broadcast 192.168.10.255
        inet6 fe80::20c:29ff:fe72:c6a9  prefixlen 64  scopeid 0x20<link>
        ether 00:0c:29:72:c6:a9  txqueuelen 1000  (Ethernet)
        ……
```

② 显示网络接口卡（Network Interface Card，NIC）的 IP 地址设置。

```
[root@Server01 ~]# ip address show ens160
2: ens160: <BROADCAST,MULTICAST,UP,LOWER_UP> mtu 1500 qdisc mq state UP group default
qlen 1000
    link/ether 00:0c:29:72:c6:a9 brd ff:ff:ff:ff:ff:ff
    altname enp3s0
    inet 192.168.10.1/24 brd 192.168.10.255 scope global noprefixroute ens160
       valid_lft forever preferred_lft forever
    inet6 fe80::20c:29ff:fe72:c6a9/64 scope link noprefixroute
       valid_lft forever preferred_lft forever
```

③ 显示 IPv4 默认网关。

```
[root@Server01 ~]# ip route show default
default via 192.168.10.254 dev ens160 proto static metric 100
```

④ 显示 DNS 设置。

```
[root@Server01 ~]# cat /etc/resolv.conf
# Generated by NetworkManager
nameserver 192.168.10.1
```

如果多个连接配置文件同时处于活动状态，则 nameserver 条目的顺序取决于这些配置文件中的 DNS 优先级值和连接类型。

任务 6-3 使用 nmcli 命令配置网络

NetworkManager 是一个用于管理和监控网络设置的守护进程。在 NetworkManager 中，“设备”通常指网络接口，例如以太网卡或无线网卡；而“连接”是针对某个网络接口的配置方案，例如 IP 地址、网关和 DNS 等设置。一个网络接口可以有多个连接配置，但同时只有一个连接配置生效。以下实例仍在 Server01 上实现。

1. 常用命令

常用的 nmcli 命令如下。

- nmcli connection show：显示所有连接。
- nmcli connection show --active：显示所有活动连接的状态。
- nmcli connection show "ens160"：显示网络连接配置。
- nmcli device status：显示设备状态。
- nmcli device show ens160：显示网络接口 ens160 的属性信息。
- nmcli connection add help：查看帮助信息。
- nmcli connection reload：重新加载配置。
- nmcli connection down test2：禁用 test2 的配置，注意，一个网卡可以有多个配置（test2

连接要提前创建）。

- nmcli connection up test2：启用 test2 的配置。
- nmcli device disconnect ens160：禁用 ens160 网卡。
- nmcli device connect ens160：启用 ens160 网卡。

2. 创建与管理连接

（1）创建新连接 default，IP 地址通过 DHCP 自动获取。

```
[root@Server01 ~]# nmcli connection show
NAME      UUID                                  TYPE       DEVICE
ens160    99def1da-65a8-36f4-b24a-37d782882d5b  ethernet   ens160
lo        29a0a9bc-0795-4935-9b26-15ec42ef1159  loopback   lo
[root@Server01 ~]# nmcli connection add con-name default type Ethernet ifname ens160
连接 "default" (01178d20-ffc4-4fda-a15a-0da2547f8545) 已成功添加。
[root@Server01 ~]# nmcli connection show
NAME      UUID                                  TYPE       DEVICE
ens160    99def1da-65a8-36f4-b24a-37d782882d5b  ethernet   ens160
lo        29a0a9bc-0795-4935-9b26-15ec42ef1159  loopback   lo
default   dd2f53a6-bd73-495b-92c3-afaa0b7c0ae0  ethernet   --
```

（2）删除连接。

```
[root@Server01 ~]# nmcli connection delete default
成功删除连接 "default" (dd2f53a6-bd73-495b-92c3-afaa0b7c0ae0)。
```

（3）创建新连接 test2，指定静态 IP 地址为 192.168.10.100，默认网关为 192.168.10.254，不自动连接。

```
[root@Server01 ~]# nmcli connection add con-name test2 ipv4.method manual ifname
ens160 autoconnect no type Ethernet ipv4.addresses 192.168.10.100/24 gw4 192.168.10.254
连接 "test2" (106f4bc8-b258-4abb-aedf-41de87a231c6) 已成功添加。
```

参数说明如下。

- con-name：指定连接的名称，没有特殊要求。
- ipv4.method：指定获取 IP 地址的方式。
- ifname：指定网卡设备名，也就是这次配置所生效的网卡。
- autoconnect：指定是否自动启动。
- ipv4.addresses：指定 IPv4 地址。
- gw4：指定网关。

（4）启用 test2 连接配置。

```
[root@Server01 ~]# nmcli connection up test2
连接已成功激活（D-Bus 活动路径：/org/freedesktop/NetworkManager/ActiveConnection/10）
[root@Server01 ~]# nmcli  connection show
NAME      UUID                                  TYPE       DEVICE
test2     376759b2-0fc3-4fc9-96f5-16cd4eb3c9f1  ethernet   ens160
lo        29a0a9bc-0795-4935-9b26-15ec42ef1159  loopback   lo
ens160    99def1da-65a8-36f4-b24a-37d782882d5b  ethernet   --
```

（5）查看配置是否生效。

① 显示 NIC 的 IP 地址设置。

```
[root@Server01 ~]# ip address show ens160
2: ens160: <BROADCAST,MULTICAST,UP,LOWER_UP> mtu 1500 qdisc mq state UP group default
```

```
qlen 1000
    link/ether 00:0c:29:72:c6:a9 brd ff:ff:ff:ff:ff:ff
    altname enp3s0
    inet 192.168.10.100/24 brd 192.168.10.255 scope global noprefixroute ens160
       valid_lft forever preferred_lft forever
    inet6 fe80::9fbe:8ab4:5beb:35d/64 scope link noprefixroute
       valid_lft forever preferred_lft forever
```

② 显示 IPv4 默认网关。

```
[root@Server01 ~]# ip route show default
default via 192.168.10.254 dev ens160 proto static metric 100
```

③ 显示 DNS 设置。

```
[root@Server01 ~]# cat /etc/resolv.conf
# Generated by NetworkManager
search long60.cn
nameserver 192.0.2.200
```

3. 配置 IP 地址实例

在本例中，接口和连接名为 ens160，在此接口上分配以下静态 IP 地址等信息。

```
IP 地址：192.168.10.2/24
netmask: 255.255.255.0
gateway: 192.168.10.1
DNS: 114.114.114.114
DNS 搜索区域：long60.cn
```

（1）配置 ens160 连接的静态 IP 地址。

```
[root@Server01 ~]# nmcli connection modify ens160 ipv4.method manual ipv4.addresses 192.168.10.2/24 ipv4.gateway 192.168.10.1 ipv4.dns 114.114.114.114 ipv4.dns-search long60.cn
```

（2）启用 ens160 连接配置。

```
[root@Server01 ~]# nmcli connection up ens160
连接已成功激活（D-Bus 活动路径：/org/freedesktop/NetworkManager/ActiveConnection/5）
```

（3）验证配置。

① 显示 NIC 的 IP 地址设置。

```
[root@Server01 ~]# ip address show ens160
2: ens160: <BROADCAST,MULTICAST,UP,LOWER_UP> mtu 1500 qdisc mq state UP group default qlen 1000
    link/ether 00:0c:29:72:c6:a9 brd ff:ff:ff:ff:ff:ff
    altname enp3s0
    inet 192.168.10.2/24 brd 192.168.10.255 scope global noprefixroute ens160
       valid_lft forever preferred_lft forever
    inet6 fe80::20c:29ff:fe72:c6a9/64 scope link noprefixroute
       valid_lft forever preferred_lft forever
```

② 显示 IPv4 默认网关。

```
[root@Server01 ~]# ip route show default
default via 192.168.10.1 dev ens160 proto static metric 100
```

③ 显示 DNS 设置。

```
[root@Server01 ~]# cat /etc/resolv.conf
# Generated by NetworkManager
search long60.cn
nameserver 114.114.114.114
```

4. 恢复到初始状态并验证

删除 test2 连接，并将接口 ens160 的 IP 地址等信息恢复到初始状态。

```
IP: 192.168.10.1/24
netmask: 255.255.255.0
gateway: 192.168.10.254
DNS: 192.168.10.1
```

DNS 搜索区域：long60.cn。

```
[root@Server01 ~]# nmcli connection delete test2
成功删除连接 "test2" (16246530-1f23-4772-b7e9-6948aece7063)。
[root@Server01 ~]# nmcli connection modify ens160 ipv4.method manual ipv4.addresses 192.168.10.1/24 ipv4.gateway 192.168.10.254 ipv4.dns 192.168.10.1 ipv4.dns-search long60.cn
[root@Server01 ~]# nmcli connection up ens160
连接已成功激活（D-Bus 活动路径：/org/freedesktop/NetworkManager/ActiveConnection/8）
[root@Server01 ~]# ip address show ens160
2: ens160: <BROADCAST,MULTICAST,UP,LOWER_UP> mtu 1500 qdisc mq state UP group default qlen 1000
    link/ether 00:0c:29:72:c6:a9 brd ff:ff:ff:ff:ff:ff
    altname enp3s0
    inet 192.168.10.1/24 brd 192.168.10.255 scope global noprefixroute ens160
       valid_lft forever preferred_lft forever
    inet6 fe80::20c:29ff:fe72:c6a9/64 scope link noprefixroute
       valid_lft forever preferred_lft forever
[root@Server01 ~]# ip route show default
default via 192.168.10.254 dev ens160 proto static metric 100
[root@Server01 ~]# cat /etc/resolv.conf
# Generated by NetworkManager
search long60.cn
nameserver 192.168.10.1
```

任务 6-4 安装、启动 SSH 服务

部署 SSH 服务应做好下列准备工作。

（1）安装企业版 Linux 网络操作系统，并确保必要的服务（如 SSH）和网络配置工具能正常运行。客户端可以使用 Linux 和 Windows 操作系统，确保这些系统可以通过网络进行通信。

（2）SSH 服务器的 IP 地址、子网掩码等 TCP/IP 参数应手动配置，确保网络的正确设置和可靠连接。

（3）在启动 SSH 服务前，规划用户账户和密钥管理策略，设置合适的用户认证方法以提升安全性。

SSH 服务是由 OpenSSH 软件包提供的，在 RHEL 9 中，系统默认已预装了该服务。如果没有预安装，可以使用以下命令进行安装。

1. 检查 SSH 是否已安装

```
[root@Server01 ~]# dnf list installed | grep openssh-server
```

如果系统返回包含 openssh-server 的结果，说明 SSH 服务已安装，可以跳过安装部分。如果未安装，则继续执行以下步骤进行安装。

2. 安装 OpenSSH 服务

使用 DNF 包管理器安装 OpenSSH 服务器。执行以下命令。

```
[root@Server01 ~]# mount /dev/cdrom /media
[root@Server01 ~]# dnf clean all                  #安装前先清除缓存
[root@Server01 ~]# dnf install openssh-server -y
```

执行此命令会下载并安装 OpenSSH 服务，同时安装相关依赖项。安装完成后，SSH 服务会在系统中准备就绪。

3. 启动 SSH 服务

在 RHEL 9 上，SSH 服务安装完成后，并不会自动启动，需要手动启动它。使用 systemctl 命令启动 SSH 服务。

```
[root@Server01 ~]# systemctl start sshd
```

执行该命令会立即启动 SSH 服务（sshd 是 SSH 守护进程的名称）。此时，SSH 服务已经开始监听默认端口 22，允许远程客户端连接。

4. 检查 SSH 服务状态

为了确保 SSH 服务正常运行，使用以下命令检查服务状态。

```
[root@Server01 ~]# systemctl status sshd
 sshd.service - OpenSSH server daemon
     Loaded: loaded (/usr/lib/systemd/system/sshd.service; enabled; preset: enabled)
     Active: active (running) since Sun 2024-09-15 11:38:04 CST; 18s ago
       Docs: man:sshd(8)
             man:sshd_config(5)
   Main PID: 4570 (sshd)
      Tasks: 1 (limit: 23020)
     Memory: 3.5M
        CPU: 51ms
     CGroup: /system.slice/sshd.service
             └─4570 "sshd: /usr/sbin/sshd -D [listener] 0 of 10-100 startups"

9月 15 11:38:04 Server01 systemd[1]: Starting OpenSSH server daemon...
9月 15 11:38:04 Server01 sshd[4570]: Server listening on 0.0.0.0 port 22.
9月 15 11:38:04 Server01 sshd[4570]: Server listening on :: port 22.
9月 15 11:38:04 Server01 systemd[1]: Started OpenSSH server daemon.
9月 15 11:38:09 Server01 sshd[4576]: Accepted password for root from 192.168.50.12 po>
9月 15 11:38:09 Server01 sshd[4576]: pam_unix(sshd:session): session opened for user >
```

正常情况下，状态应该显示为 active (running)，表示 SSH 服务正在运行。如果显示 inactive 或 failed，则说明启动过程中出现问题，需要进一步排查。

5. 启用 SSH 服务开机自启

使用以下命令将 SSH 服务设置为开机自动启动。

```
[root@Server01 ~]# systemctl enable sshd
```

该命令会将 SSH 服务添加到系统启动项中，从而确保服务器在重启后 SSH 服务自动启动。

任务 6-5 配置 SSH 服务

SSH 服务的主要配置文件为/etc/ssh/sshd_config，在修改该文件之前，建议对其进行备份，以在需要时恢复。SSH 服务程序主配置文件中的主要参数及其说明如表 6-2 所示。

表 6-2　SSH 服务程序主配置文件中的主要参数及其说明

参数	说明
Port	SSH 服务监听的端口，默认值为 22
PermitRootLogin	是否允许 root 用户通过 SSH 登录
AllowUsers	允许特定用户通过 SSH 登录，支持 IP 地址限制
PasswordAuthentication	是否允许使用密码进行身份验证
PubkeyAuthentication	是否启用公钥认证
ClientAliveInterval	SSH 服务器发送保持活动消息的间隔时间（单位为 s）
ClientAliveCountMax	服务器在断开连接之前发送保持活动消息的最大次数
PermitEmptyPasswords	是否允许空密码登录
MaxAuthTries	允许的最大认证尝试次数

1. 备份原始配置文件

在进行任何修改之前，使用以下命令备份配置文件。

```
[root@Server01 ~]# cp /etc/ssh/sshd_config /etc/ssh/sshd_config.bak
```

2. 打开配置文件进行编辑

使用文本编辑器 vim 打开 SSH 配置文件。

```
[root@Server01 ~]# vim /etc/ssh/sshd_config
```

在 SSH 服务程序的主配置文件中，有以下几处需要修改。

① 设置启用 root 用户直接通过 SSH 登录（通常在使用的时候，出于安全考虑，建议禁用 root 用户直接通过 SSH 登录）。找到“#PermitRootLogin”行，将其修改为：

```
PermitRootLogin yes
```

删除注释符并在后面添加 yes 表示允许（填写 no 表示不允许），这样用户可以通过 root 账户进行登录。

② 如果希望限制特定 IP 地址的访问，可以在配置文件中添加以下行。

```
AllowUsers root@192.168.10.20
AllowUsers root@192.168.10.30
```

添加以上行后，SSH 服务器只允许 IP 地址为 192.168.10.20 和 192.168.10.30 的主机通过 root 账户登录，其他 IP 地址或使用其他账户将无法登录，此设置提高了 SSH 服务器的安全性。

③ 为了提高安全性和资源利用效率，应配置连接超时和空闲断开选项。

```
ClientAliveInterval 300
ClientAliveCountMax 0
```

这表示如果客户端在 300 秒内没有任何活动，SSH 服务器将主动断开连接。

④ 为了避免频繁输入密码，提供更高的安全性和方便性，在配置文件中启用公钥认证。在主配置文件中找到“#PubkeyAuthentication”行，将注释符删除并在后面添加 yes：

```
PubkeyAuthentication yes
```

3. 配置防火墙规则

需要确保防火墙设置允许 SSH 端口的访问。可以使用以下命令添加防火墙规则。

```
[root@Server01 ~]# firewall-cmd --add-port=22/tcp --permanent
success
[root@Server01 ~]# firewall-cmd --reload
```

```
success
```

4. 重启 SSH 服务

完成所有配置后，需要重启 SSH 服务使更改生效。使用以下命令重启 SSH 服务。

```
[root@Server01 ~]# systemctl restart sshd
```

任务 6-6 Linux 连接 SSH 服务器

现在要在 Linux 客户端 Client1 上连接到 SSH 服务器 Server01。通过使用 SSH 协议，用户可以安全地远程管理和访问 Server01 上的资源。

1. ssh 命令

在终端中执行以下命令以连接 SSH 服务器。

```
[root@Client1 ~]# ssh root@192.168.10.1
```

这里，root 是用于登录 Server01 的用户名，192.168.10.1 是 SSH 服务器的 IP 地址。

2. 首次连接时的安全提示

如果是第一次连接到该服务器，系统会提示确认 SSH 服务器的指纹，显示图 6-13 中的信息。

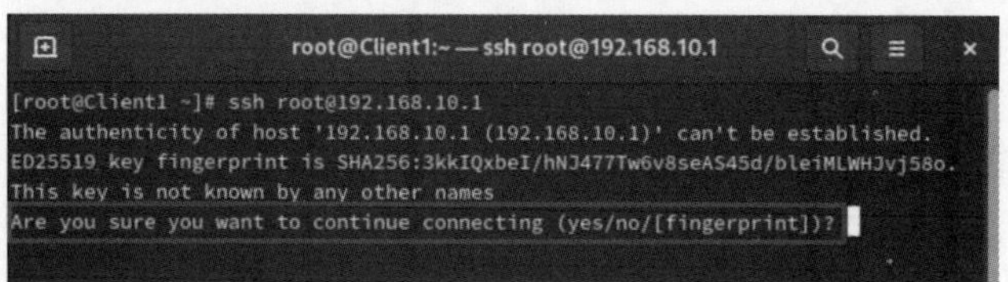

图 6-13 SSH 连接安全提示

输入 yes 并按“Enter”键以信任该主机并继续连接。完成此操作后，SSH 客户端会将服务器的指纹保存到 ~/.ssh/known_hosts 文件中，后续连接时将不再显示该提示信息。

3. 输入密码

如果账户设置了密码，则在看到下面的提示时输入 Server01 的 root 账户的密码。

```
root@192.168.10.1's password:
```

4. 成功连接

一旦连接成功，将会看到以下命令提示符。

```
[root@Server01 ~]#
```

这表示已成功登录到 Server01，现在此终端中的所有命令都是在远端的 Server01 中执行而不是在 Client1 中执行。假设在此终端中用 touch 命令创建一个文件。

```
[root@Server01 ~]# touch test
```

如图 6-14 所示，在 Server01 中用 ls 命令可以看到创建的文件。

图 6-14 SSH 远程执行代码

5. 使用 SSH 配置文件简化连接

为了简化频繁连接的过程，可以在 Client1 的~/.ssh/config 文件中配置连接信息。

```
[root@Client1 ~]# vim ~/.ssh/config
```

在文件中添加以下配置内容。

```
Host server01
   HostName 192.168.10.1
   User root
   Port 22
   IdentityFile ~/.ssh/id_rsa
```

这段配置为 SSH 服务器定义了一个别名 server01。保存配置后，可以使用以下命令通过别名连接。

```
[root@Client1 ~]# ssh server01
root@192.168.10.1's password:
~
~
[root@Server01 ~]#
```

这样，系统会自动使用配置文件中的信息进行连接，简化输入过程。

任务 6-7 配置 SSH 密钥认证

SSH 密钥认证可以通过公钥和私钥配对进行远程身份验证，避免使用密码登录，提供了更高的安全性和方便性。假设在 SSH 服务器 Server01 上配置密钥认证，并在 Linux 客户端 Client1 上使用密钥进行登录。

1. 生成密钥对

在 Linux 客户端 Client1 上使用 ssh-keygen 命令生成一对 RSA 密钥（公钥和私钥），默认密钥长度为 2048 位，但建议使用 4096 位提高安全性。

```
[root@Client1 ~]# ssh-keygen -t rsa -b 4096
```

执行命令后，会有图 6-15 所示提示保存密钥的路径，默认保存在~/.ssh/id_rsa 文件中，如果没有特殊需求，直接按“Enter”键即可。接着系统会询问是否为私钥设置密码。为提升安全性，建议为私钥设置密码，避免私钥泄露导致未经授权的访问。如果不想设置密码，直接连续按两次“Enter”键即可跳过（为了简化操作，本项目并未设置密码）。

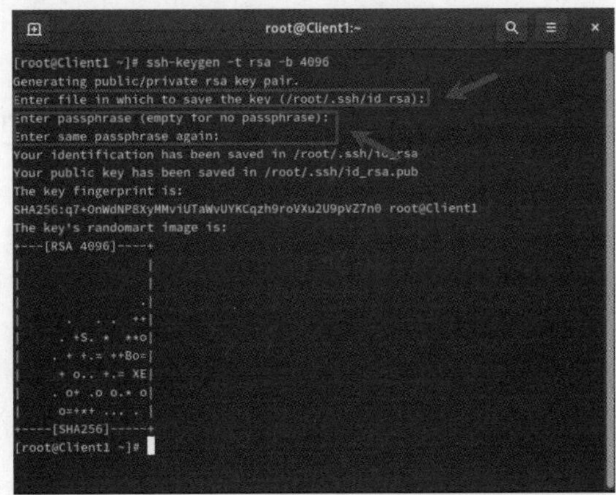

图 6-15 提示保存密钥的路径

2. 查看生成的密码

执行命令后，密钥对会生成在~/.ssh/目录下。

```
[root@Client1 ~]# cd .ssh/
[root@Client1 ~]# ls
id_rsa    id_rsa.pub
```

其中，id_rsa.pub 为公钥，id_rsa 为私钥，公钥会被上传到 SSH 服务器，而私钥应妥善保管，不能泄露。

如图 6-16 所示，使用 cat 命令查看公钥中的信息。

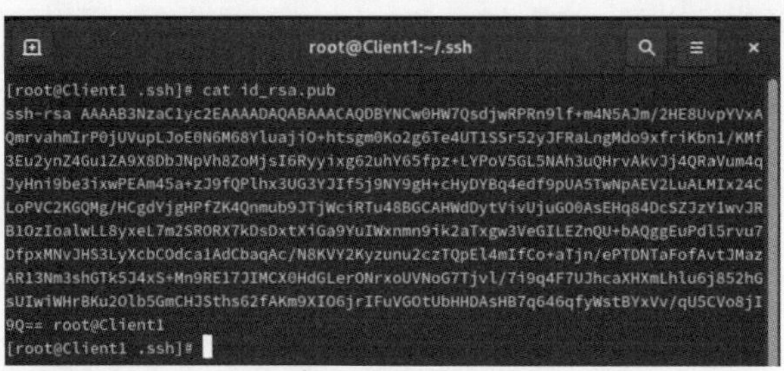

图 6-16　公钥中的信息

3. 复制公钥到 SSH 服务器

将生成的公钥上传到 SSH 服务器的用户账户中，使 Client1 可以通过密钥登录 Server01。在 Client1 上使用 ssh-copy-id 命令将公钥传输到 Server01。

```
[root@Client1 ~]# ssh-copy-id -i root/.ssh/id_rsa.pub root@192.168.10.1
```

如图 6-17 所示，输入 yes 并按“Enter”键以继续操作，接着输入 Server01 的 root 账户的密码并按“Enter”键来实现公钥的传输。此时 Client1 的公钥将自动添加到 Server01 的~/.ssh/authorized_keys 文件中。

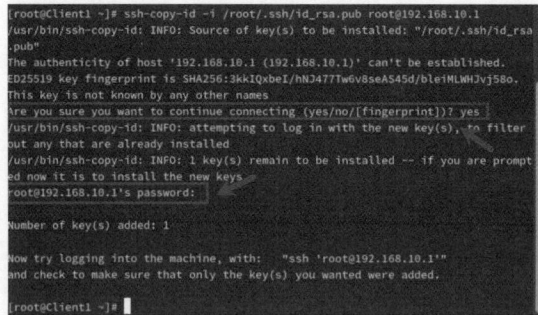

```
[root@Client1 ~]# ssh-copy-id -i /root/.ssh/id_rsa.pub root@192.168.10.1
/usr/bin/ssh-copy-id: INFO: Source of key(s) to be installed: "/root/.ssh/id_rsa
.pub"
The authenticity of host '192.168.10.1 (192.168.10.1)' can't be established.
ED25519 key fingerprint is SHA256:3kkIQxbeI/hNJ477Tw6v8seAS45d/bleiMLWHJvj58o.
This key is not known by any other names
Are you sure you want to continue connecting (yes/no/[fingerprint])? yes
/usr/bin/ssh-copy-id: INFO: attempting to log in with the new key(s), to filter
out any that are already installed
/usr/bin/ssh-copy-id: INFO: 1 key(s) remain to be installed -- if you are prompt
ed now it is to install the new keys
root@192.168.10.1's password:

Number of key(s) added: 1

Now try logging into the machine, with:   "ssh 'root@192.168.10.1'"
and check to make sure that only the key(s) you wanted were added.

[root@Client1 ~]#
```

图 6-17　复制公钥到 SSH 服务器

4. 手动复制公钥（可选）

如果不想使用 ssh-copy-id 命令，也可以手动复制公钥，在 Client1 上使用 cat 命令查看公钥内容。

```
[root@Client1 ~]# cat  ~/.ssh/id_rsa.pub
```

复制公钥内容后，使用 SSH 命令连接到 Server01，在 Server01 的~/.ssh/authorized_keys 文件中添加该公钥。

```
[root@Server01 ~]# echo  "公钥内容" >> ~/.ssh/authorized_keys
```

其中，“公钥内容”为记录下来的 Client1 公钥文件中的信息。

任务 6-8　使用 SCP 传输文件

在远程管理 SSH 服务器的过程中，文件传输是非常常用且重要的功能。SCP（Secure Copy Protocol，安全复制协议）是一种基于 SSH 的安全文件传输协议，允许用户在本地和远程服务器之间复制文件和目录。

1. 复制文件到 SSH 服务器

假设需要将 Client1 上的文件 example.txt 复制到 Server01 的用户主目录中，可以使用以下命令。

```
[root@Client1 ~]# touch example.txt            #创建一个名为 example.txt 的文件
[root@Client1 ~]# scp /root/example.txt  root@192.168.10.1:/root/
```

（1）/root/example.txt：本地文件的完整路径。

（2）root@192.168.10.1：SSH 服务器端用户名和 IP 地址。

（3）:/root/：目标路径，文件将被复制到该目录下。

执行完毕，在 Server01 上用 ls 命令可以看到刚才复制过去的 example.txt，如图 6-18 所示。

图 6-18　复制文件到 SSH 服务器

2. 从 SSH 服务器复制文件

先在 Server01 上创建一个用于测试的文件 example2.txt，打开 Server01 的终端执行以下指令。

```
[root@Server01 ~]# touch example2.txt
```

再从 Server01 上复制文件到 Client1，在 Client1 上打开终端执行以下命令。

```
[root@Client1 ~]# scp root@192.168.10.1:/root/example2.txt /root/
```

这条命令的意思是，以 root 用户的身份，从远端的 SSH 服务器 Server01 上将/root/example2.txt 复制到本地的/root/文件夹下。执行完后，可以在 Client1 的/root/文件夹下看到 example2.txt 文件。

3. 递归复制目录

如果需要复制整个目录，可使用-r 选项。

```
[root@Client1 ~]# scp -r /root/ root@192.168.10.1:/root/
[root@Client1 ~]# scp -r root@192.168.10.1:/root/ /root/
```

第一条命令是指将 Client1 的/root/目录包括它里面的所有文件复制到 Server01 的/root/目录下。第二条命令是指将 Server01 的/root/目录包括它里面的所有文件复制到 Client1 的/root/目录下。

注意　前后两条命令中的参数顺序不同，分别指示了源路径和目标路径。因此，确保在使用时区分清楚。

6.4　拓展阅读　IPv4 和 IPv6

2019 年 11 月 26 日是全球互联网发展历程中值得铭记的一天，RIPE NCC 宣布全球约 43 亿个 IPv4 地址正式耗尽，人类互联网跨入了 IPv6 时代。

全球 IPv4 地址耗尽到底是怎么回事？全球 IPv4 地址耗尽对我国有什么影响？该如何应对？

IPv4 又称互联网通信协议第 4 版，是互联网协议开发过程中的第 4 个修订版本，也是此协议被广泛部署的第一个版本。IPv4 是互联网的核心，也是使用最广泛的互联网协议版本。IPv4 使用 32 位（4B）地址，地址空间中只有 4 294 967 296 个地址。全球 IPv4 地址耗尽意思就是全球联网的设备越来越多，“这一串数字”不够用了。IP 地址是分配给每个联网设备的一系列号码，每个 IP 地址都是独一无二的。由于 IPv4 规定 IP 地址长度为 32 位，现在互联网的快速发展使得目前 IPv4 地址已经告罄。IPv4 地址耗尽意味着不能将任何新的 IPv4 设备添加到互联网，目前各国已经开始积极布局 IPv6。

在 IPv6 时代，我国面临巨大机遇，其中推出的“雪人计划”（详见本书 13.4 节）就是一件益国益民的大事，这一计划将助力中华民族伟大复兴，助力我国在互联网方面取得更大的发展权。

6.5 项目实训

6.5.1 项目实训 1 配置 TCP/IP 网络接口

1．视频位置

实训前扫描二维码观看“项目实录　配置 TCP/IP 网络接口”慕课。

2．项目实训目的

- 掌握 TCP/IP 网络接口的配置方法。
- 学会使用命令检测网络配置。
- 学会启用和禁用系统服务。

3．项目背景

（1）某企业新增了 Linux 服务器，但还没有配置 TCP/IP 参数，请设置好各项 TCP/IP 参数，并连通网络（使用不同的方法）。

（2）要求用户能在多个配置文件中快速切换。在企业网络中使用笔记本计算机时，通常需要手动配置网络的 IP 地址，而回到家中则可以用 DHCP 自动获取 IP 地址。

4．项目实训内容

在 Linux 操作系统中练习 TCP/IP 网络配置、网络检测、创建实用的网络会话。

5．做一做

根据项目实录视频进行项目的实训，检查学习效果。

6.5.2 项目实训 2 配置与管理防火墙

1．视频位置

实训前扫描二维码观看“项目实录　配置与管理防火墙”慕课。

2. 项目实训目的

- 掌握 firewall-cmd 常用命令。
- 掌握使用 firewall 架设企业 NAT 服务器。

3. 项目背景

（1）需要使用终端管理工具 firewall-cmd 对企业网络进行配置。

（2）也可以使用 firewall 的图形管理工具对网络进行安全配置。

（3）实现 NAT。

企业网络拓扑如图 6-19 所示。内部主机使用 192.168.10.0/24 网段的 IP 地址，并且使用 Linux 主机作为服务器连接互联网，外网地址为固定地址 202.112.113.112。现需要满足如下要求。

① 配置源网络地址转换（Source Network Address Translation，SNAT），保证内网用户能够正常访问互联网。

② 配置目的网络地址转换（Destination Network Address Translation，DNAT），保证外网用户能够正常访问内网的 Web 服务器。

Linux 服务器和客户端的信息如表 6-3 所示（可以使用 VM 的“克隆”技术快速安装需要的 Linux 客户端）。

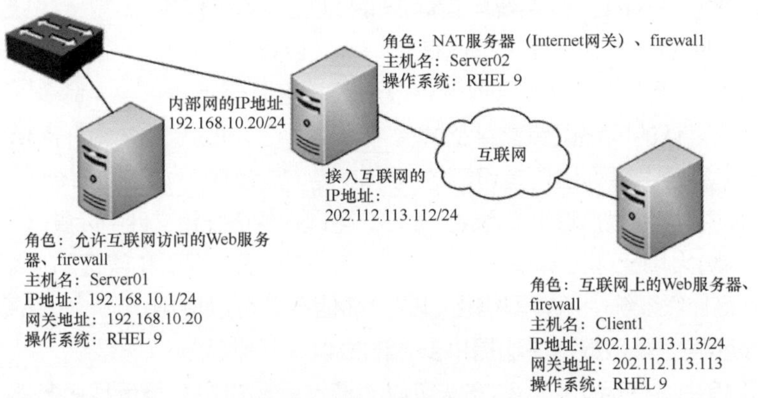

图 6-19 企业网络拓扑

表 6-3 Linux 服务器和客户端的信息

主机名	操作系统	IP 地址	角色
内网 NAT 客户端：Server01	RHEL 9	IP 地址：192.168.10.1（VMnet1） 网关地址：192.168.10.20	Web 服务器、firewall
防火墙：Server02	RHEL 9	IP1:192.168.10.20（VMnet1） IP2:202.112.113.112（VMnet8）	firewall、SNAT、DNAT
外网 NAT 客户端：Client1	RHEL 9	IP 地址：202.112.113.113(VMnet8） 网关地址：202.112.113.113	Web 服务器、firewalld

4. 项目实训内容

（1）熟练使用 firewall-cmd 命令。

- 查看防火墙。

- 熟练使用区域相关的命令。
- 熟练使用接口相关的命令。
- 熟练使用端口控制的命令。
- 熟练使用服务的命令。

（2）熟练使用图形管理工具。

（3）实现 NAT（SNAT 和 DNAT）。

5. 做一做

根据项目实录视频进行项目的实训，检查学习效果。

6.6 练习题

一、填空题

1. 客户端的 DNS 的 IP 地址由________文件指定。
2. 查看系统的守护进程可以使用________命令。
3. 在 RHEL 9 中，使用________命令可以查看当前系统的网络连接状态。
4. RHEL 9 默认的网络管理工具是________，它提供了图形化和命令行两种操作方式。
5. 若要通过命令行为 RHEL 9 系统配置静态 IP 地址，可以使用________命令。
6. RHEL 9 中，网络配置文件通常存储在________目录下。
7. 在 RHEL 9 中，要重启网络服务以使更改生效，可以使用________命令。
8. RHEL 9 系统默认的网络配置文件格式是________，它取代了传统的 ifcfg 格式。
9. 使用 nmcli 工具时，要列出所有可用的网络连接，应使用________命令。
10. 在 RHEL 9 中，若要为网络接口配置 DNS，可以在网络配置文件中设置________参数。
11. RHEL 9 的防火墙管理工具是________，它允许管理员配置和管理防火墙规则。
12. 要查看 RHEL 9 系统中所有网络接口的详细信息，可以使用________命令。
13. SSH 是为远程登录和数据传输提供安全的协议，其默认端口号是________。
14. 在 SSH 连接中，使用________方法可以不通过密码直接登录远程服务器。
15. 修改 SSH 配置文件（/etc/ssh/sshd_config）中的________参数可以禁止 root 用户直接登录。
16. 在 SSH 中，私钥应严格保密并存储在客户端的________目录下。

二、选择题

1.（　　）命令能用来显示服务器当前正在监听的端口。

A. ifconfig　　B. netlst　　C. iptables　　D. netstat

2. 文件（　　）存放机器名到 IP 地址的映射。

A. /etc/hosts　　B. /etc/host　　C. /etc/host.equiv　　D. /etc/hdinit

3. Linux 系统提供了一些网络测试命令，当与某远程网络连接不上时，需要跟踪路由查看，以便了解网络的什么位置出现了问题。下面的命令中满足该目的的是（　　）。

A. ping　　B. ifconfig　　C. traceroute　　D. netstat

4. 以下哪个文件包含 SSH 服务器的配置信息？（　　）

A. /etc/ssh/ssh_config　　B. /etc/ssh/sshd_config

C．/etc/ssh/ssh_server　　D．/etc/ssh/ssh_service

5．使用 SSH 密钥对进行认证时，公钥通常放在服务器的哪个文件中？（　　）

A．~/.ssh/known_hosts　　B．~/.ssh/authorized_keys

C．/etc/ssh/ssh_keys　　D．/etc/ssh/ssh_public_keys

6．下列哪项是提高 SSH 安全性的有效方法？（　　）

A．允许 root 用户登录　　B．使用较短的密码

C．禁用密码认证，使用密钥对认证　　D．使用默认端口号 22

7．在 SSH 中，哪个命令用于生成密钥对？（　　）

A．ssh-keygen　　B．ssh-generate

C．ssh-create　　D．keygen-ssh

8．哪种 SSH 命令用于远程执行服务器上的命令？（　　）

A．ssh　　B．scp

C．sshd　　D．sftp

9．SSH 中的密钥交换过程使用的是哪种协议？（　　）

A．Diffie-Hellman　　B．RSA

C．DSA　　D．ECC

三、补充表格

请将 nmcli 命令的含义在表 6-4 中补充完整。

表 6-4　nmcli 命令的含义

nmcli 命令	含义
	显示所有连接
	显示所有活动的连接状态
nmcli connection show "ens160"	
nmcli device status	
nmcli device show ens160	
	查看帮助
	重新加载配置
nmcli connection down test2	
nmcli connection up test2	
	禁用 ens160 网卡
nmcli device connect ens160	

四、简答题

1．在 Linux 操作系统中有多种方法可以配置网络参数，请列举几种。

2．在 RHEL 9 中有哪几种形式的主机名？简要描述它们。

3．RHEL 9 中的网络配置文件通常存储在哪个目录下，与之前的版本有何不同？

4．SSH 服务的主要功能是什么？它在网络安全中扮演什么角色？

5．如何更改 SSH 服务的默认端口号？

6. 什么是 NetworkManager，简要描述其功能。

7. 如何创建一个名为 new_conn 的新连接，使该连接使用静态 IP 地址 192.168.1.100，网关为 192.168.1.1，并且不自动连接？

8. 如何配置 SSH 服务，以允许特定 IP 地址的主机通过 root 账户登录？

9. 如何启用 SSH 服务的公钥认证以提高安全性？

学习情境三

shell 程序设计与调试

项目 7　shell 基础
项目 8　学习 shell script
项目 9　使用 GCC 和 make 调试程序

工欲善其事，必先利其器。
——《论语·卫灵公》

项目7 shell基础

07

项目导入

系统管理员的一项核心职责在于运用 shell 编程技术，以有效降低管理的复杂性和减轻工作负担。在这一过程中，熟练掌握 shell 编程的基础要素（包括文本处理工具、重定向与管道操作技巧，以及正则表达式（Regular Expression，RE）的应用）尤为重要且不可或缺。

文本处理工具，如 awk、sed 和 grep 等，为系统管理员提供了强大的数据处理能力，使他们能够高效地筛选、编辑和分析网络日志、配置文件等。

重定向和管道操作是 shell 编程的精髓所在，它们允许管理员将命令的输出灵活引导至文件、其他命令或程序，从而实现信息的流转和处理流程的自动化。巧妙组合不同的命令和工具，管理员可以构建出功能强大的脚本，以应对复杂的网络管理任务。

正则表达式是处理文本数据的一把利器，它能够帮助管理员精确匹配、查找和替换文本中的特定模式，从而实现对网络日志、配置文件等内容的精准操控。

因此，对于系统管理员而言，深入理解和掌握这些 shell 编程的基础要素，不仅能够提升工作效率，还能增强应对复杂网络管理挑战的能力。

知识和能力目标

- 了解 shell 的强大功能和 shell 的命令解释过程。
- 掌握 grep 的高级用法。
- 掌握正则表达式。
- 学会使用重定向和管道命令。

素养目标

- “高山仰止，景行行止”。为计算机事业做出过巨大贡献的王选院士应是青年学生崇拜的对象，也是师生学习和前行的动力。
- 坚定文化自信。“大江歌罢掉头东，邃密群科济世穷。面壁十年图破壁，难酬蹈海亦英雄。”为中华之崛起而读书从来都不仅限于纸上。

7.1 项目知识准备

shell 支持具有字符串值的变量。shell 变量不需要专门的说明语句，可通过赋值语句完成变量说明并予以赋值。在命令行或 shell 脚本中使用$name 的形式引用变量 name 的值。

7.1.1 变量的定义和引用

在 shell 中，为变量赋值的格式如下。

```
name=string
```

其中，name 是变量名，它的值是 string，“=”是赋值符号。变量名由以字母或下画线开头的字母、数字和下画线字符序列组成。

通过在变量名前加“$”字符（如$name）引用变量的值，引用的结果就是用字符串 string 代替 $name，此过程也称为变量替换。

在定义变量时，若 string 中包含空格、制表符和换行符，则 string 必须用 'string' 或 "string"的形式，即用单引号或双引号将其引起来。双引号内允许变量替换，而单引号内则不可以。

下面给出一个定义和使用 shell 变量的例子。

```
//显示字符常量
[root@Server01 ~]# echo who are you
who are you
[root@Server01 ~]# echo 'who are you'
who are you
[root@Server01 ~]# echo "who are you"
who are you
[root@Server01 ~]#
//由于要输出的字符串中没有特殊字符，所以' '和" "的效果是一样的，不用" "但相当于使用了" "
[root@Server01 ~]# echo Je t'aime
>
//由于要使用特殊字符“'”
//“'”不匹配，shell 认为命令行没有结束，按“Enter”键后会出现系统第二提示符
//让用户继续输入命令行，按“Ctrl+C”组合键结束
[root@Server01 ~]#
//为了解决这个问题，可以使用下面的两种方法
[root@Server01 ~]# echo "Je t'aime"
Je t'aime
[root@Server01 ~]# echo Je t\'aime
```

7.1.2 shell 变量的作用域

与程序设计语言中的变量一样，shell 变量有其规定的作用范围。shell 变量分为局部变量和全局变量。

- 局部变量的作用范围仅限制在其命令行所在的 shell 或 shell 脚本中。
- 全局变量的作用范围则包括本 shell 进程及其所有子进程。

- 可以使用 export 内置命令将局部变量设置为全局变量。

下面给出一个 shell 变量作用域的例子。

```
//在当前 shell 中定义变量 var1
[root@Server01 ~]# var1=Linux
//在当前 shell 中定义变量 var2 并将其输出
[root@Server01 ~]# var2=unix
[root@Server01 ~]# export var2
//引用变量的值
[root@Server01 ~]# echo $var1
Linux
[root@Server01 ~]# echo $var2
unix
//显示当前 shell 的 PID
[root@Server01 ~]# echo $$
2670
[root@Server01 ~]#
//调用子 shell
[root@Server01 ~]# bash

//显示当前 shell 的 PID
[root@Server01 ~]# echo $$
2709
//由于 var1 没有被输出，所以在子 shell 中已无值
[root@Server01 ~]# echo $var1
//由于 var2 被输出，所以在子 shell 中仍有值
[root@Server01 ~]# echo $var2
unix
//返回主 shell，并显示变量的值
[root@Server01 ~]# exit
[root@Server01 ~]# echo $$
2670
[root@Server01 ~]# echo $var1
Linux
[root@Server01 ~]# echo $var2
unix
[root@Server01 ~]#
```

7.1.3 环境变量

环境变量是指由 shell 定义和赋初值的 shell 变量。shell 用环境变量来确定查找路径、注册目录、终端类型、终端名称、用户名等。所有环境变量都是全局变量，并可以由用户重新设置。表 7-1 所示为 shell 中常用的环境变量。

表 7-1 shell 中常用的环境变量

环境变量	描述
PATH	存储可执行文件的搜索路径。多个路径之间用冒号 : 分隔
HOME	当前用户的主目录，是用户在系统中的默认工作目录
USER	当前用户的用户名
SHELL	当前用户的默认 shell

续表

环境变量	描述
PWD	当前工作目录
OLDPWD	前一个工作目录
EDITOR	系统中默认的文本编辑器。当某些程序需要用户编辑文件时，会调用这个编辑器
LANG	当前系统的语言设置
PS1	定义主提示符的格式
PS2	定义次提示符的格式
LOGNAME	当前用户的登录名
TERM	当前终端类型
MAIL	当前用户的邮件存放路径
HISTSIZE	shell 历史记录的条目数
HISTFILE	shell 历史记录文件的位置
UID	当前用户的用户 ID
GID	当前用户的组 ID
HOSTNAME	当前主机的名称

不同类型的 shell 的环境变量有不同的设置方法。在 bash 中，使用 export 命令将变量设置为环境变量，使其在当前 shell 会话及其子进程中都有效。命令的格式为:

```
export 环境变量=变量的值
```

例如，将一个路径添加到 PATH 环境变量中可以使用以下命令。

```
[root@Server01 ~]# export PATH=$PATH:/usr/local/bin
```

不加任何参数直接使用 set 命令可以显示用户当前所有环境变量的设置。

```
[root@Server01 ~]# set
BASH=/usr/bin/bash
BASHOPTS=checkwinsize:cmdhist:complete_fullquote:expand_aliases:extglob:extquote:
force_fignore:histappend:interactive_comments:progcomp:promptvars:sourcepath
（略）
PATH=/home/test/.local/bin:/home/test/bin:/usr/local/bin:/usr/bin:/usr/local/sbin
:/usr/sbin:/usr/local/bin
PS1='[\u@\h \W]\$ '
PS2='> '
PS4='+ '
PWD=/root
SHELL=/bin/bash
```

可以看到其中路径 PATH 的设置为（使用 set |grep PATH=命令过滤需要的内容）:

```
PATH=/home/test/.local/bin:/home/test/bin:/usr/local/bin:/usr/bin:/usr/local/sbin
:/usr/sbin:/usr/local/bin
```

总共有 7 个目录，bash 会在这些目录中依次搜索用户输入的命令的可执行文件。

在环境变量前面加上$，表示引用环境变量的值，例如:

```
[root@Server01 ~]# cd $HOME
```

上述命令将把目录切换到用户的主目录。

修改 PATH 变量时，若将一个路径/tmp 加到 PATH 变量前，应设置为:

```
[root@Server01 ~]# PATH=/tmp:$PATH
```

此时，在保存原有 PATH 路径的基础上进行添加。在执行命令前，shell 会先查找这个目录。

要将环境变量重新设置为系统默认值，可以使用 unset 命令。例如，下面的命令用于将当前的语言环境重新设置为默认的英文环境。

```
[root@Server01 ~]# unset  LANG
```

7.1.4 工作环境设置文件

shell 环境依赖于多个文件的设置。用户并不需要每次登录后都对各种环境变量进行手动设置，通过环境设置文件，用户工作环境的设置可以在登录时由系统自动完成。环境设置文件有两种，一种是系统中的用户环境设置文件，另一种是用户设置的环境设置文件。

（1）系统中的用户环境设置文件。

登录环境设置文件：/etc/profile。

（2）用户设置的环境设置文件。

- 登录环境设置文件：$HOME/.bash_profile。
- 非登录环境设置文件：$HOME/.bashrc。

注意 只有在特定的情况下才需要读取 profile 文件，确切地说是在用户登录的时候读取。运行 shell 脚本以后，就无须再读 profile 文件了。

系统中的用户环境设置文件对所有用户均生效，而用户设置的环境设置文件仅对用户自身生效。用户可以修改自己的环境设置文件来覆盖系统环境设置文件中的全局设置。例如，用户可以将自定义的环境变量存放在$HOME/.bash_profile 中，将自定义的别名存放在$HOME/.bashrc 中，以便在每次登录和调用子 shell 时生效。

7.2 项目设计与准备

本项目要用到 Server01，完成的任务如下。

（1）理解命令运行的判断依据。

（2）掌握 grep 的高级用法。

（3）掌握正则表达式。

（4）学会使用重定向和管道命令。

7-2 慕课
shell 基础

7.3 项目实施

Server01 的 IP 地址为 192.168.10.1/24，计算机的网络连接模式是仅主机模式（VMnet1）。

任务 7-1 命令运行的判断依据：“;”“&&”“||”

在某些情况下，若想使多条命令一次输入而顺序执行，该如何操作？有两个选择，一是通过项目 8 要介绍的编写 shell script 脚本去执行，二是通过下面的介绍一次性输入多重命令。

1. cmd ; cmd（不考虑命令相关性的连续命令执行）

在某些时候，我们希望可以一次运行多个命令。例如，在关机时，希望可以先运行两次 sync 同步化写入磁盘后再关机，那么可以使用以下命令。

```
[root@Server01 ~]# sync; sync; shutdown -h now
```

利用“;”将命令隔开，“;”前的命令运行完后会立刻运行后面的命令。

我们看下面的例子：要求在某个目录下面创建一个文件，如果该目录已经存在，则直接创建这个文件；如果不存在，则不进行创建操作。也就是说，这两个命令是相关的，前一个命令是否成功地运行与后一个命令是否要运行有关。这就要用到“&&”或“||”。

2. “$?”（命令回传值）与“&&”或“||”

两个命令之间有相依性，而这个相依性的主要判断源于前一个命令运行的结果是否正确。在 Linux 中，若前一个命令运行的结果正确，则在 Linux 中会回传一个 $? = 0 的值。那么我们怎么通过这个回传值来判断后续的命令是否要运行？这就要用到“&&”及“||”，其命令执行情况与说明如表 7-2 所示。

表 7-2 “&&”及“||”的命令执行情况与说明

命令执行情况	说明
cmd1 && cmd2	若 cmd1 运行完毕且正确运行（$?=0），则开始运行 cmd2；若 cmd1 运行完毕且为错误（$?≠0），则 cmd2 不运行
cmd1 || cmd2	若 cmd1 运行完毕且正确运行（$?=0），则 cmd2 不运行；若 cmd1 运行完毕且为错误（$?≠0），则开始运行 cmd2

注意 两个“&”之间是没有空格的，“|”则是按“Shift+\”组合键的结果。

上述的 cmd1 及 cmd2 都是命令。现在回到刚刚假设的情况。

- 先判断一个目录是否存在。
- 若存在，则在该目录下面创建一个文件。

由于我们尚未介绍条件判断式（test）的使用方法，因此这里使用 ls 以及回传值来判断目录是否存在。

【例 7-1】使用 ls 查阅目录/tmp/abc 是否存在，若存在，则用 touch 创建/tmp/abc/hehe。

```
[root@Server01 ~]# ls /tmp/abc && touch /tmp/abc/hehe
ls: 无法访问'/tmp/abc': 没有那个文件或目录
# 说明找不到该目录，但并没有 touch 的错误，表示 touch 并没有运行
[root@Server01 ~]# mkdir  /tmp/abc
[root@Server01 ~]# ls  /tmp/abc  &&  touch  /tmp/abc/hehe
[root@Server01 ~]# ll  /tmp/abc
total 0
-rw-r--r--. 1 root root 0 Jul 14 22:34 hehe
```

若/tmp/abc 不存在，touch 就不会被运行；若/tmp/abc 存在，那么 touch 会开始运行。在上面的例子中，我们还必须手动创建目录，很麻烦。能不能自动判断没有该目录就创建呢？看下面的例子。

【例 7-2】测试/tmp/abc 是否存在，若不存在，则予以创建；若存在，则不做任何事情。

```
[root@Server01 ~]# rm  -r  /tmp/abc              #先删除此目录以方便测试
```

```
[root@Server01 ~]# ls  /tmp/abc  ||  mkdir  /tmp/abc
ls: 无法访问'/tmp/abc': 没有那个文件或目录
[root@Server01 ~]# ll  /tmp/abc
Total      0              #结果出现了，能访问到该目录，不报错，说明运行了 mkdir 命令
```

即使重复执行“ls /tmp/abc || mkdir /tmp/abc”，也不会重复出现 mkdir 的错误。这是因为/tmp/abc 已经存在，所以后续的 mkdir 不会执行。

【例 7-3】不管/tmp/abc 存在与否，都要创建/tmp/abc/hehe 文件。

```
[root@Server01 ~]#ls /tmp/abc || mkdir /tmp/abc && touch /tmp/abc/hehe
```

在例 7-3 中，无论/tmp/abc 是否存在，都会创建/tmp/abc/hehe。由于 Linux 中的命令都是从左往右执行的，因此例 7-3 有下面两种结果。

- 若/tmp/abc 不存在，则回传$?≠0，“||”遇到不为 0 的$?，将开始执行 mkdir /tmp/abc。由于 mkdir /tmp/abc 会成功执行，因此回传 $?=0，“&&”遇到 $?=0，将执行 touch/tmp/abc/hehe，最终 hehe 就被创建了。
- 若/tmp/abc 存在，则回传 $?=0。因为“||”遇到 $?=0 不会执行，此时 $?=0 继续向后传，而“&&”遇到 $?=0 就开始创建/tmp/abc/hehe，所以最终/tmp/abc/hehe 被创建。

命令运行的流程如图 7-1 所示。

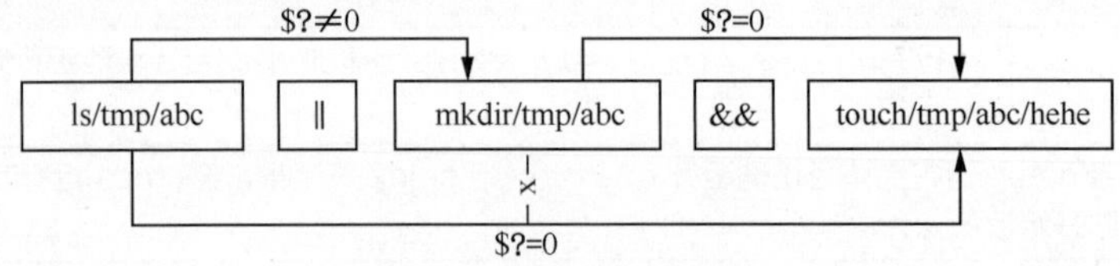

图 7-1　命令运行的流程

在图 7-1 显示的两股命令流中，上方的为不存在/tmp/abc 时所进行的命令行为，下方的则是存在/tmp/abc 时所进行的命令行为。如上所述，下方由于存在 /tmp/abc，因此使 $?=0，中间的 mkdir 就不运行了，并将 $?=0 继续往后传给后续的 touch 使用。

【例 7-4】以 ls 测试/tmp/bobbying 是否存在：若存在，则显示 exist；若不存在，则显示 not exist。

这又涉及逻辑判断的问题，如果存在就显示某个数据，如果不存在就显示其他数据，那么我们可以这样做：

```
ls /tmp/bobbying  &&  echo "exist"  ||  echo  "not exist"
```

意思是说，在 ls /tmp/bobbying 运行后，若正确，就运行 echo "exist"；若有问题，就运行 echo "not exist"。那么如果写成如下的方式又会如何?

```
ls  /tmp/bobbying  ||  echo  "not exist"  &&  echo "exist"
```

这其实是有问题的。由图 7-1 所示的流程可知，命令会一个一个地往后执行，因此在上面的例子中，如果/tmp/bobbying 不存在，则执行如下动作。

① 若 ls /tmp/bobbying 不存在，则回传一个非 0 的数值。

② 经过“||”的判断，发现前一个命令回传非 0 的数值，程序开始运行 echo "not exist"，而 echo "not exist" 程序肯定可以运行成功，因此会回传一个 0 值给后面的命令。

③ 经过“&&”的判断，开始运行 echo "exist"。

这样，在这个例子中会同时出现 not exist 与 exist。

特别提示 命令是一个接着一个执行的，因此如果真要使用判断，那么“&&”与“||”的顺序就不能搞错。假设有 3 个判断式，应表示为“command1 && command2 || command3”，顺序通常不会变，因为一般来说，command2 与 command3 会放置肯定可以执行成功的命令，因此，依据前面例题的逻辑分析可知，必须按此顺序放置各命令。

任务 7-2　掌握 grep 的高级使用方法

简单地说，正则表达式就是处理字符串的方法，它以行为单位来处理字符串。正则表达式通过一些特殊符号的辅助，可以让用户轻易地查找、删除、替换某些或某个特定的字符串。

7-3 拓展阅读

了解正则表达式

例如，如果只想找到 MYweb（前面两个为大写字母）或 Myweb（仅有一个大写字母）字符串（MYWEB、myweb 等都不符合要求），该如何处理？在没有正则表达式的环境（如 MS Word）中，或许要使用忽略大小写的办法，或者分别以 MYweb 及 Myweb 查找两遍。但是，忽略大小写可能会搜寻到 MYWEB、myweb、MyWeB 等不需要的字符串。

7-4 拓展阅读

了解语系对正则表达式的影响

grep 是 shell 中处理字符很方便的命令，其命令格式如下。

```
grep  [-A] [-B]  [--color=auto]  '查找字符串'  filename
```

选项与参数的含义如下。

-A：之后的意思，后面可加数字，除了列出该行外，后续的 *n* 行也可列出来。

-B：之前的意思，后面可加数字，除了列出该行外，前面的 *n* 行也可列出来。

--color=auto：可将查找出的正确数据用特殊颜色标记。

【例 7-5】用 dmesg 列出核心信息，再以 grep 找出内含 IPv6 的行。

```
[root@Server01 ~]# dmesg  | grep  'IPv6'
[    1.228032] Segment Routing with IPv6
[   13.707603] IPv6: ADDRCONF(NETDEV_UP): ens160: link is not ready
# dmesg 可列出核心信息，通过 grep 获取与 IPv6 的相关信息
```

【例 7-6】承例 7-5，将获取到的关键字显色，且加上行号（-n）来表示。

```
[root@Server01 ~]# dmesg  | grep  -n  --color=auto  'IPv6'
1265:[    1.228032] Segment Routing with IPv6
1531:[   13.707603] IPv6: ADDRCONF(NETDEV_UP): ens160: link is not ready
# 除了会有特殊颜色外，最前面还有行号
```

【例 7-7】承例 7-6，将关键字所在行的前一行与后一行也一起找出来并显示。

```
[root@Server01 ~]# dmesg  | grep  -n  -A1  -B1  --color=auto  'IPv6'
1264-[    1.227794] NET: Registered protocol family 10
1265:[    1.228032] Segment Routing with IPv6
1266-[    1.228032] NET: Registered protocol family 17
--
1530-[    9.349047] random: 7 urandom warning(s) missed due to ratelimiting
1531:[   13.707603] IPv6: ADDRCONF(NETDEV_UP): ens160: link is not ready
1532-[   13.761952] vmxnet3 0000:03:00.0 ens160: intr type 3, mode 0, 2 v
```

```
# 关键字 1265 所在的前后各一行及 1531 前后各一行也都被显示出来
# 这样便于将关键字前后数据找出来进行分析
```

任务 7-3　练习基础正则表达式

练习文件 sample.txt 的内容如下。文件共有 22 行，底行为空白行。该文本文件已上传到人民邮电出版社人邮教育社区供下载，也可加作者 QQ 索要。现将该文件复制到 root 的家目录/root 下。

```
[root@Server01 ~]# pwd
/root
[root@Server01 ~]# cat  /root/sample.txt
"Open Source" is a good mechanism to develop programs.
apple is my favorite food.
Football game does not use feet only.
this dress doesn't fit me.
However, this dress is about $ 3183 dollars.^M
GNU is free air not free beer.^M
Her hair is very beautiful.^M
I can't finish the test.^M
Oh! The soup taste good.^M
motorcycle is cheaper than car.
This window is clear.
the symbol '*' is represented as star.
Oh!    My god!
The gd software is a library for drafting programs.^M
You are the best means you are the NO. 1.
The word <Happy> is the same with "glad".
I like dogs.
google is a good tool for search keyword.
goooooogle yes!
go! go! Let's go.
# I am Bobby
```

1. 查找特定字符串

假设我们要从文件 sample.txt 中取得 the 这个特定字符串，最简单的方式是：

```
[root@Server01 ~]# grep  -n  'the'  /root/sample.txt
8:I can't finish the test.
12:the symbol '*' is represented as star.
15:You are the best means you are the NO. 1.
16:The word <Happy> is the same with "glad".
18:google is a good tool for search keyword.
```

如果想要反向选择，也就是说，只有该行没有 the 这个字符串时，才显示在屏幕上，则执行：

```
[root@Server01 ~]# grep  -vn  'the'   /root/sample.txt
```

我们会发现，屏幕上出现的行为除了第 8、12、15、16、18 这 5 行之外的其他行。接下来，如果想要获得不区分大小写的 the 这个字符串，则执行：

```
[root@Server01 ~]# grep  -in  'the'  /root/sample.txt
8:I can't finish the test.
```

```
9:Oh! The soup taste good.
12:the symbol '*' is represented as star.
14:The gd software is a library for drafting programs.
15:You are the best means you are the NO. 1.
16:The word <Happy> is the same with "glad".
18:google is a good tool for search keyword.
```

除了多两行（第 9、14 行）之外，第 16 行也多了一个 The 关键字，并标出了颜色。

2. 利用“[ ]”来搜寻集合字符

对比 test 或 taste 这两个单词可以发现，它们有共同点“t?st”。这个时候，可以这样搜寻：

```
[root@Server01 ~]# grep -n 't[ae]st' /root/sample.txt
8:I can't finish the test.
9:Oh! The soup taste good.
```

其实，“[ ]”中无论有几个字符，都只代表某一个字符，所以上面的例子说明需要的字符串是 tast 或 test。而想要搜寻到有 oo 的字符时，使用：

```
[root@Server01 ~]# grep -n 'oo' /root/sample.txt
1:"Open Source" is a good mechanism to develop programs.
2:apple is my favorite food.
3:Football game does not use feet only.
9:Oh! The soup taste good.
18:google is a good tool for search keyword.
19:goooooogle yes!
```

但是，如果不想在 oo 前面有 g 的行显示出来，可以利用集合字节的反向选择[^]来完成。

```
[root@Server01 ~]# grep -n '[^g]oo' /root/sample.txt
2:apple is my favorite food.
3:Football game does not use feet only.
18:google is a good tool for search keyword.
19:goooooogle yes!
```

第 1、9 行不见了，因为这两行的 oo 前面出现了 g。第 2、3 行没有疑问，因为 foo 与 Foo 均可被接受。虽然第 18 行有 google 的 goo，但是该行后面出现了 tool 的 too，所以该行也被列出来。也就是说，虽然第 18 行中出现了我们不要的项目（goo），但是由于有需要的项目（too），其是符合字符串搜寻要求的。

至于第 19 行，同样，因为goooooogle 中的 oo 前面可能是 o，如 go(ooo)oogle，所以这一行也是符合需求的。

再者，假设不想 oo 前面有小写字母，可以这样写：[^abcd....z]oo。但是这样似乎不怎么方便，由于小写字母的 ASCII 编码顺序是连续的，我们可以将之简化：

```
[root@Server01 ~]# grep -n '[^a-z]oo' sample.txt
3:Football game does not use feet only.
```

也就是说，如果一组集合字节是连续的，如大写英母、小写英母、数字等，就可以使用 [a-z]、[A-Z]、[0-9] 等方式来表示。而如果要求字符串是数字与英文呢，可以将其全部写在一起，变成 [a-zA-Z0-9]。例如，要获取有数字的那一行：

```
[root@Server01 ~]# grep -n '[0-9]' /root/sample.txt
5:However, this dress is about $ 3183 dollars.
15:You are the best means you are the NO. 1.
```

但考虑到语系对编码顺序的影响，所以除了连续编码使用“-”之外，也可以使用如下方法取得前面两个测试的结果。

```
[root@Server01 ~]# grep -n '[^[:lower:]]oo' /root/sample.txt
#  [:lower:]代表a~z
[root@Server01 ~]# grep -n '[[:digit:]]' /root/sample.txt
```

至此，对于“[]”和“[^]”，以及“[]”中的“-”，是不是已经很熟悉了？

3. 行首与行尾字节“^”“$”

在前面可以查询到一行字符串中有 the，那么如何让 the 只在行首列出呢？

```
[root@Server01 ~]# grep  -n  '^the'  /root/sample.txt
12:the symbol '*' is represented as star.
```

此时，就只剩下第 12 行，因为只有第 12 行的行首是 the。此外，如果想让开头是小写字母的那些行列出来，可以这样写：

```
[root@Server01 ~]# grep  -n  '^[a-z]'  /root/sample.txt
2:apple is my favorite food.
4:this dress doesn't fit me.
10:motorcycle is cheaper than car.
12:the symbol '*' is represented as star.
18:google is a good tool for search keyword.
19:goooooogle yes!
20:go! go! Let's go.
```

如果不想开头是英文字母，则可以这样：

```
[root@Server01 ~]# grep -n '^[^a-zA-Z]' /root/sample.txt
1:"Open Source" is a good mechanism to develop programs.
21:# I am Bobby
```

特别提示 “^”在字符集合符号“[ ]”之内与之外的含义是不同的。在“[ ]”内代表“反向选择”，在“[ ]”之外代表定位在行首。反过来思考，想要找出行尾结束为“.”的那些行，该如何处理？

```
[root@Server01 ~]# grep -n '\.$' /root/sample.txt
1:"Open Source" is a good mechanism to develop programs.
2:apple is my favorite food.
3:Football game does not use feet only.
4:this dress doesn't fit me.
10:motorcycle is cheaper than car.
11:This window is clear.
12:the symbol '*' is represented as star.
15:You are the best means you are the NO. 1.
16:The word <Happy> is the same with "glad".
17:I like dogs.
18:google is a good tool for search keyword.
20:go! go! Let's go.
```

特别注意 因为小数点具有其他含义（后文会介绍），所以必须使用转义字符“\”来解除其特殊含义。不过，第 5～9 行最后面也是“.”，怎么无法输出？这里就涉及 Windows 平台的软件对于断行字符的判断问题了。我们使用 cat -A 将第 5 行显示出来（命令 cat 中选项-A 的作用：显示不可输出的字符，行尾显示“$”）。

```
[root@Server01 ~]# cat -An /root/sample.txt | head -n 10 | tail -n 6
     5  However, this dress is about $ 3183 dollars.^M$
     6  GNU is free air not free beer.^M$
     7  Her hair is very beautiful.^M$
     8  I can't finish the test.^M$
     9  Oh! The soup taste good.^M$
    10  motorcycle is cheaper than car.$
```

由此，我们可以发现第 5～9 行为 Windows 的断行字节“^M$”，而正常的 Linux 应该仅有第 10 行显示的“$”。所以也就找不到第 5～9 行了。这样就可以了解“^”与“$”的含义了。

思考 如果想要找出哪一行是空白行，即该行没有输入任何数据，该如何搜寻？

```
[root@Server01 ~]# grep -n '^$' /root/sample.txt
22:
```

因为只有行首和行尾有“^$”，所以这样就可以找出空白行了。

技巧 假设已经知道在一个程序脚本或者配置文件中，空白行与开头为“#”的那些行是注释行，因此要将数据输出作为参考，可以将这些数据省略以节省纸张，那么应该怎么操作？我们以/etc/rsyslog.conf 这个文件为范例，可以自行参考以下输出结果（-v 选项表示输出除要求之外的所有行）。

```
[root@Server01 ~]# cat -n /etc/rsyslog.conf
# 从结果可以发现有 91 行的输出，其中包含很多空白行与以“#”开头的注释行

[root@Server01 ~]# grep -v '^$' /etc/rsyslog.conf | grep -v '^#'
# 结果仅有 10 行，其中，第一个“-v '^$'”代表不要空白行
# 第二个“-v '^#'”代表不要开头是“#”的行
```

4. 任意一个字符“.”与重复字节“*”

“*”在通配符中可用于匹配任意（0 个或多个）字符，而在正则表达式中则不同。

在正则表达式中：

- .（点号）表示任意单个字符（除了换行符），常用于匹配某个未知字符的位置；
- *（星号）表示前一个字符或表达式重复 0 次到无穷多次，它是一个组合运算符，必须和前面的元素搭配使用。

假设需要找出“g??d”的字符串，即共有 4 个字符，开头是 g，结尾是 d，可以这样做：

```
[root@Server01 ~]# grep -n 'g..d' /root/sample.txt
1:"Open Source" is a good mechanism to develop programs.
9:Oh! The soup taste good.
16:The word <Happy> is the same with "glad".
```

因为强调 g 与 d 之间一定要存在两个字符，因此，第 13 行的 god 与第 14 行的 gd 不会被列出来。如果想要列出 oo、ooo、oooo 等数据，也就是说，要有两个及两个以上的 o，该如何操作？是 o*、oo* 还是 ooo*？

因为“*”代表的是重复 0 个或多个前面的正则表达式字符，所以 o*代表的是拥有空字符或一

个 o 以上的字符。

特别注意 因为允许空字符（有没有字符都可以），所以“**grep -n 'o*' sample.txt**”将会把所有数据都列出来。

那么如果是 oo*呢？则第一个 o 必须存在，第二个 o 则是可有可无的，所以，凡是含有 o、oo、ooo、oooo 等的，都可以列出来。

同理，当需要两个及两个 o 以上的字符串时，就需要使用 ooo*，即：

```
[root@Server01 ~]# grep -n 'ooo*' /root/sample.txt
1:"Open Source" is a good mechanism to develop programs.
2:apple is my favorite food.
3:Football game does not use feet only.
9:Oh! The soup taste good.
18:google is a good tool for search keyword.
19:goooooogle yes!
```

如果想要字符串开头与结尾都是 g，但是两个 g 之间仅能存在至少一个 o，即 gog、goog、gooog 等，可执行如下操作。

```
[root@Server01 ~]# grep -n 'goo*g' sample.txt
18:google is a good tool for search keyword.
19:goooooogle yes!
```

想要找出以 g 开头且以 g 结尾的字符串，当中的字符可有可无，可执行如下操作。

```
[root@Server01 ~]# grep -n 'g*g' /root/sample.txt
1:"Open Source" is a good mechanism to develop programs.
3:Football game does not use feet only.
9:Oh! The soup taste good.
13:Oh!  My god!
14:The gd software is a library for drafting programs.
16:The word <Happy> is the same with "glad".
17:I like dogs.
18:google is a good tool for search keyword.
19:goooooogle yes!
20:go! go! Let's go.
```

但测试的结果竟然出现这么多行！因为 g*g 中的 g* 代表空字符或一个以上的 g 再加上后面的 g，因此，整个正则表达式的内容就是 g、gg、ggg、gggg 等，所以只要该行当中拥有一个以上的 g 就符合所需了。

那么该如何满足“g...g”的需求？利用任意一个字符“.”，即 g.*g。因为“*”可以是 0 个或多个重复前面的字符，而“.”是任意字符，所以“.*”就代表 0 个或多个任意字符。

```
[root@Server01 ~]# grep -n 'g.*g' /root/sample.txt
1:"Open Source" is a good mechanism to develop programs.
14:The gd software is a library for drafting programs.
18:google is a good tool for search keyword.
19:goooooogle yes!
20:go! go! Let's go.
```

因为代表以 g 开头并且以 g 结尾，中间任意字符均可接受，所以，第 1、14、20 行是可接受的。

注意　“.*”的 RE 表示任意字符很常见，希望大家能够理解并且熟悉。

如果想要找出“任意数字”的行列，因为仅有数字，所以这样做：

```
[root@Server01 ~]# grep  -n  '[0-9][0-9]*'  /root/sample.txt
5:However, this dress is about $ 3183 dollars.
15:You are the best means you are the NO. 1.
```

虽然使用 grep -n '[0-9]' sample.txt 也可以得到相同的结果，但希望读者能够理解上面命令中 RE 的含义。

5. 限定连续 RE 字符范围

在上例中，可以利用“.”、RE 字符及“*”来设置 0 个到无限多个重复字符，如果想要限制一个范围区间内的重复字符数该怎么办？例如，想要找出 2～5 个 o 的连续字符串，该如何操作？这时候就要使用限定范围的字符“{}”了。但因为“{”与“}”在 shell 中是有特殊含义的，所以必须使用转义字符“\”来让其失去特殊含义。

假设要找到含两个 o 的字符串的行，可以这样做：

```
[root@Server01 ~]# grep  -n  'o\{2\}'  /root/sample.txt
1:"Open Source" is a good mechanism to develop programs.
2:apple is my favorite food.
3:Football game does not use feet only.
9:Oh! The soup taste good.
18:google is a good tool for search keyword.
19:goooooogle yes!
```

似乎与 ooo* 的字符没有什么差异，因为第 19 行有多个 o 依旧出现了，那么换个搜寻的字符串试试。假设要找出 g 后面接 2～5 个 o，然后接一个 g 的字符串，应该这样操作：

```
[root@Server01 ~]# grep  -n  'go\{2,5\}g'  /root/sample.txt
18:google is the best tools for search keyword.
```

第 19 行没有被选中（因为第 19 行有 6 个 o）。那么，如果想要的是 2 个 o 以上的“goooo...g”呢？除了可以使用 gooo*g 外，也可以这样：

```
[root@Server01 ~]# grep  -n  'go\{2,\}g'  /root/sample.txt
18:google is a good tool for search keyword.
19:goooooogle yes!
```

任务 7-4　基础正则表达式的特殊字符汇总

经过了前面几个简单的范例，可以将基础正则表示式的特殊字符汇总成表 7-3。

表 7-3　基础正则表达式的特殊字符

RE 字符	含义与范例
^word	含义：待搜寻的字符串 word 在行首。 范例：搜寻行首以“#”开始的那一行，并列出行号。 grep　-n　'^#'　sample.txt

续表

RE 字符	含义与范例
word$	含义：待搜寻的字符串 word 在行尾。 范例：将行尾为“!”的那一行列出来，并列出行号。 grep -n '!$' sample.txt
.	含义：代表一定有一个任意字节的字符。 范例：搜寻的字符串可以是 eve、eae、eee、e e，但不能仅有 ee，即 e 与 e 中间一定仅有一个字符，而空白字符也是字符。 grep -n 'e.e' sample.txt
\	含义：转义字符，将特殊符号的特殊含义去除。 范例：搜寻含有单引号“'”的那一行。 grep –n \' sample.txt
*	含义：重复 0 个到无穷多个的前一个 RE 字符。 范例：找出含有 es、ess、esss 等的字符串，注意，因为“*”可以是 0 个，所以 es 也是符合要求的搜寻字符串。另外，因为“*”为重复前一个 RE 字符的符号，所以在“*”之前必须紧接着一个 RE 字符。例如，任意字符为“.*”。 grep -n 'ess*' sample.txt
[list]	含义：字符集合的 RE 字符，里面列出想要选取的字符。 范例：搜寻含有（gl）或（gd）的那一行，需要特别留意的是，在“[ ]”中仅代表一个待搜寻的字符，例如，a[afl]y 代表搜寻的字符串可以是 aay、afy、aly，即 [afl] 代表 a 或 f 或 l。 grep -n 'g[ld]' sample.txt
[n1-n2]	含义：字符集合的 RE 字符，里面列出想要选取的字符范围。 范例：搜寻含有任意数字的那一行，需特别留意，字符集合“[]”中的“-”是有特殊含义的，代表两个字符之间的所有连续字符，但这个连续与否与 ASCII 编码有关，因此，编码需要设置正确（在 bash 中，需要确定 LANG 与 LANGUAGE 的变量是否正确），例如，所有大写字母为[A-Z]。 grep -n '[A-Z]' sample.txt
[^list]	含义：字符集合的 RE 字符，里面列出不需要的字符串或范围。 范例：搜寻的字符串可以是 oog、ood，但不能是 oot，“^”在“[]”内时，表示“反向选择”。例如，不选取大写字母，则为[^A-Z]。但是需要特别注意的是，如果以 grep -n [^A-Z] sample.txt 来搜寻，则发现该文件内的所有行都被列出，因为这个 [^A-Z] 是非大写字母的意思，而每一行均有非大写字母。 grep -n 'oo[^t]' sample.txt
\{n,m\}	含义：连续 *n*~*m* 个的“前一个 RE 字符”。 含义：若为\{n\}，则是连续 *n* 个的前一个 RE 字符。 含义：若为\{n,\}，则是连续 *n* 个以上的前一个 RE 字符。 范例：搜寻 g 与 g 之间有 2~3 个 o 存在的字符串，即 goog、gooog。 grep -n 'go\{2,3\}g' sample.txt

任务 7-5 使用重定向

重定向就是不使用系统的标准输入端口、标准输出端口或标准错误端口，而进行重新指定，所以重定向分为输入重定向、输出重定向和错误重定向。通常情况下，是重定向到一个文件。在 shell 中，要实现重定向主要依靠重定向符，即 shell 通过检查命令行中有无重定向符来决定是否需要实施重定向。表 7-4 所示为常用的重定向符。

表 7-4 常用的重定向符

重定向符	说明
<	实现输入重定向。输入重定向并不经常使用，因为大多数命令都以参数的形式在命令行上指定输入文件的文件名。尽管如此，当使用一个不接受文件名为输入参数的命令，而需要的输入又是在一个已存在的文件中时，就能用输入重定向解决问题
>或>>	实现输出重定向。输出重定向比输入重定向更常用。输出重定向使用户能把一个命令的输出重定向到一个文件中，而不是显示在屏幕上。在很多情况下都可以使用这种功能。例如，如果某个命令的输出很多，在屏幕上不能完全显示，那么可把它重定向到一个文件中，稍后再用文本编辑器来打开这个文件
2>或 2>>	实现错误重定向
&>	同时实现输出重定向和错误重定向

要注意的是，在实际执行命令之前，命令解释程序会自动打开（如果文件不存在，则自动创建）且清空该文件（文中已存在的数据将被删除）。当命令完成时，命令解释程序会正确关闭该文件，而命令在执行时并不知道它的输出流已被重定向。

下面举几个使用重定向的例子。

（1）将 ls 命令生成的/tmp 目录的一个清单存到当前目录下的 dir 文件中。

```
[root@Server01 ~]# ls -l  /tmp >dir
```

（2）将 ls 命令生成的/etc 目录的一个清单以追加的方式存到当前目录下的 dir 文件中。

```
[root@Server01 ~]# ls -l /etc >>dir
```

（3）passwd 文件的内容作为 wc 命令的输入（wc 命令用来计算数字，可以计算文件的字节数、字数或是列数。若不指定文件名称，或是所给予的文件名为“-”，则 wc 命令会从标准输入设备读取数据）。

```
[root@Server01 ~]# wc</etc/passwd
```

（4）将 myprogram 命令的错误信息保存在当前目录下的 err_file 文件中。

```
[root@Server01 ~]# myprogram 2>err_file
```

（5）将 myprogram 命令的输出信息和错误信息保存在当前目录下的 output_file 文件中。

```
[root@Server01 ~]# myprogram &>output_file
```

（6）将 ls 命令的错误信息保存在当前目录下的 err_file 文件中。

```
[root@Server01 ~]# ls -l  2>err_file
```

注意 *该命令并没有产生错误信息，但 err_file 文件中的内容会被清空。*

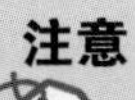

当我们输入重定向符时，命令解释程序会检查目标文件是否存在。如果不存在，则命令解释程序会根据给定的文件名创建一个空文件；如果重定向到一个已经存在的文件，则使用上述重定向命令时，会先将已经存在的文件的内容清空，然后将重定向的内容写入该文件，这可能造成已有文件内容丢失。这种操作方式表明：当重定向到一个已存在的文件时需要十分小心，数据很容易在用户还没有意识到之前就丢失了。

bash 输入输出重定向可以使用下面的选项设置为不覆盖已存在文件。

```
[root@Server01 ~]# set  -o  noclobber
```

这个选项仅用于对当前命令解释程序输入、输出进行重定向，其他程序仍可能覆盖已存在的文件。

（7）/dev/null。

空设备的一个典型用法是丢弃从 find 或 grep 等命令送来的错误信息。

```
[root@Server01 ~]# su - yangyun
[yangyun@Server01 ~]$ grep IPv6  /etc/* 2>/dev/null
[yangyun@Server01 ~]$ grep IPv6  /etc/*    //会显示包含许多错误的所有信息
[yangyun@Server01 ~]$ exit
注销
[root@Server01 ~]#
```

上面的 grep 命令的含义是从/etc 目录下的所有文件中搜索包含字符串 IPv6 的所有行。由于我们是在普通用户的权限下执行该命令，因此使用 grep 命令是无法打开某些文件的，系统会显示一大堆“未得到允许”的错误提示。通过将错误重定向到空设备，可以在屏幕上只得到有用的输出。

任务 7-6 使用管道命令

许多 Linux 命令具有过滤特性，即一条命令通过标准输入端口接收一个文件中的数据，命令被执行后，产生的结果数据又通过标准输出端口送给后一条命令，作为该命令的输入数据。后一条命令也是通过标准输入端口接收输入数据。

shell 提供管道符号“|”将这些命令前后衔接在一起，形成一条管道线，其格式为：

```
命令 1|命令 2|...|命令 n
```

管道线中的每一条命令都作为一个单独的进程运行，每一条命令的输出作为下一条命令的输入。因为管道线中的命令总是从左到右顺序执行的，所以管道线是单向的。

管道线的实现创建了 Linux 操作系统管道文件并进行重定向，但是管道不同于输入输出重定向。输入重定向导致一个程序的标准输入来自某个文件，输出重定向是将一个程序的标准输出写到一个文件中，而管道是直接将一个程序的标准输出与另一个程序的标准输入相连接，不需要经过任何中间文件。

例如：

```
[root@Server01 ~]# ps aux > processes.txt
```

运行 ps aux 命令列出当前所有运行的进程，并将结果保存到 processes.txt 文件中。

现在运行下面的命令。

```
[root@Server01 ~]# wc -l < processes.txt
```

运行 wc -l 命令统计 processes.txt 文件中的行数，即当前系统中运行的进程数量。

可以将以上两个命令组合起来。

```
[root@Server01 ~]# ps aux | wc -l
```

使用管道符号“|”将 ps aux 命令的输出直接传递给 wc -l 命令，统计当前系统中运行的进程数量。

下面再举几个管道命令的例子。

（1）统计用户 user1 的进程数。

```
[root@Server01 ~]# ps -u user1 | wc -l
```

（2）显示 Apache 日志文件中包含 error 的行数。

```
[root@Server01 ~]# grep -i "error" /var/log/httpd/error_log | wc -l
```

（3）统计文本文件/etc/passwd 的行数、字数和字符数。

```
[root@Server01 ~]# cat /etc/passwd | wc
```

（4）查看是否存在 john 和 yangyun 用户账号。

```
[root@Server01 ~]# cat /etc/passwd | grep john
[root@Server01 ~]# cat /etc/passwd | grep yangyun
```

```
yangyun:x:1000:1000:yangyun:/home/yangyun:/bin/bash
```

（5）查看系统是否安装了 ssh 软件包。

```
[root@Server01 ~]# rpm -qa | grep ssh
```

（6）显示文本文件中的若干行。

```
[root@Server01 ~]# tail -15 /etc/passwd | head -3
```

（7）查找系统中大于 100MB 的文件并按大小排序

```
[root@Server01~]# find / -type f -size +100M 2 > /dev/null | xargs du -h | sort -hr |
head -n 10
```

说明 find / -type f -size +100M 2 > /dev/null：在系统中查找大于 100MB 的文件，忽略错误信息。
xargs du -h：计算这些文件的磁盘使用情况。
sort -hr：按文件大小进行降序排序。
head -n 10：显示前 10 个文件。

管道仅能控制命令的标准输出流。如果标准错误输出未重定向，那么任何写入其中的信息都会在终端显示屏幕上显示。管道可用来连接两个以上的命令。由于使用了一种被称为过滤器的服务程序，因此多级管道在 Linux 中是很普遍的。过滤器只是一段程序，它从自己的标准输入流读入数据，然后写到自己的标准输出流中，这样就能沿着管道过滤数据。在下例中：

```
[root@Server01 ~]# who | grep root | wc -l
```

who 命令的输出结果由 grep 命令处理，而 grep 命令则过滤（丢弃）所有不包含字符串 root 的行。这个输出结果经过管道送到命令 wc，而该命令的功能是统计剩余的行数，这些行数与网络用户数相对应。

Linux 操作系统的一个巨大优势就是可以按照这种方式将一些简单的命令连接起来，形成更复杂的、功能更强的命令。那些标准的服务程序仅仅是一些管道应用的单元模块，在管道中它们的作用更加明显。

7.4 拓展阅读 王选院士

王选院士曾经为中国的计算机事业做出过巨大贡献，并因此获得国家最高科学技术奖，你知道王选院士吗？

王选院士（1937—2006）是享誉国内外的著名科学家、汉字激光照排技术创始人、北京大学王选计算机研究所主要创建者，历任副所长、所长，博士生导师。他曾任第十届全国政协副主席、九三学社副主席、中国科学技术协会副主席、中国科学院院士、中国工程院院士、第三世界科学院院士。

王选院士发明的汉字激光照排系统两次获国家科学技术进步奖一等奖（1987、1995），两次被评为全国十大科技成就（1985、1995），并获国家重大技术装备成果奖特等奖。王选院士一生荣获了国家最高科学技术奖、联合国教科文组织科学奖、陈嘉庚科学奖、美洲中国工程师学会个人成就奖、何梁何利基金科学与技术进步奖等二十多项重大奖项和荣誉。

1975 年开始，以王选院士为首的科研团队决定跨越当时日本流行的光机式二代机和欧美流行的阴极射线管式三代机阶段，开创性地研制当时国外尚无商品的第四代激光照排系统。针对汉字印刷的特点，他们发明了高分辨率字形的高倍率信息压缩技术和高速复原方法，率先设计出相应的专用芯片，在世界上首次使用控制信息（参数）描述笔画特性。第四代激光照排系统获 1 项欧洲专利和 8 项中国专利，并获第 14 届日内瓦国际发明展金奖、中国专利发明创造金奖，2007 年入选“首届全国杰出发明专利创新展”。

7.5 练习题

一、填空题

1. 由于内核在内存中是受保护的区块，因此必须通过________将我们输入的命令与内核沟通，以便让内核可以控制硬件正确无误地工作。

2. 系统合法的 shell 均写在________文件中。

3. 用户默认登录取得的 shell 记录于________的最后一个字段。

4. shell 变量有其规定的作用范围，可以分为________与________。

5. ________命令可显示目前 bash 环境下的所有变量。

6. 通配符主要有________、________、________等。

7. 正则表达式就是处理字符串的方法，是以________为单位来处理字符串的。

8. 正则表达式通过一些特殊符号的辅助，可以让用户轻易地________、________、________某个或某些特定的字符串。

9. 正则表达式与通配符是完全不一样的。________代表的是 bash 操作接口的一个功能，________则是一种字符串处理的表示方式。

二、简述题

1. 什么是重定向？什么是管道？

2. shell 变量有哪两种？分别如何定义？

3. 如何设置用户自己的工作环境？

4. 关于正则表达式的练习，首先要设置好环境，输入以下命令。

```
[root@Server01 ~]# cd
[root@Server01 ~]# cd  /etc
[root@Server01 ~]# ls  -a  >~/data
[root@Server01 ~]# cd
```

这样，/etc 目录下所有文件的列表会保存在主目录下的 data 文件中。

写出可以在 data 文件中查找满足以下条件的所有行的正则表达式。

（1）以 P 开头。

（2）以 y 结尾。

（3）以 m 开头，以 d 结尾。

（4）以 e、g 或 l 开头。

（5）包含 o，后面跟着 u。

（6）包含 o，一个字母之后是 u。

（7）以小写字母开头。

（8）包含一个数字。

（9）以 s 开头，包含一个 n。

（10）只含有 4 个字母。

（11）只含有 4 个字母，但不包含 f。

项目8
学习shell script

项目导入

要有效管理主机，精通 shell script 程序设计是至关重要的。shell script 不仅继承了早期批处理文件的精髓，即将多个命令整合在一起统一执行，还在此基础上实现了质的飞跃。它赋予了用户编写类似程序脚本的能力，而且不需要烦琐的编译过程，即可直接运行，极大提升了操作的便捷性。

通过 shell script，我们能够大幅简化日常工作的管理流程。在 Linux 环境中，众多服务的启动与运行均依赖于 shell script 的支撑。若对 shell script 缺乏深入了解，一旦遇到相关问题，便可能陷入困境，难以找到有效的解决方案。因此，掌握 shell script 程序设计不仅是对系统管理员的基本要求，还是提升工作效率、确保系统稳定运行的关键所在。

知识和能力目标

- 理解 shell script。
- 掌握判断式的用法。
- 掌握条件判断式的用法。
- 掌握循环的用法。

素质目标

- 青年学生应从黄令仪院士身上学习爱国情怀、坚韧精神、创新精神、团队精神及时间观念，以此激励自己为实现中国梦不懈奋斗。
- 勇往直前，勇于担当，让每一步都踏实坚定，每一刻都充满信心，书写出自己人生的华章。

8.1 项目知识准备

了解 shell script。本项目均在 Server01 服务器上编写、调试和运行，工作目录为/root/scripts。

8.1.1 了解 shell script

当我们提及 shell script 时，实际上是将它分解为两个核心部分：shell 与 script。其中，shell 作为命令行界面下的交互工具，是我们与系统沟通的桥梁。而 script，字面意思就是脚本或剧本，它指的是针对特定 shell 环境所编写的脚本程序。

shell script 简而言之，就是基于 shell 功能所构建的一个程序。这个程序以纯文本文件的形式存在，通过整合 shell 语法、命令（包括外部命令）、正则表达式、管道命令，以及数据流重定向等多种功能来实现特定的处理目标。

从功能上来看，shell script 与早期 DOS 年代的批处理文件（.bat）有异曲同工之妙，它们都能将多个命令整合在一起，让用户只需运行一个脚本，就能轻松完成一系列复杂的操作。但 shell script 的功能远不止于此，它还提供了数组、循环结构、条件判断与逻辑运算等高级功能，使得用户能够直接用 shell 来编写程序，而无须掌握像 C 语言等传统程序设计语言那样复杂的语法。

因此，我们可以将 shell script 视为一种兼具批处理文件特性和程序语言特性的工具。它完全由 shell 和相关工具命令构成，无须编译即可直接运行。这一特点使得 shell script 在排错（debug）方面也具有明显优势，因为我们可以直接查看和修改脚本，以便快速定位并解决问题。

对于系统管理员而言，shell script 无疑是一个强大的管理工具，它能够帮助管理员快速、高效地管理主机，降低工作强度，提升管理效率。因此，深入学习和掌握 shell script 的编写与应用技巧，对于系统管理员来说具有重要的现实意义。

8.1.2 编写与执行一个 shell script

在编写任何计算机程序时，良好的程序设计习惯都是至关重要的，shell script 也不例外。

1. 编写 shell script 的注意事项

- **命令执行顺序：**shell script 中的命令是按照从上到下、从左到右的顺序执行的。
- **空格处理：**命令、选项与参数之间的多个空格通常会被 shell 忽略。同样，空白行（包括按“Tab”键生成的空白）也会被忽略。
- **命令分隔：**当 shell 读取到回车符时，会尝试开始执行该行（或该串）命令。如果一行内容过长，可以使用反斜杠（\）来将其延伸至下一行。
- **注释：**在 shell script 中，#符号用于添加注释。任何位于#后面的内容都将被视为注释内容，并被 shell 忽略。

2. 运行 shell script

假设我们有一个名为/home/yangyun/shell.sh 的 shell script 文件，以下是几种运行该文件的方法。

（1）直接运行

① **绝对路径：**使用/home/yangyun/shell.sh 命令来运行脚本。此时，必须具备可读与可执行（rx）脚本的权限。

② **相对路径：**如果当前工作目录是/home/yangyun/，则可以使用./shell.sh 命令来运行脚本。

③ **PATH 变量：**将脚本放在 PATH 环境变量指定的目录内（如~/bin/），然后直接输入脚本名即可运行。注意，~/bin 目录需要用户自行设置并添加到 PATH 中。

（2）通过 bash 或 sh 运行

使用 bash shell.sh 或 sh shell.sh 命令运行脚本。由于/bin/sh 通常是一个指向/bin/bash 的符号链接，因此使用 sh 命令也可以运行 bash 脚本。此时，只需要具备可读（r）脚本的权限即可。

利用 sh 命令的选项（如-n 和-x）来检查脚本的语法是否正确，并追踪脚本的执行过程。

（3）关于程序设计的几点建议

- **权限设置：**确保具有适当的脚本权限，以便能够执行。可以使用 chmod 命令修改脚本权限。
- **脚本位置：**将常用的脚本放在家目录下的 bin 目录中，并将其添加到 PATH 环境变量中，以便运行这些脚本。
- **注释与文档：**在脚本中添加足够的注释和文档，以便他人能够理解和维护其代码。
- **错误处理：**在脚本中添加错误处理逻辑，以便在出现问题时能够给出有用的提示信息，并采取相应的措施。

采纳以上建议，可以编写出更加专业、可靠和易于维护的 shell script。

3. 编写第一个 shell 脚本文件

下面是一个非常简单且带有中文注释的 shell 脚本示例。这个脚本的功能是输出“Hello, World!”消息，并询问用户的名字，然后输出带有用户名字的欢迎消息。

```
[root@Server01 ~]# cd; mkdir  /root/scripts;  cd /root/scripts
[root@Server01 scripts]# vim  sh01.sh

#!/bin/bash
# 这是我的第一个 shell 脚本
# 程序名称：sh01.sh
# 描述：
#   此脚本旨在在用户屏幕上显示经典的“Hello World!”消息，并欢迎用户
# 作者：
#   Bobby
# 版本：
#   1.0 - 首次发布（2024/10/23）
# -----------------------------------------------------------

# 设置 PATH 环境变量以包含常用目录
# 这确保了脚本可以找到并执行必要的命令
# 注意：通常，我们不会完全覆盖 PATH，而是使用“:$PATH”来追加新的路径到现有 PATH 的末尾

export PATH=/bin:/sbin:/usr/bin:/usr/sbin:/usr/local/bin:/usr/local/sbin:~/bin:$PATH

# 输出“Hello, World!”消息
echo "Hello, World!"

# 提示用户输入名字，并将输入的值存储在 name 变量中
read -p "请输入你的名字： " name

# 输出欢迎消息，并显示用户的名字
echo -e "欢迎，$name! 很高兴见到你。\a\n"
```

```
# 以状态码 0 退出脚本，表示成功执行
# 在 UNIX 和 Linux 系统中，脚本或命令执行成功时通常返回 0，返回非 0 值表示错误或异常情况
exit 0
```

在本项目中，建议将所有编写的 shell script 放置到家目录的~/scripts 目录内，以利于管理。下面分析前面的程序。

（1）第 1 行#!/bin/bash

第 1 行#!/bin/bash 在 shell script 中扮演着至关重要的角色，它被称为 Shebang（也称为 Hashbang、Pound Bang 或 Hash-Pling）行。这行代码的主要功能是告诉操作系统，当执行这个脚本时，应该使用哪个解释器（在这个例子中是 bash）。

重要性：这行代码对于脚本的执行至关重要，因为它指定了脚本的解释环境。如果没有这行，系统可能会默认使用/bin/sh（在很多系统中，它是指向 bash 的一个链接，但并非总是如此），这可能会导致脚本中的某些 bash 特定功能不正常。

环境配置：当脚本被执行时，它会加载 bash 的非登录 shell 环境配置文件（通常是~/.bashrc）。这意味着脚本将继承用户的环境设置，这对于脚本的正确执行非常重要。

（2）程序内容的说明

在整个 shell script 当中，除了第一行的“#!”是用来声明 shell 之外，其他的“#”都用于注释。所以在前面的程序中，第二行以下是用来说明整个程序的基本数据的。

建议 一定要养成说明 shell script 的内容与功能、版本信息、作者与联络方式、建立日期、历史记录等习惯，这将有助于未来进行程序的改写与调试。

（3）主要环境变量的声明

务必将一些重要的环境变量设置好，其中，PATH（如果使用与输出相关的信息）是最重要的。如此一来，可让这个程序在运行时直接执行一些外部命令，而不必写绝对路径。

（4）主要程序部分

在这个例子中，主要程序部分就是 echo、read 等三行内容。

（5）运行成果告知（定义回传值）

一个命令运行成功与否可以使用“$?”查看。也可以利用 exit 命令来让程序中断，并且给系统回传一个数值。在这个例子中，使用 exit 0 代表离开 shell script 并且回传一个 0 给系统，所以当运行完这个 shell script 后，若接着执行“echo $?”，则可得到值 0。利用 exit n（n 是数字），还可以自定义错误信息，让这个程序变得更加“智能”。

该程序的运行结果如下。

```
[root@Server01 scripts]# sh  sh01.sh
Hello, World!
请输入你的名字：Yangyun
欢迎，Yangyun！很高兴见到你。
[root@Server01 scripts]# echo "$?"
0
```

关于 echo -e 中的\a，它会在支持该功能的终端产生一个铃声或警报声。然而这个行为可能取决于用户的终端设置和偏好，有些终端可能不会发出声音，或者用户可能已经禁用了这个功能。

另外，也可以利用 chmod a+x sh01.sh; ./sh01.sh 来运行这个 shell script。

```
[root@Server01 scripts]# chmod a+x sh01.sh; ./sh01.sh
Hello, World!
请输入你的名字: YunDuan
欢迎, YunDuan! 很高兴见到你。
```

8.1.3 养成编写 shell script 的良好习惯

在软件开发领域，良好的编码习惯不仅关乎程序的正确性，还关乎程序的可读性、可维护性和团队协作效率。对于 shell script 的编写，同样需要重视这些方面。以下是一些建议，旨在帮助开发者养成编写 shell script 的良好习惯。

1. 文件头注释的标准化

在编写 shell script 时，文件头注释是向用户和其他开发者传达脚本基本信息和元数据的关键部分。规范的 shell script 文件头注释应包含的主要内容及标准化要求如下。

- 功能描述：精准概述 shell script 的核心功能与用途，便于用户快速理解脚本的应用场景。
- 版本信息：详细记录脚本的版本号、发布日期及每次变更的详细日志，便于追踪脚本的演进与更新。
- 作者与联系方式：明确标注脚本作者的姓名、邮箱等，以便后续沟通、合作及问题反馈。
- 版权声明：清晰界定脚本的版权归属、使用许可及限制条件，保护作者的合法权益。
- 修改历史：详细记录脚本的修改历程，包括修改日期、内容及修改者，为团队协作与版本管理提供有力支持。
- 特殊命令说明：针对脚本中使用的特殊命令或工具，提供其绝对路径或安装说明，确保脚本在不同环境下的可移植性与兼容性。

2. 代码风格与格式的规范化

编写 shell script 时，遵循规范的代码风格与格式对于提升代码的可读性、可维护性以及团队协作效率至关重要。详细的 shell script 代码风格与格式规范化的要求如下。

- 缩进与对齐：采用统一的缩进风格（如每个代码块缩进 4 个空格），保持代码结构的清晰与一致性，提升代码的可读性与可维护性。
- 注释与注解：在代码的关键部分添加简洁明了的注释，解释代码的功能、逻辑及潜在风险，避免冗余注释干扰阅读。
- 代码块划分：合理划分代码块，使用 if、for、while 等控制结构时，确保每个代码块都有明确的开始和结束标记，增强代码的结构性与可读性。

3. 环境变量与依赖的精细管理

在 shell script 中，环境变量与依赖管理是两个至关重要的方面，它们直接影响到脚本的可移植性、健壮性和执行效率。规范要求如下。

- 环境变量声明：在脚本开头集中声明并设置所需的环境变量，确保脚本在不同环境下的正确执行与兼容性。

- 依赖检查与安装：在脚本执行前自动检查所需的命令、工具或库是否已安装，并提供一键安装或安装指导，降低用户的使用门槛与成本。

4. 错误处理与日志记录的强化

在 shell script 中，错误处理和日志记录是两个非常重要的方面，它们有助于确保脚本的健壮性、可调试性和可维护性。规范要求如下。

- 错误捕获与处理：利用 set -e 和 trap 命令等捕获并处理脚本执行过程中的错误，提高脚本的健壮性与稳定性。
- 日志记录：将脚本的执行过程、关键信息及错误信息详细记录到日志文件中，便于后续分析与调试，提升脚本的可维护性与可靠性。

5. 工具选择的合理性

在编写 shell script 时，选择合适的工具对于提高脚本的编写效率、可读性和可维护性至关重要。以下是一些关于工具选择合理性的考虑因素。

- 编辑器选择：推荐使用具有语法高亮、自动补全及代码检查功能的编辑器（如 vim、Emacs 或 Visual Studio Code 等），提升编码效率与代码质量，降低产生语法错误的风险。
- 版本控制工具：使用 Git 等版本控制工具管理脚本的源码，实现团队协作、版本追踪及代码回滚等功能，提升开发效率与团队协作水平。

6. 代码审查与测试的严谨性

shell script 代码审查与测试的严谨性是确保脚本质量、稳定性和安全性的关键步骤。规范要求如下。

- 代码审查：在提交代码前进行严格的代码审查，确保代码质量符合团队规范与最佳实践。
- 单元测试：为脚本编写单元测试，验证其功能的正确性与稳定性，降低后续维护成本。

通过采纳上述建议，开发者可以逐步养成编写 shell script 的良好习惯，提升代码的可读性、可维护性和团队协作效率。同时，这些习惯也有助于提升开发者的专业素养与程序设计能力，为软件开发的持续改进与创新奠定坚实基础。

8.2 项目设计与准备

本项目要用到 Server01，完成的任务如下。

（1）编写简单的 shell script。

（2）用好判断式（test 和“[ ]”）。

（3）利用条件判断式。

（4）利用循环。

Server01 的 IP 地址为 192.168.10.1/24，计算机的网络连接模式是仅主机模式（VMnet1）。

> **特别提醒** 本项目所有实例的工作目录都在用户的家目录下的 scripts，即 **/root/scripts** 下面。

8.3 项目实施

任务 8-1 通过简单实例学习 shell script

下面先看两个简单实例。

1. 对话式脚本：变量内容由用户决定

很多时候我们需要用户输入一些内容，让程序可以顺利运行。下面这个脚本会询问用户的名字、年龄以及他们喜欢的颜色，最后输出这些信息。

（1）编写程序

```
[root@Server01 scripts]# vim  sh02.sh
# 这是一个简单的对话式 shell 脚本
# 脚本功能：询问用户的名字、年龄和喜欢的颜色，并输出这些信息

# 提示用户输入名字，并将输入的值存储在 name 变量中
read -p "请输入你的名字：" name

# 提示用户输入年龄，并将输入的值存储在 age 变量中
read -p "请输入你的年龄：" age

# 提示用户输入喜欢的颜色，并将输入的值存储在 color 变量中
read -p "请输入你喜欢的颜色：" color

# 输出用户输入的信息
echo "--------------------------------"
echo "你的名字是：$name"
echo "你的年龄是：$age"
echo "你喜欢的颜色是：$color"
echo -e "--------------------------------\n"
# 结果由屏幕输出，\n 表示换行
```

（2）运行程序

read 命令用于从用户那里获取输入，-p 选项允许在同一行显示提示信息。echo -e 命令用于在屏幕上显示文本，-e 选项允许解释反斜杠转义字符，比如\n 用于换行。$name、$age 和$color 是变量，它们存储了用户的名字、年龄以及喜欢的颜色。

```
[root@Server01 scripts]# sh  sh02.sh
请输入你的名字：YY
请输入你的年龄：18
请输入你喜欢的颜色：Green
--------------------------------
你的名字是：YY
你的年龄是：18
你喜欢的颜色是：Green
--------------------------------
```

2. 数值运算：简单的加减乘除

可以使用 declare 来定义变量的类型，利用“$((计算式))”来进行数值运算。不过可惜的是，系统默认仅支持整数运算。

下面的例子要求用户输入两个变量，然后将 3 个变量相乘，最后输出相乘的结果。

（1）编写程序

```
[root@Server01 scripts]# vim  sh04.sh
#!/bin/bash

# 这是一个简单的 shell 脚本，用于计算三个整数的乘积

# 使用 declare 定义三个整数变量
declare -i num1 num2 num3 product

# 提示用户输入第一个整数，并将输入的值存储在 num1 变量中
read -p "请输入第一个整数：" num1

# 提示用户输入第二个整数，并将输入的值存储在 num2 变量中
read -p "请输入第二个整数：" num2

# 提示用户输入第三个整数，并将输入的值存储在 num3 变量中
read -p "请输入第三个整数：" num3

# 计算三个整数的乘积，并将结果存储在 product 变量中
product=$((num1 * num2 * num3))

# 输出乘积结果
echo "三个整数的乘积是：$product"
```

（2）运行程序

```
[root@Server01 scripts]# sh  sh04.sh
请输入第一个整数：34
请输入第二个整数：23
请输入第三个整数：12
三个整数的乘积是：9384
```

（3）改进程序

要求：如果输入了非整数，程序会让用户继续输入，直到满足要求。

分析：为了增加输入非整数时让用户继续输入的功能，我们可以在读取用户输入后进行检查，如果输入的不是整数，则提示用户重新输入。这可以通过使用 read 命令结合条件判断（如 [[! $variable =~ ^-?[0-9]+$]]）来实现，该条件判断会检查变量是否不匹配整数的正则表达式。

修改后的脚本为 sh04-1.sh，它包含输入验证功能。

```
[root@Server01 scripts]# vim sh04-1.sh
#!/bin/bash

# 这是一个简单的 shell 脚本，用于计算三个整数的乘积
# 如果输入的不是整数，则会提示用户重新输入

# 使用 declare 定义三个整数变量（虽然 bash 在运算时会自动处理整数，但这里为了清晰还是声明一下）
declare -i num1 num2 num3 product
```

```
# 函数：检查输入的内容是否为整数，如果不是则提示重新输入
function read_integer() {
    local var_name=$1
    local prompt=$2
    local value
    while true; do
        read -p "$prompt" value
        if [[ $value =~ ^-?[0-9]+$ ]]; then # 检查是否为整数（包括负整数）
            eval "$var_name=$value"            # 使用 eval 将变量名和值关联起来
            break
        else
            echo "输入的不是整数，请重新输入。"
        fi
    done
}

# 调用函数读取第一个整数
read_integer num1 "请输入第一个整数:"

# 调用函数读取第二个整数
read_integer num2 "请输入第二个整数:"

# 调用函数读取第三个整数
read_integer num3 "请输入第三个整数:"

# 计算三个整数的乘积，并将结果存储在 product 变量中（由于已经声明为整数，这里不需要再次声明）
product=$((num1 * num2 * num3))

# 输出乘积结果
echo "三个整数的乘积是: $product"
```

在 bash 脚本中，[[! $variable =~ ^-?[0-9]+$]] 是一个条件判断表达式，用于检查变量 $variable 的值是否不是一个整数。下面是对这个表达式的详细解释。

- [[...]]：bash 中的扩展测试命令（也称为条件表达式），用于执行复杂的条件测试。与单中括号[...]相比，它提供了更多的功能和更好的可读性。
- !：逻辑非操作符，用于反转条件测试的结果。如果条件为真，则“!”会将其变为假；如果条件为假，则“!”会将其变为真。
- $variable：要检查的变量的值。在条件表达式中，变量名前面需要加上 $ 符号来获取其值。
- =~：正则表达式匹配操作符。在 bash 的 [[...]] 条件测试中，它用于检查左侧的字符串是否匹配右侧的正则表达式。
- ^-?[0-9]+$：一个正则表达式，用于匹配整数。
- ^：表示字符串的开始。
- -?：表示可选的负号（即整数可以是正数，也可以是负数）。
- [0-9]+：表示一个或多个数字字符（即至少有一位数字）。
- $：表示字符串的结束。

综上所述，[[! $variable =~ ^-?[0-9]+$]] 这个表达式的含义是：如果变量 $variable 的值不匹配（即不是）一个可选带负号的数字序列（即整数），则条件为真。换句话说，如果 $variable 不是一个整数，这个表达式就会返回真（true）。

在实际应用中，这个表达式通常用于验证用户输入是否为整数，如果不是整数，则可以采取相应的措施，比如提示用户重新输入。

（4）直接使用 declare 进行运算

在数值的运算上，可以使用 declare -i total=$first_number*$second_number，也可以使用下面的方式进行运算。

```
var=$((运算内容))
```

这种方式不但容易记忆，而且比较方便。因为两个圆括号内可以加上空白字符。至于数值运算上的处理，则有"+""-""*""/""%"等，其中，"%"表示取余数。

```
[root@Server01 scripts]# echo  $((13 %3))
1
```

任务 8-2　了解脚本运行方式的差异

不同的脚本运行方式会获得不一样的结果，尤其对 bash 的环境影响很大。脚本的运行方式除了前文谈到的之外，还可以利用 source 或"."来运行。那么这些运行方式有何不同？

1．利用直接运行的方式来运行脚本

当使用前文提到的直接命令（无论是绝对路径、相对路径，还是$PATH 内的路径），或者利用 bash（或 sh）来执行脚本时，该脚本都会使用一个新的 bash 环境来运行脚本内的命令。也就是说，使用这种运行方式时，其实脚本是在子程序的 bash 内运行的，并且当子程序完成后，在子程序内的各项变量或动作将会结束而不会传回到父程序中。这是什么意思？

以刚刚提到过的 sh02.sh 脚本来说明，该脚本可以使使用者自行配置 3 个变量，分别是 name、age 和 color。想一想，如果直接运行该命令，该命令配置的 name 等会不会生效？看下面的运行结果。

```
[root@Server01 scripts]# echo $name $age $color    #首先确认变量并不存在
[root@Server01 scripts]# sh sh02.sh
请输入你的名字:YY                                   #名字读者自行输入
请输入你的年龄:18
请输入你喜欢的颜色:Green
--------------------------------
你的名字是: YY                                      #在脚本运行过程中，3 个变量会生效
你的年龄是: 18
你喜欢的颜色是: Green
--------------------------------
[root@Server01 scripts]# echo $name $age $color  #这 3 个变量在父程序的 bash 中还是不存在
```

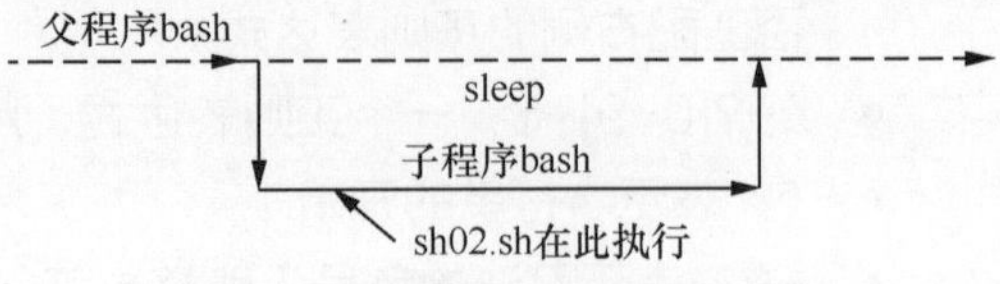

从上面的结果可以看出，sh02.sh 配置好的变量竟然在 bash 环境下无效，这是怎么回事？这里用图 8-1 来说明。当使用直接运行的方法来处理时，系统会开辟一个新的 bash 来运行 sh02.sh 中的命令，因此，name、age、color 等变量其实是在图 8-1 所示的子程序 bash 内运行的。当 sh02.sh 运行完毕时，子程序 bash 内的所有数据便被移除，因此在前面

图 8-1　sh02.sh 在子程序中运行

的练习中，在父程序下面执行 echo $name 时，就看不到任何东西了。

2. 利用 source 运行脚本：在父程序中运行

如果使用 source 来运行命令，那么会出现什么情况？请看下面的运行结果。

```
[root@Server01 scripts]# source  sh02.sh
请输入你的名字: YY
请输入你的年龄: 18
请输入你喜欢的颜色: Green
-------------------------------
你的名字是: YY
你的年龄是: 18
你喜欢的颜色是: Green
-------------------------------
[root@Server01 scripts]# echo  $name  $age $color
YY 18 Green                          #有数据产生
```

变量竟然生效了，为什么？source 对 shell script 的运行方式可以使用图 8-2 来说明。sh02.sh 会在父程序中运行，因此各项操作都会在原来的 bash 内生效。这也是当不注销系统而要让某些写入~/.bashrc 的设置生效时，需要使用 source ~/.bashrc 而不能使用 bash ~/.bashrc 的原因。

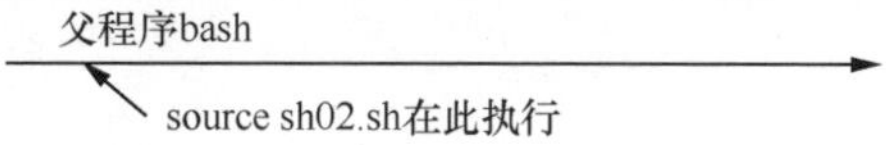

图 8-2 sh02.sh 在父程序中运行

任务 8-3 利用判断符号“[]”

除了使用 test 之外，还可以利用判断符号“[]”（方括号）来判断数据。例如，想要知道 $HOME 变量是否为空，可以这样做：

```
[root@Server01 scripts]#  [  -z  "$HOME"  ]  ; echo $?
```

-z string 的含义是，若 string 长度为零，则为真。使用方括号时必须特别注意，因为方括号可以用在很多地方，包括通配符与正则表达式等，所以要在 bash 的语法中使用方括号作为 shell 的判断式，方括号的两端需要有空格符来分隔。假设空格符使用“□”符号表示，那么在下面这些地方都需要有空格符。

```
[□"$HOME"□==□"$MAIL"□]
↑         ↑  ↑        ↑
```

注意 ① 上面的判断式中使用了两个等号，即“==”。其实在 bash 中使用一个等号与使用两个等号的结果是一样的。不过在一般惯用程序中，一个等号代表“变量的设置”，两个等号代表“逻辑判断（是否之意）”。方括号内的重点在于“判断”而非“设置变量”，因此建议使用两个等号。

② 当判断式的值为真时，“$?”的值为 0。

上面的例子说明，判断两个字符串$HOME 与$MAIL 是否有相同的意思，应使用 test $HOME = $MAIL。如果没有空格符分隔，例如，写成 [$HOME==$MAIL]，bash 就会显示错误信息。因此一定要注意以下几点。

- 方括号内的每个组件都需要有空格符来分隔。

- 方括号内的变量最好都以双引号标注。
- 方括号内的常数最好都以单引号或双引号标注。

为什么要这么麻烦？假如设置了 name="Bobby Yang"，然后这样判定：

```
[root@Server01 scripts]# name="Bobby Yang"
[root@Server01 scripts]# [ $name == "Bobby" ]
bash: [: too many arguments]
```

bash 显示的错误信息是"太多参数"，这是因为如果$name 没有使用双引号标注，那么上面的判断式会变成：

```
[ Bobby Yang == "Bobby" ]
```

上面的表达式肯定不对，因为一个判断式仅能有两个数据的比对，上面的 Bobby、Yang 和 Bobby 就有 3 个数据。正确的形式应该是下面这样的。

```
[ "Bobby Yang" == "Bobby" ]
```

或者

```
[root@Server01 scripts]# [ "$name" == "Bobby" ]
[root@Server01 scripts]# echo "$?"
1                              #当判断式的值为假时，"$?"的值为 1
[root@Server01 scripts]# name="Bobby"
[root@Server01 scripts]#  [ "$name" == "Bobby" ]
[root@Server01 scripts]# echo "$?"
0                              #当判断式的值为真时，"$?"的值为 0
```

另外，方括号的使用方法与 test 的几乎一模一样，只是方括号经常用在条件判断式 if...then... fi 的情况中。

下面使用方括号的判断来设计一个小案例，案例要求如下。

- 当运行一个程序时，这个程序会让用户选择 Y 或 N。
- 用户输入 C 或 c 时，显示"OK, continue"。
- 用户输入 E 或 c 时，显示"Oh, Exit!"。
- 如果用户输入的不是 C、c、E、e 之内的字符，就显示"I don't know what your choice is! Your choice is wrong!"。

分析：需要利用"[]""&&"与"||"。

```
[root@Server01 scripts]# vim  sh06.sh
#!/bin/bash
# 程序说明： 这个程序用于显示用户的选择
# 历史记录： 2024/12/25     Bobby     为了简洁和可读性，仅使用 [] 重写了脚本

# 设置 PATH 环境变量，包含常用的命令路径
PATH=/bin:/sbin:/usr/bin:/usr/sbin:/usr/local/bin:/usr/local/sbin:~/bin
export PATH

# 提示用户输入选择（C 或 E）
read -p "Please input (C/E): " choice

# 检查用户是否输入了 C 或 c
# 如果输入了 C，则输出 OK, continue 并退出脚本
[ "$choice" = "C" ] && { echo "OK, continue"; exit 0; }
# 如果输入了 c，则同样输出"OK, continue"并退出脚本
[ "$choice" = "c" ] && { echo "OK, continue"; exit 0; }
```

```
# 检查用户是否输入了 E 或 e
# 如果输入了 E，则输出“Oh, exit!”并退出脚本
[ "$choice" = "E" ] && { echo "Oh, exit!"; exit 0; }
# 如果输入了 e，则同样输出“Oh, exit!”并退出脚本
[ "$choice" = "e" ] && { echo "Oh, exit!"; exit 0; }

# 如果以上条件都不满足，即用户输入了其他字符，
# 则输出错误信息“I don't know what your choice is! Your choice is wrong!”
# 并以非 0 状态退出脚本，表示执行失败
echo "I don't know what your choice is! Your choice is wrong!"
exit 1
```

运行结果：

```
[root@Server01 scripts]# chmod o+x sh06.sh
[root@Server01 scripts]# ./sh06.sh
Please input (C/E): c
OK, continue
[root@Server01 scripts]# sh sh06.sh
Please input (C/E): r
I don't know what your choice is! Your choice is wrong!
[root@Server01 scripts]# sh sh06.sh
Please input (C/E): C
OK, continue
```

这个脚本的逻辑很简单：它首先提示用户输入 C 或 E（不区分大小写），然后根据用户的输入执行相应的操作。如果用户输入了 C 或 c，脚本会输出“OK, continue”并正常退出（状态码 0）。如果用户输入了 E 或 e，脚本会输出“Oh, exit!”并正常退出（状态码 0）。如果用户输入了其他字符，脚本会输出错误信息并以非 0 状态码（1）退出，表示执行失败。

任务 8-4 利用 if...then 条件判断式

只要讲到程序，条件判断式即 if...then 就肯定是要学习的。因为很多时候，我们必须依据某些数据来判断程序该如何进行。例如，在前面的 sh06.sh 范例中练习输入“Y/N”时，输出不同的信息。简单的方式是利用“&&”与“||”，但如果还想要运行许多命令呢，就得用到 if...then 了。

if...then 是十分常见的条件判断式。简单地说，只有符合某个条件判断时，才可以进行某项工作。if...then 的判断还有多层次的情况，下面分别介绍。

1. 单层、简单条件判断式

如果只有一个判断式，那么可以简单地写为：

```
if [条件判断式]; then
	当条件判断式成立时，可以进行的命令工作内容;
fi   #将 if 反过来写，就成为 fi 了，结束 if 之意
```

至于条件判断式的判断方法，与前文的介绍相同。比较特别的是，如果有多个条件要判断，除了案例 sh06.sh 所写的，也就是“将多个条件写入一个方括号内的情况”之外，还可以由多个方括号隔开。而括号与括号之间则以“&&”或“||”隔开，其含义如下。

- “&&”代表与。

- “||”代表或。

所以在使用方括号的判断式中，“&&”及“||”就与命令执行的状态不同了。例如，sh06.sh中的判断式可以这样修改：

```
[ "$choice" == "C" -o "$choice" == "c" ]
```

也可替换为：

```
[ "$choice" == "C" ] || [ "$choice" == "c" ]
```

之所以这样改，有的人是因为习惯问题，还有的人是因为喜欢一个方括号仅有一个判断式。下面将 sh06.sh 脚本修改为 if...then 的样式。

```
[root@Server01 scripts]# cp  sh06.sh  sh06-1.sh  #这样改得比较快
[root@Server01 scripts]# vim  sh06-1.sh
#!/bin/bash
# 程序说明： 这个程序用于显示用户的选择
# 历史记录： 2024/12/25     Bobby    为了简洁和可读性，仅使用 [] 重写了脚本

# 设置 PATH 环境变量，包含常用的命令路径
PATH=/bin:/sbin:/usr/bin:/usr/sbin:/usr/local/bin:/usr/local/sbin:~/bin
export PATH

# 提示用户输入选择（C 或 E）
read -p "Please input (C/E): " choice

# 检查用户是否输入了 C 或 c
# 如果输入了 C 或 C，则输出“OK, continue”并退出脚本
if  [ "$choice" = "C" ] || [ "$choice" = "c" ]; then
     echo "OK, continue"
     exit 0
fi
# 检查用户是否输入了 E 或 e
# 如果输入了 E 或 e，则输出“Oh, exit!”并退出脚本
if   [ "$choice" = "E" ] || [ "$choice" = "e" ]; then
     echo "OK, exit!"
     exit 0
fi

# 如果以上条件都不满足，即用户输入了其他字符，
# 则输出错误信息“I don't know what your choice is! Your choice is wrong!”
# 并以非 0 状态退出脚本，表示执行失败
echo "I don't know what your choice is! Your choice is wrong!"
exit 1
```

运行结果参照 sh06.sh。

说明

- 在这个改写的脚本中使用了 if 语句，但内部条件判断仍然使用了[]。这是因为在 shell 脚本中，if 语句通常与[]或 test 命令一起使用来评估条件。if 语句提供了一种更结构化的方式来处理多个条件，而不需要重复整个命令块。
- 如果仅使用[]而不使用 if，那么需要重复每个条件判断，并使用&&和 exit 来立即终止脚本，这会使代码变得冗长且不易于维护。在这种情况下，使用 if 语句是更优的选择，因为它提供了更高的可读性和可维护性。

sh06.sh 还算比较简单。但是如果以逻辑概念来看，在前面的实例中，我们使用了两个条件判断。明明仅有一个$choice 变量，为何需要进行两次比较？此时最好使用多重条件判断。

2. 多重、复杂条件判断式

在同一个数据的判断中，如果该数据需要进行多种不同的判断，那么应该怎么做？

例如，在前面的 sh06.sh 脚本中，只需对$choice 进行一次判断（仅进行一次 if），若不想进行多次 if 的判断，则必须用到下面的语法。

```
# 一个条件判断，分成功进行与失败进行 (else)
if [条件判断式]; then
      当条件判断式成立时，可以进行的命令工作内容;
else
      当条件判断式不成立时，可以进行的命令工作内容;
fi
```

如果考虑更复杂的情况，则可以使用：

```
# 多个条件判断 (if...elif...elif...else) 分多种不同情况运行
if [条件判断式一]; then
      当条件判断式一成立时，可以进行的命令工作内容;
elif [条件判断式二]; then
      当条件判断式二成立时，可以进行的命令工作内容;
else
      当条件判断式一与条件判断式二均不成立时，可以进行的命令工作内容;
fi
```

注意 elif 也是一个判断式，因此 elif 后面都要接 then 来处理。但是 else 已经是最后的没有成立的结果了，所以 else 后面并没有 then。

对 sh06-1.sh 进行改写。

```
[root@Server01 scripts]# cp  sh06-1.sh  sh06-2.sh
[root@Server01 scripts]# vim  sh06-2.sh
#!/bin/bash
# 程序说明： 这个程序用于显示用户的选择
# 历史记录： 2024/12/25     Bobby     为了简洁和可读性，仅使用 [] 重写了脚本

# 设置 PATH 环境变量，包含常用的命令路径
PATH=/bin:/sbin:/usr/bin:/usr/sbin:/usr/local/bin:/usr/local/sbin:~/bin
export PATH

# 提示用户输入选择（C 或 E）
read -p "Please input (C/E): " choice

if [ "$choice" == "C" ] || [ "$choice" == "c" ]; then
      echo "OK, continue"
elif [ "$choice" == "E" ] || [ "$choice" == "e" ]; then
      echo "Oh, exit!"
else
      echo " I don't know what your choice is! Your choice is wrong!"
exit 1
fi
```

运行结果参照 sh06-1.sh。

程序变得很简单，而且依序判断，可以避免重复判断。这样很容易设计程序。

下面再来进行另外一个案例。一般来说，如果不希望用户从键盘输入额外的数据，那么可以使用前文提到的参数功能（$1），让用户在执行命令时将参数带进去。现在我们想让用户输入 Good 关键字，利用参数的方法可以按照以下内容依序设计。

- 判断 $1 是否为 Good，如果是，就显示“Good, Your English skills are excellent!”。
- 如果没有加任何参数，就提示用户必须使用的参数。
- 如果加入的参数不是 Good，就提醒用户仅能使用 Good 作为参数。

整个程序如下。

```
[root@Server01 scripts]# vim  sh07.sh
#!/bin/bash
# 程序说明：
# 这个脚本检查第一个参数是否为 Good，并根据情况做出响应

# 检查第一个参数是否为 Good
if [ "$1" == "Good" ]; then
    # 如果第一个参数是 Good，则输出肯定信息
    echo "Good, Your English skills are excellent!"
# 检查是否未提供参数
elif [ -z "$1" ]; then
    # 如果未提供参数，则输出错误信息，提示用户必须提供 Good 参数
    echo "错误：您必须提供参数 Good，例如:sh07.sh Good。"

else
    # 如果提供的参数不是 Good，则输出错误信息，提示只接受 Good 参数
    echo "错误：只接受参数 Good，例如:sh07.sh Good。"
fi
```

执行这个程序，在 $1 的位置输入 Good，或没有输入、随意输入，可以看到不同的输出。下面继续完成较复杂的例子。

```
[root@Server01 scripts]# sh sh07.sh Good                    #正确输入
Good, Your English skills are excellent!
[root@Server01 scripts]# sh sh07.sh                         #没有输入
错误：您必须提供参数 Good，例如:sh07.sh Good。
[root@Server01 scripts]# sh sh07.sh  Linux                  #随意输入
错误：只接受参数 Good，例如:sh07.sh Good。
```

我们在前面已经学会了 grep 命令，现在再学习 netstat 命令。这个命令可以用于查询到目前主机开启的网络服务端口（service ports）。可以利用 netstat -tuln 来取得目前主机启动的服务，取得的信息如下。

```
[root@Server01 scripts]# netstat  -tuln
Active Internet connections (only servers)
Proto Recv-Q Send-Q Local Address          Foreign Address     State
tcp        0      0  0.0.0.0:111            0.0.0.0:*           LISTEN
tcp        0      0  127.0.0.1:631          0.0.0.0:*           LISTEN
tcp        0      0  127.0.0.1:25           0.0.0.0:*           LISTEN
tcp        0      0  :::22                  :::*                LISTEN
udp        0      0  0.0.0.0:111            0.0.0.0:*
```

```
udp        0      0    0.0.0.0:631          0.0.0.0:*
#封包格式               本地 IP 地址:端口        远程 IP 地址:端口       是否监听
```

前面的重点是“Local Address”（本地 IP 地址与端口对应）列，表示本机启动的网络服务。IP 地址部分说明该服务位于哪个端口上，若为 127.0.0.1，则代表仅针对本机开放；若为 0.0.0.0 或“:::”，则代表对整个互联网开放。每个端口都有其特定的网络服务，几个常见的端口与相关网络服务的关系如下。

- 80：WWW。
- 22：SSH。
- 21：FTP。
- 25：mail。
- 111：RPC（远程程序呼叫）。
- 631：CUPS（输出服务功能）。

要检测主机上是否开启了端口 21（FTP）、22（SSH）、25（SMTP）、443（HTTPS）、110（POP3）、53（DNS）和 80（HTTP），可以使用 netstat 命令结合 grep 命令来筛选输出结果。以下是一个 shell 脚本的示例，该脚本会检查这几个端口是否处于监听状态。

技巧 由于每个服务的关键字都接在“：”后面，因此可以选取类似“:80”来检测。请看下面的程序。

```
[root@Server01 scripts]# vim  sh08.sh
[root@Server01 scripts]# cat -n sh08.sh
     1	#!/bin/bash
     2	# 程序说明:
     3	# 此脚本用于检查主机上端口 21（FTP）、22（SSH）、25（SMTP）、443（HTTPS）、110（POP3）、53（DNS）和 80（HTTP）是否开放
     4	# 定义要检查的端口数组
     5	PORTS=("21" "22" "25" "443" "110" "53" "80")
     6	# 定义一个函数来检查端口是否开放
     7	is_port_open() {
     8	    local port=$1  # 接收传入的端口号作为参数
     9	    # 使用 netstat 命令检查端口是否在监听列表中
    10	    # 注意: ":$port "后面的空格很重要，它用于匹配 netstat 输出的格式
    11	    if netstat -tuln | grep -q ":$port "; then
    12	        echo "端口 $port 是开放的。"  # 如果找到匹配项，则输出端口开放的信息
    13	    else
    14	        echo "端口 $port 是关闭的。"  # 否则输出端口关闭的信息
    15	    fi
    16	}
    17	# 遍历 PORTS 数组中的每个端口，并调用 is_port_open 函数来检查
    18	for port in "${PORTS[@]}"; do
    19	    is_port_open "$port"
    20	done
```

运行如下命令查看程序运行结果。

```
[root@Server01 scripts]# sh  sh08.sh
端口 21 是关闭的。
```

```
端口 22 是开放的。
端口 25 是关闭的。
端口 443 是关闭的。
端口 110 是关闭的。
端口 53 是关闭的。
端口 80 是关闭的。
```

程序说明如下。

- 第 1 行：#!/bin/bash 声明了脚本的解释器为 bash。
- 第 2、第 3 行：注释，用于说明脚本的功能。
- 第 5 行：定义了一个数组 PORTS，包含要检查的端口号。
- 第 7～第 16 行：定义了一个函数 is_port_open，该函数接收一个端口号作为参数，并使用 netstat -tuln 命令来列出所有正在监听的 TCP 和 UDP 端口。grep -q ":$port "用于检查输出中是否包含指定端口的字符串（注意，端口号后面有一个空格，以匹配 netstat 输出的格式）。如果找到匹配项，则端口是开放的，否则是关闭的。
- 第 18～第 20 行：使用 for 循环遍历 PORTS 数组中的每个端口，并调用 is_port_open 函数来检查该端口是否开放。

另外，如果系统没有安装 netstat，则可以使用 ss 命令代替 netstat 命令。例如，将 netstat -tuln 替换为 ss -tuln。

任务 8-5　利用 case...in...esac 条件判断

前文提到的 if...then...fi 对于变量的判断是以比较的方式来进行的。如果符合条件就进行某些行为，并且通过较多层次（如 elif...）的方式来编写含多个变量的程序，如 sh07.sh。但是，假如有多个既定的变量内容，例如，sh07.sh 中所需的变量是 Good 及空字符两个变量，那么这时只要针对这两个变量来设置就可以了，这时使用 case...in...esac 更为方便。

```
case  $变量名称 in          #关键字为 case，变量前有$
  "第一个变量内容")          #每个变量内容建议用双引号标注，关键字则用圆括号
      程序段
      ;;                     #每个类别结尾使用两个连续的分号来处理
 "第二个变量内容")
      程序段
      ;;
  *)                         #最后一个变量内容都会用*来代表所有其他值
      不包含第一个变量内容与第二个变量内容的其他程序运行段
      exit 1
      ;;
esac                         #最终的 case 结尾，形式是 case 反过来写
```

要注意的是，这段代码以 case 开头，结尾自然就是将 case 的英文反过来写。另外，每个变量内容的程序段最后都需要用两个分号来代表该程序段落的结束。至于为何需要有“*”这个变量内容在最后，这是因为，如果用户没有输入变量内容一或内容二，则可以告诉用户相关的信息。

使用 case 语句改写 sh07.sh，新的文件名为 sh09.sh。

```
[root@Server01 scripts]# vim  sh09.sh
[root@Server01 scripts]# cat  -n  sh09.sh
```

```
1    #!/bin/bash
2    #程序说明：
3    #这个脚本检查第一个参数是否为 Good，并根据情况做出响应
4    #使用 case 语句来检查第一个参数
5    case "$1" in
6        #如果第一个参数是 Good
7        "Good")
8            echo "Good，你的英语很棒！"  # 输出：Good，你的英语很棒！
9            ;;
10       #如果第一个参数为空（即没有提供参数）
11       "")
12           echo "错误：你必须提供参数 Good。例如，运行'./sh09.sh Good'。"
                                                          # 输出错误信息
13           ;;
14       #如果第一个参数是其他值参数
15       *)
16           echo "错误：唯一接受的参数是 Good。你提供了'$1'。例如，运行'./sh09.sh Good'。"
#输出错误信息
17           ;;
18   esac
```

运行结果如下。

```
[root@Server01 scripts]# chmod +x sh09.sh
[root@Server01 scripts]# ./sh09.sh
错误：你必须提供参数 Good。例如，运行'./sh09.sh Good'。
[root@Server01 scripts]# ./sh09.sh good
错误：唯一接受的参数是 Good。你提供了'good'。例如，运行'./sh09.sh Good'。
[root@Server01 scripts]# ./sh09.sh Good
Good，你的英语很棒！
```

程序说明如下。

- 第 1 行：#!/bin/bash 指定了脚本的解释器为 bash。
- 第 2～第 4 行：注释块，用中文说明了脚本的功能。
- 第 5 行：使用 case 语句来检查第一个参数 $1。
- 第 7～第 9 行：当第一个参数为 Good 时，输出相应的信息。
- 第 11～第 13 行：当第一个参数为空字符串（即没有提供参数）时，输出错误信息，并提示用户应该如何正确运行脚本。
- 第 15～第 17 行：当第一个参数既不是 Good 又不是空字符串时（即提供了其他参数），输出错误信息，并告诉用户只接受 Good 作为参数，同时显示用户实际提供的参数值。这里的“*”是一个通配符，它会匹配任何不是前面明确列出的模式的字符串。
- 最后一行：esac 是 case 语句的结束标记。

运行方法如下。

- 将脚本保存到一个文件中，如 sh09.sh。
- 为脚本添加执行权限：chmod +x sh09.sh。
- 运行脚本并传递参数：./sh09.sh Good 会输出信息；./sh09.sh（没有参数）或 ./sh09.sh Bad（其他参数）会输出错误信息。

一般来说，使用“case　变量 in”时，“$变量”一般有以下两种获取方式。

- **直接执行式**：例如，利用“script.sh variable”的方式来直接给出$1 变量的内容，这也是在/etc/init.d 目录下大多数程序的设计方式。
- **互动式**：通过 read 命令让用户输入变量的内容。

任务 8-6　while do done、until do done（不定循环）

除了 if...then...fi 这种条件判断式之外，循环是程序中另一个重要的结构。循环可以不停地运行某个程序段，直到用户配置的条件达成为止。所以重点是条件达成的是什么。除了这种依据判断式达成与否的不定循环之外，还有另外一种已知固定要运行多少次的循环，可称为固定循环。

一般来说，不定循环常见的形式有以下两种。

```
while [ condition ]    #方括号内的内容就是判断式
do                     #do 表示循环开始
      程序段
done                   #done 表示循环结束
```

while 的含义是“当……时”，所以这种形式表示当条件成立时，就进行循环，直到条件不成立才停止。还有另外一种不定循环的形式。

```
until [ condition ]
do
      程序段
done
```

这种形式恰恰与 while 相反，它表示当条件成立时，终止循环，否则持续运行循环的程序段。

我们以 while 来进行简单的练习。以下是一个简洁易读的 bash shell 实例，它使用 while 循环来重复执行某些操作，直到满足特定条件为止。这个实例程序将提示用户输入一个数字，并持续这样做，直到用户输入的数字大于 10 为止。

```
[root@Server01 scripts]# vim  sh10.sh
[root@Server01 scripts]# cat -n sh10.sh
#!/bin/bash
#程序说明:
#此脚本会提示用户输入一个数字，并持续这样做，直到用户输入的数字大于 10 为止
#输出提示信息，要求用户输入一个数字
echo "请输入一个数字（大于 10 则退出）:"
#初始化变量，用于存储用户输入的值
input=0
#使用 while 循环来重复执行用户输入的操作，直到输入的数字大于 10
while [ "$input" -le "10" ]; do
    #提示用户输入数字，并将输入的值存储在 input 变量中
    read -p "请输入一个数字: " input
    #检查用户输入的是否为有效的数字
    #使用正则表达式匹配整数或小数
    if ! [[ "$input" =~ ^-?[0-9]+([.][0-9]+)?$ ]]; then
        #如果输入的不是数字，则输出错误信息
        echo "错误: 请输入一个有效的数字。"
        #清空无效的输入，以便循环可以继续并提示用户重新输入
        input=0
    elif [ "$input" -le "10" ]; then
```

```
20              #如果输入的数字小于或等于 10，则输出提示信息，并继续循环
21              echo "数字 $input 不大于 10。请再试一次。"
22          fi
23      done
24      #当循环结束（即用户输入了一个大于 10 的数字）时，输出祝贺信息，并显示用户输入的数字
25      echo "恭喜！您输入了一个大于 10 的数字：$input"
```

- 第 7 行：初始化一个变量 input，用于存储用户输入的值。特别注意，初始数据设为小于 10 的数字，目的是使循环进行下去。
- 第 9 行：使用 while 循环，循环条件是 input 变量的值小于或等于 10。
- 第 11 行：使用 read 命令提示用户输入数字，并将输入的值存储在 input 变量中。
- 第 14～第 18 行：检查用户输入的是否为有效数字。如果不是数字，则输出错误信息，并清空 input 变量，以便循环可以继续。
- 第 19～第 21 行：如果输入的数字小于或等于 10，则输出一条中文提示信息，并继续循环。
- 第 25 行：当循环结束（即用户输入了一个大于 10 的数字）时，输出一条中文祝贺信息，并显示用户输入的数字。

上面这个示例程序说明只有变量$input 的值小于或等于 10 时，才运行循环内的代码段；当变量$input 的值大于 10 时，会结束循环，那么能否使用 until 来完成上面的实例呢？

```
[root@Server01 scripts]# vim  sh10-1.sh
[root@Server01 scripts]# cat -n sh10-1.sh
#!/bin/bash
#程序说明：
#此脚本会提示用户输入一个数字，并持续这样做，直到用户输入的数字大于 10 为止
#输出提示信息，要求用户输入一个数字
echo "请输入一个数字（大于 10 则退出）："
#初始化变量，用于存储用户输入的值
input=0
#使用 until 循环来重复执行用户输入的操作，直到输入的数字大于 10
until [ "$input" -gt "10" ]; do
    #提示用户输入数字，并将输入的值存储在 input 变量中
    read -p "请输入一个数字： " input
    #检查用户输入的是否为有效的数字
    #使用正则表达式匹配整数或小数
    if ! [[ "$input" =~ ^-?[0-9]+([.][0-9]+)?$ ]]; then
        #如果输入的不是数字，则输出错误信息
        echo "错误：请输入一个有效的数字。"
        #清空无效的输入，以便循环可以继续并提示用户重新输入
        input=0
    else
        #若输入的数字不大于 10（不需再检查，因为 until 循环的条件已经处理了这一点）
        #则继续循环（因为 until 循环的条件是检查是否大于 10，如果不大于 10，循环继续）
        #但为了给用户反馈，我们仍然输出提示信息
        echo "数字 $input 不大于 10。请再试一次。"
    fi
done
#当循环结束（即用户输入了一个大于 10 的数字）时，输出祝贺信息，并显示用户输入的数字
echo "恭喜！您输入了一个大于 10 的数字：$input"
```

提醒 仔细比较这两个程序的不同。

计算 1+2+3+…+1000 的值，利用循环，程序如下。

```
[root@Server01 scripts]# vim  sh11.sh
[root@Server01 scripts]# cat -n sh11.sh
#!/bin/bash
……
PATH=/bin:/sbin:/usr/bin:/usr/sbin:/usr/local/bin:/usr/local/sbin:~/bin
export  PATH
s=0                                  #这是累加的数值变量
i=0                                  #这是累计的数值，即 1,2,3…
while [ "$i" != "1000" ]
do
     i=$(($i+1))                     #每次 i 都会添加 1
     s=$(($s+$i))                    #每次都会累加一次
done
echo "The result of '1+2+3+...+1000' is ==> $s"
```

运行 sh sh11.sh 之后，可以得到 500500 这个数据。

```
[root@Server01 scripts]# sh sh11.sh
The result of '1+2+3+...+1000' is ==> 500500
```

在 sh10-1.sh 脚本中，until 循环会持续执行，直到用户输入的数字大于 10。**注意**，我们在 else 分支中不再需要显式地检查数字是否小于或等于 10，因为 until 循环的条件已经确保了这一点。我们仍然保留了输出提示信息的代码，以便给用户反馈。

思考 如果想让用户自行输入一个数字，让程序计算从 1+2+…，直到输入的数字为止，该如何编写程序呢？

任务 8-7 for...do...done 的数值处理

除了前述方法之外，for 循环还有另外一种写法。

1. for 循环的语法

```
for (( 初始值; 限制值; 执行步长 ))
do
      程序段
done
```

这种语法适用于数值方式的运算，for 后面圆括号内参数的含义如下。

- 初始值：某个变量在循环当中的起始值，直接以类似 i=1 的方式设置好。
- 限制值：当变量的值在这个限制值的范围内时，继续执行循环，如 i<=1000。
- 执行步长：每执行一次循环时变量的变化量，例如，i=i+1，步长为 1。

注意 在“执行步长”的设置上，如果每次增加 1，则可以使用类似 i++的方式。下面以这种方式完成从 1 累加到用户输入的数值的循环实例。

2. for 循环的实例

如果想让用户根据提示输入一个数字，让程序计算 1+2+⋯+n，n 是用户输入的数字，那么可以使用 for...do...done 来编写一个脚本程序。

```
[root@Server01 scripts]# vim  sh12.sh
[root@Server01 scripts]# cat -n  sh12.sh
     1	#!/bin/bash
     2	#提示用户输入一个数字
     3	read -p "请输入一个正整数: " num
     4	#检查输入是否为正整数
     5	if ! [[ "$num" =~ ^[0-9]+$ ]] || [ "$num" -le 0 ]; then
     6	    echo "输入无效，请输入一个正整数。"
     7	    exit 1
     8	fi
     9	#初始化总和为 0
    10	sum=0
    11	#使用 for 循环计算和
    12	for ((i=1; i<=num; i++))
    13	do
    14	    sum=$((sum + i))
    15	done
    16	#输出结果
    17	echo "从 1 加到$num 的和是: $sum"
```

运行结果：

```
[root@Server01 scripts]# sh sh12.sh
请输入一个正整数: 100000
从 1 加到 100000 的和是: 5000050000
```

任务 8-8 查询 shell script 错误

在运行脚本之前，最怕的就是其有语法错误问题，那么该如何调试？有没有办法实现不需要运行脚本就可以判断是否有问题？下面直接以 sh 命令的相关选项来进行判断，其格式如下。

```
sh  [-nvx] scripts.sh
```

sh 命令的选项如下。

- -n：不执行脚本，仅查询语法的问题。
- -v：在执行脚本前，先将脚本的内容输出到屏幕上。
- -x：将使用到的脚本内容显示到屏幕上。

范例 1：假设有苹果、香蕉、橙子 3 种水果，请编写一个 Shell 脚本，使用数组来遍历并输出这些水果。实现该功能的 Shell 脚本的名称是 sh13.sh，源代码请在教学资源包里查看。现在来测试 sh13.sh 有无语法问题。

```
[root@server01 scripts]# sh  -n  sh13.sh
#若语法没有问题，则不会显示任何信息！
```

范例 2：将 sh13.sh 的运行过程全部列出来。

```
[root@server01 scripts]# sh  -x  sh13.sh
+ fruits=("苹果" "香蕉" "橙子")
+ count=0
+ for fruit in "${fruits[@]}"
+ echo '索引 0: 水果名称是: 苹果'
```

```
索引 0：水果名称是：苹果
+ count=1
+ for fruit in "${fruits[@]}"
+ echo '索引 1：水果名称是：香蕉'
索引 1：水果名称是：香蕉
+ count=2
+ for fruit in "${fruits[@]}"
+ echo '索引 2：水果名称是：橙子'
索引 2：水果名称是：橙子
+ count=3
+ echo '数组中共有 3 个水果。'
数组中共有 3 个水果。
```

注意 上面范例 2 中执行的结果并不会有颜色的显示。“+”后面的数据都是命令串，使用 sh -x 将命令执行过程也显示出来，用户可以判断程序代码执行到哪一段时会出现哪些相关的信息。这个功能非常好，通过显示完整的命令串，能够依据输出的错误信息来修正脚本。

8.4 拓展阅读“龙芯之母”——黄令仪院士

中国“龙芯之母”黄令仪院士曾说：“我这辈子最大的心愿就是匍匐在地，擦干祖国身上的耻辱！”而她也用自己的实际行动打破了美国的技术封锁，从 2018 年起每年为我国省下了 2 万多亿元的芯片采购费用。

黄令仪 1936 年出生于广西南宁。1958 年，她以优异的成绩进入清华大学半导体专业深造，1960 年在母校创建了国内首个半导体实验室，研发出我国的半导体二极管。

2001 年，中国科学院向全国发出了打造“中国芯”的集结令，尽管经费不足，困难重重，65 岁的黄令仪毅然加入龙芯研发团队，成为项目负责人。2018 年，她亲自主持并成功研制了龙芯三号，龙芯三号的研制成功不仅让歼 20 和北斗都装上了中国芯，还让复兴号高铁实现了百分百国产化。

一块小小的芯片凝聚着我国最前沿的科研力，我国的芯片发展之路虽然并不平坦，但路在脚下，志在心中，年轻一代的科学家已经逐渐成长，未来“中国芯”的研发之路必将群英汇集，愈发璀璨。青年学生应该向老一辈科学家学习，要惜时如金，学好知识，报效祖国。

8.5 项目实训 实现 shell script 程序设计

1. 视频位置

实训前扫描二维码，观看“项目实录　实现 shell script 程序设计”慕课。

8-3 慕课

项目实录　实现 shell script 程序设计

2. 项目实训目的

- 掌握 shell 环境变量、管道、输入输出重定向的使用方法。
- 熟悉 shell 程序设计。

3. 项目背景

（1）计算 1+2+3+…+100 的值，利用循环该怎样编写程序？

如果想要让用户自行输入一个数字，让程序计算由 1+2+⋯，累加到输入的数字为止，该如何编写程序？

（2）创建一个脚本，名为/root/batchusers。此脚本能为系统创建本地用户，并且这些用户的用户名来自一个包含用户名列表的文件，同时满足下列要求。

- 此脚本要求提供一个参数，此参数就是包含用户名列表的文件。
- 如果没有提供参数，则此脚本应该给出提示信息 Usage: /root/batchusers，然后退出并返回相应的值。
- 如果提供一个不存在的文件名，则此脚本应该给出提示信息 input file not found，然后退出并返回相应的值。
- 创建的用户登录 shell 为/bin/false。
- 此脚本需要为用户设置默认密码 123456。

4. 项目要求

练习 shell 程序设计方法及 shell 环境变量、管道、输入输出重定向的使用方法。

5. 做一做

根据项目实录视频进行项目实训，检查学习效果。

8.6 练习题

一、填空题

1. shell script 是利用________的功能所写的一个程序。这个程序使用纯文本文档，将一些________写在里面，搭配________、________与________等功能，以达到想要的处理目的。

2. 在 shell script 的文件中，命令是从________到________、从________到________进行分析与执行的。

3. shell script 的运行至少需要有________的权限，若需要直接执行命令，则需要拥有________的权限。

4. 养成良好的程序编写习惯，第一行要声明________，第二行以后则声明________、________、________等。

5. 对话式脚本可使用________命令达到目的。要创建每次执行脚本都有不同结果的数据，可使用________命令来完成。

6. 若以 source 来执行脚本，则代表在________的 bash 内运行。

7. 若需要判断式，可使用________或________来处理。

8. 条件判断式可使用________来判断，在固定变量内容的情况下，可使用________来处理。

9. 循环主要分为________以及________，配合 do、done 来完成所需任务。

10. 假如脚本名为 script.sh，可使用________命令来调试程序。

二、实践习题

1. 创建一个脚本，运行该脚本时，显示：你目前的身份（用 whoami）；你目前所在的目录（用 pwd）。

2. 创建一个程序，计算“你还有几天可以过生日”。

3. 创建一个程序，让用户输入一个数字，计算 1+2+3+…，一直累加到用户输入的数字为止。

4. 编写一个程序，其作用是：先查看/root/test/logical 这个名称是否存在；若不存在，则创建一个文件（使用 touch 来创建），创建完成后离开；若存在，则判断该名称是否为文件，若为文件，则将其删除后创建一个目录，目录名为 logical，之后离开；若存在，而且该名称为目录，则移除此目录。

5. 我们知道/etc/passwd 中以“:”为分隔符，第一栏为账号名称。编写程序，将/etc/ passwd 的第一栏取出，而且每一栏都以一行字符串“The 1 account is "root" ”显示，其中，1 表示行数。

项目9
使用GCC和make调试程序

项目导入

当程序编写告一段落时，接下来的核心步骤便是调试，这对于程序员及系统管理员而言极为关键。在调试过程中，GCC 与 make 两大工具扮演着举足轻重的角色，它们分别负责编译与构建，为调试提供坚实的基础。

GNU 编译器套件（the GNU Compiler Collection，GCC）负责将源码编译成可执行文件，并可选择地嵌入调试信息。这些信息，如源码行号、变量名等，对于后续的源码级调试至关重要。

而 make 则是一个自动化构建工具，它依据 makefile 中的定义来构建项目。makefile 详细列出了哪些源文件需编译、如何编译以及编译顺序，从而简化构建流程。

需注意的是，GCC 与 make 虽在构建中发挥着核心作用，但它们并非直接的调试工具。调试工作通常需要借助 gdb 等专门的调试器来完成。

知识和能力目标

- 理解程序调试。
- 掌握使用 GCC 编译并支持调试的方法。
- 掌握使用 make 进行自动化构建的方法。

素质目标

- 中国传统文化博大精深，学习和掌握其中的各种思想精华，对树立正确的世界观、人生观、价值观很有益处。
- 增强历史自觉、坚定文化自信。“博学之，审问之，慎思之，明辨之，笃行之。”青年学生要讲究学习方法，珍惜现在的时光，做到不负韶华。

9.1 项目知识准备

程序设计是一项复杂的工作，难免会出错。据说有这样一个典故：早期的计算机体积都很大，有一次一台计算机不能正常工作，工程师们找了半天原因，最后发现是一只臭虫钻进计算机中造成的。从此以后，程序中的错误被称作臭虫（bug），而找到这些错误并加以纠正的过程就叫作调试（debug）。有时候调试是非常复杂的工作，要求程序员概念明确、逻辑清晰、性格沉稳，可能还需要一点运气。调试的技能可以在后续的学习中慢慢培养，但首先要清楚程序中的错误分为哪几类。

9.1.1 编译时错误

编译时错误是程序设计过程中十分容易遇到的一种错误，尤其在初学阶段。编译器作为严格的语法检查者，对代码的准确性有极高的要求。一旦代码中存在语法错误，编译器将拒绝继续编译，并生成错误提示信息，指出问题所在。

（1）与自然语言不同，编译器对语法错误的容忍度极低。即使是一个微小的语法错误，也可能导致整个编译过程失败，从而无法生成可执行文件。这种严格性确保了代码在语法层面上的正确性和一致性，为后续的调试和运行打下了坚实的基础。

（2）编译器的错误提示信息有时可能并不直观或准确。在初学阶段，由于经验不足，程序员可能会花费大量时间来理解和纠正这些错误。但随着经验的积累，程序员将逐渐熟悉编译器的错误提示模式，并能更快速地定位和解决问题。

（3）相较运行时错误、逻辑错误和语义错误，编译时错误通常被视为最简单、最低级的错误。这是因为编译器的错误提示通常与源码直接相关，且错误类型相对有限。一旦掌握了编译器的错误提示规律，程序员就能迅速找到并修复问题。

总的来说，编译时错误是程序设计过程中十分常见的。通过不断学习和实践，程序员将逐渐提高解决编译时错误的能力，为编写高质量、稳定的代码打下坚实的基础。同时，也需要注意到编译器错误提示信息的局限性，并结合实际情况进行综合分析和判断。

9.1.2 运行时错误

运行时错误是程序设计领域一类尤为关键且复杂的错误，这类错误在编译阶段难以被编译器所察觉，因此即便代码存在潜在问题，编译器仍能顺利生成可执行文件。然而，当程序运行至包含运行时错误的代码段时，便可能导致程序异常终止或崩溃。

对于初学者而言，在编写较为简单的程序时，遭遇运行时错误的可能性相对较低。但随着程序设计技能与程序复杂度的提升，运行时错误将变得越发常见。因此，对于每一位程序设计学习者而言，明确区分编译时错误与运行时错误至关重要。这种区分有助于在调试阶段迅速定位并解决问题。同时，在学习 C 语言及其他程序设计语言的过程中，也需时刻牢记这一区分，因为编译时与运行时的行为往往截然不同，它们分别承担着不同的任务。

编译时，编译器会依据程序设计语言的语法规则对源码进行逐行检查，确保代码在结构上的正确性。而运行时，则是由操作系统或程序自身的运行环境来执行编译后的代码，以实现特定的功能或逻辑。在这两个阶段，编译器主要关注代码的语法层面，而运行时则更多地关注代码的逻辑、数据处理及与外部环境的交互等方面。

因此，在学习与编写代码的过程中，我们必须深入理解编译时与运行时的区别，并学会在适当的时机运用相应的工具与方法来检测和纠正不同类型的错误。只有这样，我们才能编写出既稳定又高效的程序。

9.1.3 逻辑错误和语义错误

如果程序有逻辑错误，编译和运行都会很顺利，看上去也不产生错误信息，但是程序没有做它该做的事情，而是做了别的事情。当然不管怎么样，计算机只会按所写的程序去做，关键问题在于写的程序不是真正想要的，这意味着程序的意思（语义）是错的。找到逻辑错误所处的位置需要头脑十分清醒，还要通过观察程序的输出来判断它到底在做什么。

读者应掌握的最重要的技能之一就是调试。调试的过程可能会让人感到沮丧，但调试也是程序设计中最需要动脑、最有挑战和最有乐趣的部分。从某种角度看，调试就像侦探工作，根据掌握的线索来推断是什么原因和过程导致了错误的结果。调试也像一门实验科学，每次想到哪里可能有错，就修改程序再试一次。如果假设是对的，就能得到预期的正确结果，可以接着调试下一个程序，一步一步逼近正确的程序；如果假设错误，就只好另外找思路再做假设。当把不可能的结果全部剔除时，剩下的就一定是事实。

其实，程序设计和调试是一回事，程序设计的过程就是逐步调试，直到获得期望的结果为止。从一个能正确运行的小规模程序开始，每做一步小的改动就立刻进行调试，这样的好处是总有一个正确的程序做参考：如果正确，就继续程序设计；如果不正确，那么很可能是刚才的小改动出了问题。例如，Linux 操作系统包含成千上万行代码，但它也不是一开始就规划好了内存管理、设备管理、文件系统、网络等大的模块，一开始它仅仅是莱纳斯用来琢磨 Intel 80386 芯片而写的小程序。据拉里 · 格林菲尔德（Larry Greenfield）说，莱纳斯的早期工程之一是编写一个交替输出 AAAA 和 BBBB 的程序，这个程序后来进化成了 Linux。

9.2 项目设计与准备

本项目要用到 Server01，完成的任务如下。

（1）利用 GCC 编译程序并支持调试。

（2）使用 make 自动化构建程序。

其中，Server01 的 IP 地址为 192.168.10.1/24，网络连接模式是仅主机模式（VMnet1）。

特别提醒 本项目实例的工作目录在用户的家目录，即/**root** 和/**c** 下面。

9.3 项目实施

经过前面的介绍之后，读者应该比较清楚地知道源码、编译器与运行文件之间的相关性了，只是对详细的流程可能还不是很清楚，所以在这里以一个简单的程序实例来说明整个编译的过程。

任务 9-1　安装 GCC

1. 认识 GCC

GCC 是一套由 GNU 开发的程序设计语言编译器，是以 GPL 发行的自由软件，也是 GNU 计划的关键部分。GCC 原本作为 GNU 操作系统的官方编译器，现已被大多数类 UNIX 操作系统（如 Linux、BSD、macOS 等）采纳为标准的编译器。GCC 同样适用于微软的 Windows 操作系统。GCC 是自由软件过程发展中的著名例子，由自由软件基金会以 GPL 协议发布。

GCC 原名为 GNU C 语言编译器，因为它原本只能处理 C 语言。但 GCC 后来得到扩展，变得既可以处理 C++，又可以处理 Fortran、GO、Objective-C、D、Ada 与其他语言。

2. 安装 GCC

（1）检查是否安装了 GCC。

```
[root@Server01 ~]# rpm  -qa|grep  gcc
libgcc-11.4.1-2.1.el9.x86_64
```

（2）上述结果表示未安装 GCC，可以使用 dnf 命令安装所需软件包。

① 挂载 ISO 映像文件到/media 目录。

```
[root@Server01 ~]# mount  /dev/cdrom  /media
```

② 制作用于安装的 YUM 源文件（后面不赘述）。

```
[root@Server01 ~]# vim  /etc/yum.repos.d/dvd.repo
[Media]
name=Meida
baseurl=file:///media/BaseOS
gpgcheck=0
enabled=1

[rhel8-AppStream]
name=rhel8-AppStream
baseurl=file:///media/AppStream
gpgcheck=0
enabled=1
```

③ 使用 dnf 命令查看 GCC 软件包的信息，如图 9-1 所示。

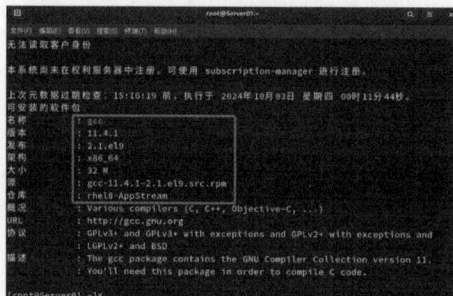

图 9-1　使用 dnf 命令查看 GCC 软件包的信息

④ 使用 dnf 命令安装 GCC。

```
[root@Server01 ~]# dnf clean all                        #安装前先清除缓存
[root@Server01 ~]# dnf  install  gcc  -y
```

正常安装完成后，最后的提示信息是：

```
验证    : libxcrypt-devel-4.4.18-3.el9.x86_64                              6/6
已更新安装的产品。

已安装：
  gcc-11.4.1-2.1.el9.x86_64              glibc-devel-2.34-83.el9_3.7.x86_64
  glibc-headers-2.34-83.el9_3.7.x86_64  kernel-headers-5.14.0-362.8.1.el9_3.x86_64
  libxcrypt-devel-4.4.18-3.el9.x86_64   make-1:4.3-7.el9.x86_64

完毕!
```

所有软件包安装完毕，可以使用 rpm 命令再次进行查询。

```
[root@Server01 ~]# rpm -qa | grep gcc
libgcc-11.4.1-2.1.el9.x86_64
gcc-11.4.1-2.1.el9.x86_64
```

任务 9-2　编写程序：输出《忆秦娥 · 娄山关》全文

我们以 Linux 上常见的 C 语言来编写一个程序，输出《忆秦娥 · 娄山关》全文。

提示　先确认 Linux 操作系统中已经安装了 GCC。如果尚未安装，应使用 RPM 安装，安装好 GCC 之后，再继续下面的内容。

1．编辑程序代码即源码

```
[root@Server01 ~]# vim  maoshi.c   #用 C 语言写的程序扩展名建议用.c
[root@Server01 ~]# cat -n maoshi.c
     1	#include <stdio.h>
     2	int main() {
     3	    // 定义包含《忆秦娥 · 娄山关》全部内容的字符串
     4	    const char *poem =
     5	        "忆秦娥 · 娄山关 毛泽东\n\n"
     6	        "西风烈，\n"
     7	        "长空雁叫霜晨月。\n"
     8	        "霜晨月，\n"
     9	        "马蹄声碎，\n"
    10	        "喇叭声咽。\n\n"
    11	        "雄关漫道真如铁，\n"
    12	        "而今迈步从头越。\n"
    13	        "从头越，\n"
    14	        "苍山如海，\n"
    15	        "残阳如血。\n";
    16	    // 使用 printf 函数输出字符串
    17	    printf("%s", poem);
    18	    // 返回 0 表示程序正常结束
    19	    return 0;
    20	}
```

前面是用 C 语言的语法编写的一个程序文件。第一行的“#”并不是注释。

2. 开始编译与测试运行

```
[root@Server01 ~]# gcc  maoshi.c
[root@Server01 ~]# ll maoshi.c  a.out
-rwxr-xr-x. 1 root root 8512 Jul 15 21:18 a.out    #此时会生成这个文件名
-rw-r--r--. 1 root root   72 Jul 15 21:17 hello.c
[root@Server01 ~]# ./a.out
忆秦娥·娄山关 毛泽东

西风烈，
长空雁叫霜晨月。
霜晨月，
马蹄声碎，
喇叭声咽。

雄关漫道真如铁，
而今迈步从头越。
从头越，
苍山如海，
残阳如血。
```

在默认状态下，如果直接以 GCC 编译源码，并且没有加上任何参数，则可执行文件的文件名被自动设置为 a.out，能够直接执行./a.out 这个可执行文件。

该例子很简单，maoshi.c 是源码，GCC 是编译器，a.out 是编译成功的可执行文件。但如果想要生成目标文件（object file）来进行其他操作，而且可执行文件的文件名也不要用默认的 a.out，那么该如何做？其实可以将上面的第 2 个步骤改成下面这样。

```
[root@Server01 ~]# gcc  -c  maoshi.c
[root@Server01 ~]# ll  maoshi*
-rw-r--r--. 1 root root  627 10月  3 15:59 maoshi.c
-rw-r--r--. 1 root root 1744 10月  3 16:05 maoshi.o      #这就是生成的目标文件
[root@Server01 ~]# gcc  -o  maoshi  maoshi.o             #小写字母 o
[root@Server01 ~]# ll  maoshi*
-rwxr-xr-x. 1 root root 24280 10月  3 16:06 maoshi      #这就是可执行文件（-o 的结果）
-rw-r--r--. 1 root root   627 10月  3 15:59 maoshi.c
-rw-r--r--. 1 root root  1744 10月  3 16:05 maoshi.o
[root@Server01 ~]# ./maoshi
忆秦娥·娄山关 毛泽东

西风烈，
长空雁叫霜晨月。
霜晨月，
马蹄声碎，
喇叭声咽。
……
```

这个步骤主要是利用 maoshi.o 这个目标文件生成一个名为 maoshi 的可执行文件，详细的 GCC 语法会在后面继续介绍。通过这个操作，可以得到 maoshi 及 maoshi.o 两个文件，真正可以执行的是 maoshi 这个二进制文件（该源码程序可在出版社网站下载）。

任务 9-3 编译与链接主程序和子程序

有时会在一个主程序中调用另一个子程序，这是很常见的，因为这样做可以简化整个程序。在下面的例子中，我们以主程序 thanks.c 调用子程序 thanks_2.c，方法很简单。

1. 撰写主程序、子程序

```
[root@Server01 ~]# vim  thanks.c
#include <stdio.h>
int main(void)
{
        printf("Hello World\n");
        thanks_2();
}
```

下面的 thanks_2()就是要调用的子程序。

```
[root@Server01 ~]# vim  thanks_2.c
#include <stdio.h>
void thanks_2(void)
{
        printf("Thank you!\n");
}
```

2. 编译与链接程序

（1）将源码编译为可执行的二进制文件（警告信息可忽略）。

```
[root@Server01 ~]# gcc  -c  thanks.c  thanks_2.c
[root@Server01 ~]# ll  thanks*
-rw-r--r--. 1 root root   76 Jul 15 21:27 thanks_2.c
-rw-r--r--. 1 root root 1504 Jul 15 21:27 thanks_2.o    #编译生成的目标文件
-rw-r--r--. 1 root root   91 Jul 15 21:25 thanks.c
-rw-r--r--. 1 root root 1560 Jul 15 21:27 thanks.o      #编译生成的目标文件
[root@Server01 ~]# gcc -o thanks thanks.o thanks_2.o    #小写字母 o
[root@Server01 ~]# ll thanks
-rwxr-xr-x. 1 root root 8584 Jul 15 21:28 thanks        #最终结果会生成可执行文件
```

（2）运行可执行文件。

```
[root@Server01 ~]# ./thanks
Hello World
Thank you!
```

为什么要制作目标文件？因为我们的源码文件有时并非只有一个，所以无法直接编译。这时就需要先生成目标文件，再以链接制作成二进制可执行文件。另外，如果修改了 thanks_2.c 这个文件的内容，则只要重新编译 thanks_2.c 来产生新的 thanks_2.o，再以链接制作出新的二进制可执行文件，而不必重新编译其他没有改动过的源码文件。对于软件开发者来说，这是一个很重要的功能，因为有时候要将偌大的源码全部编译完成会花很长的一段时间。

此外，如果想要让程序在运行的时候具有比较好的性能，或者是其他的调试功能，则可以在编译的过程中加入适当的选项，例如：

```
[root@Server01 ~]# gcc  -O  -c  thanks.c  thanks_2.c  # -O 为用于生成优化信息的选项
[root@Server01 ~]# gcc  -Wall  -c  thanks.c  thanks_2.c
thanks.c: 在函数'main'中:
```

```
thanks.c:5:9: 警告：隐式声明函数'thanks_2' [-Wimplicit-function-declaration]
    5 |         thanks_2();
      |         ^~~~~~~~
[root@Server01 ~]# gcc  -Wall  -c  thanks.c  thanks_2.c
thanks.c: 在函数'main'中:
thanks.c:5:9: 警告：隐式声明函数'thanks_2' [-Wimplicit-function-declaration]
    5 |         thanks_2();
      |         ^~~~~~~~
```

-Wall 为用于产生更详细的编译过程信息的选项。上面的信息为警告信息，不用理会也没有关系。

提示 更多的 GCC 选项参数功能可以使用 man GCC 查看、学习。

任务 9-4 调用外部函数库：加入链接的函数库

前述例子只是在屏幕上输出一些文字，如果要计算数学公式该怎么办？例如，计算三角函数中的 sin90°。要注意的是，大多数程序语言都使用弧度而不是角度，180 度等于 3.14 弧度。我们来编写一个程序：

```
[root@Server01 ~]# vim  sin.c
#include <stdio.h>
int main(void)
{
        float value;
        value = sin ( 3.14 / 2 );
        printf("%f\n",value);
}
```

这个程序可以先直接编译：

```
[root@Server01 ~]# gcc  sin.c
sin.c: 在函数'main'中:
                ^~~
sin.c:5:17: 警告：隐式声明与内建函数'sin'不兼容
sin.c:5:17: 附注：include '<math.h>' or provide a declaration of 'sin'
sin.c:2:1:
+#include <math.h>
 int main(void)
sin.c:5:17:
         value = sin ( 3.14 / 2 );
                ^~~
# 注意看上面黑体部分存在错误信息，代表没有成功
```

为什么没有编译成功？黑体部分的意思是“包含<math.h>库文件或者提供 sin 的声明”，之所以会这样是因为 C 语言中的 sin 函数是写在 libm.so 函数库中的，而我们并没有在源码中将这个函数库功能加进去。

可以这样更正：在 sin.c 中的第 2 行后加入语句#include<math.h>，且编译时加入额外函数库的链接。

```
[root@Server01 ~]# vim sin.c
#include <stdio.h>
#include <math.h>
```

```
int main(void)
{
        float value;
        value = sin ( 3.14 / 2 );
        printf("%f\n",value);
}

[root@Server01 ~]# gcc  sin.c  -lm  -L /lib  -L /usr/lib     #重点在 -lm
[root@Server01 ~]# ./a.out                                   #尝试执行新文件
1.00  0000
```

特别注意 使用 GCC 编译时加入的-lm 是有意义的，可以拆成两部分来分析。

- -l：加入某个函数库（library）。
- m：libm.so 函数库，其中，lib 与扩展名（.a 或.so）不需要写。

所以-lm 表示使用 libm.so（或 libm.a）这个函数库。而-L 后面接的路径表示程序需要的函数库 libm.so 可到/lib 或/usr/lib 中寻找。

注意 由于 Linux 默认将函数库放置在/lib 与/usr/lib 中，因此即便没有写-L /lib 与-L /usr/lib，也没有关系。不过，如果使用的函数库并非放置在这两个目录下，那么-L /path 就很重要了，未写就会找不到函数库。

除了链接的函数库之外，还有一个需要注意的地方是 sin.c 中的第一行“#include <stdio.h>”，这行说明的是要将一些定义数据由 stdio.h 这个文件读入，这包括 printf 的相关设置。这个文件其实是放置在/usr/include 中的。如果这个文件并非放置在这里，那么可以使用下面的方式来定义要读取的 include 文件放置的目录。

```
[root@Server01 ~]# gcc  sin.c  -lm  -I /usr/include
```

-I 后面接的路径就是设置要去寻找相关的 include 文件的目录。不过，默认值同样放置在/usr/include 下面，除非 include 文件放置在其他路径，否则也可以略过这个选项。

通过前面的几个小实例，读者应该对 GCC 以及源码有了一定程度的认识，接下来整体认识 GCC 的简易使用方法。

任务 9-5 使用 GCC（编译、参数与链接）

前文说过，GCC 是 Linux 中最标准的编译器，是由 GNU 计划维护的，感兴趣的读者可以参考相关资料。既然 GCC 对于 Linux 中的开放源码这样重要，下面就列举 GCC 常见的几个参数。

（1）仅将源码编译成目标文件，并不制作链接等功能。

```
[root@Server01 ~]# gcc  -c  maoshi.c
```

上述程序会自动生成 maoshi.o 文件，但是并不会生成二进制可执行文件。

（2）在编译时，依据作业环境优化执行速度。

```
[root@Server01 ~]# gcc  -O  maoshi.c  -c
```

上述程序会自动生成 maoshi.o 文件，并且进行优化。

（3）在制作二进制可执行文件时，将链接的函数库与相关的路径填入。

```
[root@Server01 ~]# gcc sin.c -lm -L /usr/lib -I /usr/include
```

- 在最终链接成二进制可执行文件时，这个命令经常执行。
- -lm 指的是 libm.so 或 libm.a 函数库文件。
- -L 后面接的路径是函数库的搜索目录。
- -I 后面接的是源码内的 include 文件所在的目录。

（4）根据编译的结果生成某个特定文件。

```
[root@Server01 ~]# gcc -o maoshi maoshi.c
```

在程序中，-o 后面接的是要输出的二进制可执行文件的文件名。

（5）在编译时，输出较多的说明信息。

```
[root@Server01 ~]# gcc -o maoshi maoshi.c -Wall
```

加入-Wall 之后，程序的编译会变得较为严谨，所以警告信息也会显示出来。

我们通常称-Wall 或者-o 这些非必要的选项为标志（FLAGS）。因为我们使用的是 C 语言，所以有时候也会简称这些标志为 CFLAGS。这些标志偶尔会使用，尤其是后文在介绍 make 相关用法的时候。

任务 9-6 使用 make 进行宏编译

下面使用 make 来简化下达编译命令的流程。

1. 为什么要用 make

先来想象一个案例，假设执行文件包含 4 个源码文件，分别是 math_functions.h 、main.c、add.c 和 subtract.c，这 4 个文件的功能如下。

- math_functions.h：头文件，声明加法和减法函数等。
- main.c：主要目的是让用户输入两个整数，调用其他 2 个子程序计算两数的和与差。
- add.c：计算用户输入的两个整数的和。
- subtract.c：计算用户输入的两个整数的差。

提示 这 4 个文件可在出版社的网站下载，或通过 QQ 联系作者索要。

```
[root@Server01 ~]# mkdir /c
[root@Server01 ~]# cd /c
```

（1）头文件（math_functions.h）

```
[root@Server01 c]# vim math_functions.h
#ifndef MATH_FUNCTIONS_H
#define MATH_FUNCTIONS_H
int add(int a, int b);              // 声明加法函数
int subtract(int a, int b);         // 声明减法函数
#endif // MATH_FUNCTIONS_H
```

（2）主程序（main.c）

```
[root@Server01 c]# vim main.c
#include <stdio.h>
#include "math_functions.h"
```

```
char name[15];
int x,y;
int main() {
    printf ("\n\nPlease input your name: ");
 scanf  ("%s", &name );
    printf ("\n 请输入任意两个整数，系统将计算该两数的和与差: " );
    scanf  ("%d%d", &x,&y);
    printf("两整数的和为: %d\n", add(x, y));
    printf("两整数的差为: %d\n", subtract(x, y));
    return 0;
}
```

（3）相加文件（add.c）

```
[root@Server01 c]# vim add.c
#include "math_functions.h"

int add(int a, int b) {
    return a + b;
}
```

（4）相减文件（subtract.c）

```
[root@Server01 c]# vim subtract.c
#include "math_functions.h"

int subtract(int a, int b) {
    return a - b;
}
```

由于这 4 个文件具有相关性，并且用到了数学函数式，因此如果想要让这个程序可以正常运行，那么需要进行编译。

① 先进行目标文件的编译，最终会有 3 个*.o 文件出现。

```
[root@Server01 c]# gcc  -c  main.c
[root@Server01 c]# gcc  -c  add.c
[root@Server01 c]# gcc  -c  subtract.c
```

② 再链接形成可执行文件 mymain。

```
[root@Server01 c]# gcc  -o  mymain  main.o add.o  subtract.o
```

注意 如果一条命令在一行写不下，可以加“\”并按“Enter”键换行继续写。

③ 得出本程序的运行结果，必须输入姓名、360 度角的角度值来完成计算。

```
[root@Server01 c]# ./mymain
Please input your name: Bobby                                #这里先输入名字

请输入任意两个整数，系统将计算该两数的和与差: 78965  12348      #这里输入两个整数
 #下面这两行是输出结果
两整数的和为: 91313
两整数的差为: 66617
```

编译的过程需要进行很多操作，如果要重新编译，则上述的流程又要重复一遍，光是找出这些命令就很麻烦。但是，可以只通过一个步骤就完成上面所有的操作，即利用 make 这个工具。先试

着在/c 目录下创建一个名为 makefile 的文件，代码如下。

```
#  先编辑 makefile 这个规则文件，内容是制作出 mymain 这个可执行文件
[root@Server01 c]# vim makefile
main: main.o add.o subtract.o
        gcc -o mymain main.o add.o subtract.o
```

注意 第 2 行的 GCC 之前的空白是按“Tab”键产生的，不是空格，否则会出错。

尝试使用 makefile 制定的规则进行编译。

```
[root@Server01 c]# rm -f mymain *.o   #先将之前的目标文件删除
[root@Server01 c]# make
cc    -c -o main.o main.c
cc    -c -o add.o add.c
cc    -c -o subtract.o subtract.c
gcc -o mymain main.o add.o subtract.o
```

此时 make 会读取 makefile 的内容，并根据内容直接编译相关的文件，警告信息可忽略。

```
#  在不删除任何文件的情况下，重新编译
[root@Server01 c]# make
gcc -o mymain main.o add.o subtract.o
```

从上面可以看出，使用 make 进行编译是非常方便的。

```
[root@Server01 c]# ./mymain
Please input your name: yy
请输入任意两个整数，系统将计算该两数的和与差：56 90
两整数的和为：146
两整数的差为：-34
```

2. 了解 makefile 的基本语法与变量

make file 的语法相当多且复杂，感兴趣的话可以到 GNU 查阅相关的说明。这里仅列出一些基本的规则，重点在于让读者未来在接触源码时不会太紧张。基本的 makefile 规则如下。

```
目标(target)：目标文件 1 目标文件 2
<tab>   gcc -o 欲创建的可执行文件 目标文件 1 目标文件 2
```

目标就是我们想要创建的信息，而目标文件就是具有相关性的文件，创建可执行文件的语法位于按“Tab”键开头的那一行。要特别留意，命令行必须以按“Tab”键开头才行。语法规则如下。

- 在 makefile 当中的 # 代表注释。
- 需要在命令行（如 GCC 这个编译器命令）的第一个字符前按“Tab”键。
- 目标与相关文件（就是目标文件）之间需以“:”隔开。

同样，我们以前文的实例做进一步说明，如果想要有两个以上的执行操作，例如，执行一个命令就直接清除所有的目标文件与可执行文件，那么该如何制作 makefile 文件？

（1）先编辑 makefile 来建立新的规则，此规则的目标名称为 clean。

```
[root@Server01 c]# vim makefile
main: main.o add.o subtract.o
        gcc -o mymain main.o add.o subtract.o
clean:
        rm -f mymain main.o  add.o subtract.o
```

特别注意 第 2 行和第 4 行开头的空白是按“Tab”键产生的，不是空格，否则会出错。

（2）以新的目标（clean）测试，看看执行 make 的结果。

```
[root@Server01 c]# make  clean  #以 clean 为目标，运行 make
rm -f mymain main.o  add.o subtract.o
```

如此一来，makefile 中就具有至少两个目标，分别是 main 与 clean，如果想要创建 mymain 的话，输入 make main；如果想要清除信息，输入 make clean 即可；而如果想要先清除目标文件再编译 main 这个程序，就输入 make　clean　main，代码如下。

```
[root@Server01 c]# make  clean  main
rm -f mymain main.o  add.o subtract.o
cc    -c -o main.o main.c
cc    -c -o add.o add.c
cc    -c -o subtract.o subtract.c
gcc -o mymain main.o add.o subtract.o
```

不过，makefile 中重复的数据还是有点多。我们可以再通过 shell script 的变量来简化 makefile。

```
[root@Server01 c]# vim  makefile
OBJS = main.o add.o  subtract.o
main: ${OBJS}
	gcc -o mymain ${OBJS}
clean:
	rm -f mymain ${OBJS}
```

特别注意 第 3 行和第 5 行开头的空白是按“Tab”键产生的，不是空格，否则会出错。

与 bash shell script 的语法有点不同，变量的基本语法如下。

- 变量与变量内容以“=”隔开，同时两边可以有空格。
- 在变量左边不可以按“Tab”键，例如，在上面实例的第一行 OBJS 左边不可以按“Tab”键，需顶格书写。
- 变量与变量内容在“=”两边不能有“:”。
- 习惯上，变量最好是以大写字母为主。
- 运用变量时，使用“${变量}”或“$(变量)”。
- 该 shell 的环境变量是可以套用的，如 CFLAGS 这个变量。
- 在命令行模式也可以定义变量。

由于 GCC 在编译时，会主动读取 CFLAGS 这个环境变量，因此可以直接在 shell 定义这个环境变量，也可以在 makefile 文件中定义，或者在命令行中定义。例如：

```
[root@Server01 c]# CFLAGS="-Wall" make clean main
rm -f mymain main.o add.o  subtract.o
cc -Wall   -c -o main.o main.c
cc -Wall   -c -o add.o add.c
cc -Wall   -c -o subtract.o subtract.c
```

```
gcc -o mymain main.o add.o  subtract.o
# 这个操作在 make 上编译时，会取用 CFLAGS 的变量内容
```

也可以这样：

```
[root@Server01 c]# vim makefile
OBJS = main.o add.o  subtract.o
CFLAGS = -Wall
main: ${OBJS}
	gcc -o mymain ${OBJS}
clean:
	rm -f mymain ${OBJS}
```

特别注意　第 4 行和第 6 行开头的空白是按“Tab”键产生的，不是空格，否则会出错。

可以利用命令行进行环境变量的输入，也可以在文件内直接指定环境变量。如果 CFLAGS 的内容在命令行中与 makefile 中不相同，那么该以哪种方式的输入为主？环境变量使用的规则如下。

- make 命令行后面加上的环境变量第一。
- makefile 中指定的环境变量第二。
- shell 原本具有的环境变量第三。

此外，还有一些特殊的变量需要了解。$@代表目前的目标。所以也可以将 makefile 改成：

```
[root@Server01 c]# vim makefile
OBJS = main.o add.o  subtract.o
CFLAGS = -Wall
main: ${OBJS}
	gcc -o my$@ ${OBJS}        #$@就是 main
clean:
	rm -f my$@ ${OBJS}
```

9.4 拓展阅读 文化自信的历史担当

中华文明素有讲仁爱、重民本、守诚信、崇正义、尚和合、求大同的精神特质和发展形态。中华文明历来重视民族团结，由此形成一个和谐、统一的多民族大家庭。中华文明是亚欧大陆东部兴起的原生文明，尊崇的是文明和平发展之路，具有内生性特征。新时代的中国以构建人类命运共同体为引领，擘画出了人类未来的美好愿景，这既是一种应对全球挑战的全新解决方案，又是一种立足自身、面向全球的新型文明观。“以文明交流超越文明隔阂、文明互鉴超越文明冲突、文明共存超越文明优越”，日益走上世界中央舞台的中国，拥有了更好担当引领人类文明进步潮流的历史主动性和历史自觉。

在实现中华民族伟大复兴的战略全局和世界百年未有之大变局相互交织下，我们需要更为深入地探源中华文明，继承和弘扬中华优秀传统文化这个中华文明的根和魂，建立高度的历史自觉，发扬历史主动精神，坚定文化自信。

9.5 项目实训 安装和管理软件包

1. 视频位置

实训前扫描右侧的二维码，观看“项目实录 安装和管理软件包”慕课。

9-3 慕课

项目实录 安装和管理软件包

2. 项目实训目的

- 学会管理 Tarball 软件。
- 学会使用 RPM 软件管理程序。
- 学会使用 SRPM：rpmbuild。
- 学会使用基于 DNF 技术的 YUM 工具（YUM v4）。

3. 项目要求

（1）编译、链接和运行简单的 C 语言程序。

（2）使用 make 进行编译。

（3）管理 Tarball。

（4）使用 RPM 命令管理软件包。

（5）使用 SRPM 命令编译生成 RPM 文件。

（6）使用 dnf 或 yum 命令管理软件包。

4. 做一做

根据项目实录视频进行项目实训，检查学习效果。

9.6 练习题

一、填空题

1. 源码其实大多是________文件，需要通过________操作后，才能够制作出 Linux 操作系统能够认识的可运行的________。

2. ________可以加快软件的升级速度，让软件效能更快、漏洞修补更及时。

3. 在 Linux 操作系统中，最标准的 C 语言编译器为________。

4. 为了简化编译过程中复杂的命令输入，可以通过________与________规则定义来简化程序的升级、编译与链接等操作。

5. 在 shell script 中，使用________来输出文本到终端。

6. 给变量赋值时，等号两边不能有空格，例如，如果要赋值一个字符串给变量 name，应该写成 name=________。

7. 在 shell script 中，使用________命令可以读取用户输入的内容并将其赋值给一个变量。

8. 要在 shell script 中实现循环，可以使用 for、while 或________循环结构。

9. shell script 中的条件判断通常使用________语句。

10. 在 shell script 中，使用________命令可以执行外部程序或命令。

11. GCC 编译器中，-o 选项用于指定输出文件的名称，-________选项用于开启优化。

12. 在 shell script 中，使用________命令可以创建一个新的目录。

13. makefile 中的________规则指定了如何生成目标文件。

二、选择题

1. 下列哪个命令用于在 shell script 中定义一个函数？（　　）

A. define function　　B. function name() { ... }
C. func name() { ... }　　D. name() { ... }

2. 在 shell script 中，如何获取上一个命令的退出状态？（　　）

A. $?　　B. $STATUS　　C. $EXIT　　D. $LAST_EXIT

3. 下列哪个符号用于在 shell script 中表示注释？（　　）

A. #　　B. //　　C. /* ... */　　D. '

4. 下列哪个符号用于在 C 语言中表示注释？（　　）

A. #　　B. //　　C. /* ... */　　D. '

5. 下列哪个符号用于在 makefile 文件中表示注释？（　　）

A. #　　B. //　　C. /* ... */　　D. '

6. 下列哪个符号用于在 Linux 服务器的配置文件中表示注释？（　　）

A. #　　B. //　　C. /* ... */　　D. '

7. 下列哪个命令用于在 shell script 中检查一个文件是否存在？（　　）

A. exists　　B. -e filename　　C. checkfile　　D. isfile

8. 在 GCC 编译器中，哪个选项用于生成调试信息？（　　）

A. -o　　B. -g　　C. -Wall　　D. -O2

9. 在 shell script 中，哪个符号用于表示当前目录？（　　）

A. .　　B. ..　　C. /　　D. ~

10. 下列哪一项不是 GCC 编译器的选项？（　　）

A. -c　　B. -o　　C. -l　　D. -d

三、简答题

简述错误的分类。

学习情境四

网络服务器配置与管理

项目 10　配置与管理 Samba 服务器
项目 11　配置与管理 DHCP 服务器
项目 12　配置与管理 DNS
项目 13　配置与管理 Apache 服务器
项目 14　配置与管理 FTP 服务器

运筹策帷帐之中，决胜于千里之外。
——《史记·高祖本纪》

项目10 配置与管理Samba服务器

10

项目导入

是谁最先搭起 Windows 和 Linux 之间沟通的桥梁，不仅实现了两者间无缝的资源共享服务，还配备了功能强大的打印服务？答案无疑是 Samba。Samba 作为一款开源的服务器软件，其基于 SMB/CIFS 协议，巧妙地实现了 Windows 与 Linux（以及其他类 UNIX 系统）之间的文件和打印资源共享。

Samba 不仅是一款功能强大的跨平台资源共享和打印服务软件，更是一款具有强大影响力和巨大应用价值的开源软件。它的出现极大地推动了 Windows 和 Linux 系统之间的互操作性，为不同平台间的数据交换和协作提供了强有力的支持。

知识和能力目标

- 了解 Samba 环境及协议。
- 掌握 Samba 的工作原理。
- 掌握主配置文件 Samba.conf 的主要配置。
- 掌握 Samba 服务器密码文件。
- 掌握 Samba 文件和打印共享的设置。
- 掌握 Linux 和 Windows 客户端共享 Samba 服务器资源的方法。

素质目标

- 国产操作系统前途光明。只有瞄准核心科技埋头攻关，助力我国软件产业从价值链中低端向高端迈进，才能为高质量发展和国家信息产业安全插上腾飞的翅膀。
- “少壮不努力，老大徒伤悲。”“劝君莫惜金缕衣，劝君惜取少年时。”盛世之下，青年学生要惜时如金，学好知识和技术，报效祖国。

10.1 项目相关知识

对于接触 Linux 的用户而言，Samba 服务器无疑是一个耳熟能详的名字。其之所以备受瞩目，关键在于 Samba 率先在 Linux 与 Windows 两大操作系统之间构建了互通的桥梁。得益于 Samba，

Linux 操作系统与 Windows 操作系统之间能够实现顺畅的通信，无论是文件的复制还是不同操作系统间的资源共享，均变得轻而易举。Samba 不仅能够被部署为一个功能卓越的文件服务器，满足本地及远程用户的文件访问需求，还可以进一步配置为提供联机输出服务的服务器。甚至在某些场景下，Samba 服务器能够完全替代 Windows Server 中的域控制器，极大简化了域管理的复杂流程，使得管理工作更加便捷、高效。

10.1.1 了解 Samba 应用环境

Samba 的应用环境涵盖多个关键方面，其中最为核心的是文件和打印机共享功能。

- **文件和打印机共享**：文件和打印机共享是 Samba 的主要功能，通过服务器消息块（Server Message Block，SMB）协议实现资源共享，将文件和打印机发布到网络中，以供用户访问。
- **身份验证和权限设置**：smbd 服务支持 user mode 和 domain mode 等身份验证和权限设置模式，通过加密方式可以保护共享的文件和打印机。
- **名称解析**：Samba 通过 nmbd 服务可以搭建 NetBIOS 名称服务器（NetBIOS Name Server，NBNS），提供名称解析，将计算机的 NetBIOS 名解析为 IP 地址。
- **浏览服务**：在局域网中，Samba 服务器可以成为本地主浏览器（Local Master Browser，LMB），保存可用资源列表。当使用客户端访问 Windows 网上邻居时，会提供浏览列表，显示共享目录、打印机等资源。

10.1.2 了解 SMB 协议

SMB 协议是专为局域网设计的，旨在实现文件和打印机的共享。该协议由 Microsoft 与 Intel 于 1987 年联合开发，最初作为 Microsoft 网络的核心通信协议而存在。随后，Samba 项目巧妙地将 SMB 协议引入 UNIX 系统，使得 UNIX 系统用户也能享受到 SMB 协议带来的资源共享便利。

通过 NetBIOS over TCP/IP 技术，Samba 不仅限于局域网内的资源共享，还能够跨越互联网的边界，实现与全球范围内计算机的资源共享。这一功能的实现得益于 TCP/IP 在互联网上的广泛应用，使得基于 SMB 协议的资源共享不再受地域限制。

SMB 协议在 OSI 模型的会话层、表示层以及应用层的部分层面发挥作用。它充分利用了 NetBIOS 的 API，为用户提供了丰富的资源共享功能。同时，SMB 协议作为一个开放性的协议标准，允许进行协议扩展，以适应不断变化的用户需求和技术发展。然而这种开放性也导致了 SMB 协议的庞大和复杂性，其最上层作业多达 65 个，每个作业又包含超过 120 个函数，为协议的实现和维护带来了不小的挑战。

10.2 项目设计与准备

本项目要用到 Server01、Client1 和 Client2，设备情况如表 10-1 所示。

表 10-1　Samba 服务器和 Windows 客户端使用的设备情况

主机名	操作系统	IP 地址	网络连接模式
Samba 共享服务器：Server01	RHEL 9	192.168.10.1/24	VMnet1（仅主机模式）
Linux 客户端：Client1	RHEL 9	192.168.10.21/24	VMnet1（仅主机模式）
Windows 客户端：Client2	Windows 10	192.168.10.40/24	VMnet1（仅主机模式）

10.3　项目实施

任务 10-1　安装并启动 Samba 服务

使用 rpm -qa |grep Samba 命令检测系统是否安装了 Samba 软件包。

```
[root@Server01 ~]# rpm  -qa |grep samba
```

（1）挂载 ISO 映像文件。

```
[root@Server01 ~]# mount  /dev/cdrom  /media
```

（2）制作 YUM 源文件/etc/yum.repos.d/dvd.repo（见前面的项目相关内容），不赘述。

（3）使用 dnf 命令查看 Samba 软件包的信息。

```
[root@Server01 ~]# dnf  info samba
```

（4）使用 dnf 命令安装 Samba 服务器。

```
[root@Server01 ~]# dnf clean all                    //安装前先清除缓存
[root@Server01 ~]# dnf  install  samba  -y
```

（5）所有软件包安装完毕，可以使用 rpm 命令再次进行查询。

```
[root@Server01 ~]# rpm  -qa | grep  samba
samba-common-4.18.6-100.el9.noarch
samba-client-libs-4.18.6-100.el9.x86_64
samba-common-libs-4.18.6-100.el9.x86_64
samba-libs-4.18.6-100.el9.x86_64
samba-dcerpc-4.18.6-100.el9.x86_64
samba-ldb-ldap-modules-4.18.6-100.el9.x86_64
samba-common-tools-4.18.6-100.el9.x86_64
samba-4.18.6-100.el9.x86_64
```

（6）启动 smb 服务，设置开机启动该服务。

```
[root@Server01 ~]# systemctl  start  smb  ;  systemctl  enable  smb
Created  symlink  /etc/systemd/system/multi-user.target.wants/smb.service  →  /usr/lib/systemd/system/smb.service.
```

注意　在服务器配置中更改配置文件后，一定要记得重启服务，让服务重新加载配置文件，这样新配置才生效。重启的命令是 systemctl　restart　smb 或 systemctl reload smb。

任务 10-2　了解主要配置文件 smb.conf

Samba 的配置文件一般放在/etc/Samba 目录中，主配置文件名为 smb.conf。

1. Samba 服务程序中的参数以及作用

使用 ll 命令查看 smb.conf 文件属性，并使用命令 vim　/etc/samba/smb.conf 查看文件的详细内容，如图 10-1 所示（使用“：set nu”加行号，后面同样处理，不赘述）。

```
root@Server01:~ — vim /etc/samba/smb.conf
        cups options = raw

[homes]
        comment = Home Directories
        valid users = %S, %D%w%S
        browseable = No
        read only = No
        inherit acls = Yes

[printers]
        comment = All Printers
        path = /var/tmp
        printable = Yes
        create mask = 0600
        browseable = No

[print$]
        comment = Printer Drivers
        path = /var/lib/samba/drivers
        write list = @printadmin root
        force group = @printadmin
        create mask = 0664
        directory mask = 0775
                                              41,1-8        底端
```

图 10-1　查看 smb.conf 配置文件

smb.conf 文件结构划分为几个关键部分，涵盖全局设置（[global]）、个人用户目录（[homes]）以及打印服务（[printers]）。每一部分均包含一系列精心设计的参数，这些参数对 Samba 服务的行为模式与响应机制起着决定性作用。

技巧　为了方便配置，建议先备份 smb.conf，一旦发现错误可以随时通过备份文件恢复主配置文件。操作如下。

```
[root@Server01 ~]# cd /etc/samba; ls
lmhosts  smb.conf  smb.conf.example
[root@Server01 samba]# cp smb.conf smb.conf.bak; cd
[root@Server01 ~]#
```

2. Share Definitions 共享服务的定义

Share Definitions 设置对象为共享目录和打印机，如果想发布共享资源，需要对 Share Definitions 部分进行配置。Share Definitions 的字段非常丰富，设置灵活。

我们先来看几个常用的字段。

（1）设置共享名。共享资源发布后，必须为每个共享目录或打印机设置不同的共享名，供网络用户访问时使用，并且共享名可以与原目录名不同。

共享名的设置非常简单，格式为：

```
[共享名]
```

（2）共享资源描述。网络中存在各种共享资源，为了方便用户识别，可以为其添加备注信息，方便用户查看共享资源的内容。格式为：

```
comment = 备注信息
```

（3）共享路径。共享资源的原始完整路径可以使用 path 字段发布，务必正确指定。格式为：

```
path = 绝对地址路径
```

（4）设置匿名访问。设置是否允许对共享资源进行匿名访问，可以更改 public 字段。格式为：

```
public = yes        #允许匿名访问
public = no         #禁止匿名访问
```

【例 10-1】Samba 服务器中有一个目录为/share，需要将该目录发布为共享目录，定义共享名为 public，要求：允许浏览、只读、允许匿名访问。设置如下。

```
[public]
    comment = public
    path = /share
    browseable = yes
    read only = yes
    public = yes
```

（5）设置访问用户。如果共享资源存在重要数据，需要对访问用户进行审核，可以使用 valid users 字段进行设置。格式为：

```
valid users = 用户名
valid users = @组名
```

【例 10-2】Samba 服务器/share/tech 目录中存放了公司技术部数据，只允许技术部员工和经理访问，技术部组为 tech，经理账号为 manager。

```
[tech]
        comment=tech
        path=/share/tech
        valid users=@tech,manager
```

（6）设置目录只读。共享目录如果需要限制用户的读/写操作，可以通过 read only 实现。格式为：

```
read only = yes        #只读
read only = no         #读写
```

（7）设置过滤主机。注意网络地址的写法。相关示例如下。

```
hosts allow = 192.168.10.   server.abc.com
```

上述程序表示允许来自 192.168.10.0 或 server.abc.com 的访问者访问 Samba 服务器资源。

```
hosts deny = 192.168.2.0
```

上述程序表示不允许来自 192.168.2.0 网络的主机访问当前 Samba 服务器资源。

【例 10-3】Samba 服务器公共目录/public 中存放有大量共享数据，为保证目录安全，仅允许 192.168.10.0 网络的主机访问，并且只允许读取，禁止写入。

```
[public]
        comment=public
        path=/public
        public=yes
        read only=yes
        hosts allow = 192.168.10.
```

（8）设置目录可写。如果共享目录允许用户进行写操作，可以使用 writable 或 write list 两个字段进行设置。

writable 的格式：

```
writable = yes         #读写
writable = no          #只读
```

write list 的格式：

```
write list = 用户名
write list = @组名
```

注意 [homes]为特殊共享目录，表示用户主目录。[printers]表示共享打印机。

任务 10-3 Samba 服务器的日志文件和密码文件

日志文件对于 Samba 非常重要，它存储着客户端访问 Samba 服务器的信息，以及 Samba 服务器的错误提示信息等，可以通过分析日志文件，解决客户端访问和服务器维护等问题。

1. Samba 服务器日志文件

在/etc/samba/smb.conf 文件中，log file 为设置 Samba 日志文件的字段，如下所示。

```
log file = /var/log/samba/log.%m
```

Samba 服务器的日志文件默认存放在/var/log/samba/中，其中，Samba 会为每个连接到 Samba 服务器的计算机分别建立日志文件。使用 ls -a /var/log/samba 命令可以查看日志的所有文件。

当客户端通过网络访问 Samba 服务器后，会自动添加客户端的相关日志。所以，Linux 管理员可以根据这些文件来查看用户的访问情况和服务器的运行情况。另外，当 Samba 服务器工作异常时，也可以分析/var/log/samba/中的日志文件查找异常原因。

2. Samba 服务器密码文件

Samba 服务器发布共享资源后，客户端访问 Samba 服务器，需要提交用户名和密码进行身份验证，验证通过后才可以登录。Samba 服务器为了实现客户身份验证功能，将用户名和密码信息存放在/etc/Samba/smbpasswd 中。在客户端访问时，将用户提交的资料与 smbpasswd 中存放的信息比对，只有信息匹配并且 Samba 服务器其他安全设置允许时，客户端与 Samba 服务器的连接才能建立成功。

那么如何建立 Samba 账号呢？首先，Samba 账号并不能直接建立，需要先建立 Linux 同名的系统账号。例如，如果要建立一个名为 yy 的 Samba 账号，那么 Linux 操作系统中必须提前存在一个同名的 yy 系统账号。

在 Samba 中，添加账号的命令为 smbpasswd，格式为：

```
smbpasswd  -a  用户名
```

【例 10-4】在 Samba 服务器中添加 Samba 账号 mysystem。

（1）建立 Linux 操作系统账号 mysystem。

```
[root@Server01 ~]# useradd  mysystem
[root@Server01 ~]# passwd  mysystem
```

（2）添加 mysystem 用户的 Samba 账号。

```
[root@Server01 ~]# smbpasswd  -a  mysystem
New SMB password:
Retype new SMB password:
Added user mysystem.
```

Samba 账号添加完毕。如果在添加 Samba 账号时输入两次密码后出现错误信息“Failed to

modify password entry for user amy”，则是因为 Linux 本地用户里没有 mysystem 这个账号，在 Linux 操作系统中添加就可以了。

提示 在建立 Samba 账号之前，一定要先建立一个与 Samba 账号同名的系统账号。

经过前面的设置，再次访问 Samba 共享文件时就可以使用 mysystem 账号了。

任务 10-4 user 服务器实例解析

在 RHEL 9 中，Samba 服务程序默认使用的是用户密码认证（user）模式。可以确保只允许有密码并经过验证的用户访问共享资源，而且验证过程十分简单。

【例 10-5】大学教务处资料共享与访问控制设置（以 root 用户身份操作）。

（1）背景描述

某大学为了提升教学资料的管理效率和便捷性，决定采用一台配置在 RHEL 9 系统上的 Samba 服务器来集中存储和管理各部门的资料。特别是教务处，需要有一个专属的目录/university/teaching/来存放所有教学相关的资料，并确保该目录仅对教务处的工作人员开放访问。

（2）目标

- 在 RHEL 9 的 Samba 服务器上创建并配置/university/teaching/目录。
- 设置访问控制，确保只有教务处的工作人员能够访问/university/teaching/目录。
- 配置 Samba 服务器，使教务处员工能够通过校园网络访问和共享该目录中的教学资料。

（3） 需求分析

在/university/teaching/目录中存放有教务处的重要数据，为了保证其他部门无法查看其内容，需要将全局配置中的 security 设置为 user 安全级别。这样就启用了 Samba 服务器的身份验证机制。然后在共享目录/university/teaching/下设置 valid users 字段，配置只允许教务处员工访问这个共享目录。

具体步骤如下。

1. 在 Server01 上配置 Samba 服务器（任务 10-1 已安装 Samba 服务器组件）

（1）建立共享目录，并在目录下建立测试文件。

```
[root@Server01 ~]# mkdir  -p  /university/teaching
[root@Server01 ~]# touch  /university/teaching/test_share.tar
```

（2）添加教务处用户和组，并添加相应的 Samba 账号。

① 使用 groupadd 命令添加 teaching 组，然后执行 useradd 命令和 passwd 命令，以添加教务处员工的账号及密码。此处单独增加一个 test_user1 账号，不属于 teaching 组，供测试用。

```
[root@Server01 ~]# groupadd  teaching                 #建立教务处组 teaching
[root@Server01 ~]# useradd  -g  teaching  teach1      #建立用户 teach1，添加到 teaching 组
[root@Server01 ~]# useradd  -g  teaching  teach2      #建立用户 teach2，添加到 teaching 组
[root@Server01 ~]# useradd  test_user1                #供测试用
[root@Server01 ~]# passwd  teach1                     #设置用户 teach1 的密码
[root@Server01 ~]# passwd  teach2                     #设置用户 teach2 的密码
[root@Server01 ~]# passwd  test_user1                 #设置用户 test_user1 的密码
```

② 为教务处成员添加相应的 Samba 账号。

```
[root@Server01 ~]# smbpasswd -a teach1
New SMB password:
Retype new SMB password:
Added user teach1.
[root@Server01 ~]# smbpasswd -a teach2
New SMB password:
Retype new SMB password:
Added user teach2.
```

（3）修改 Samba 主配置文件/etc/samba/smb.conf。直接在原文件末尾添加如下内容，但要注意将原文件的[global]删除或用“#”注释，文件中不能有两个同名的[global]。当然也可直接在原来的[global]中修改。（在末行模式下输入：set nu 可以显示行号）

```
[global]
        workgroup = SAMBA
        security = user

        passdb backend = tdbsam

        printing = cups
        printcap name = cups
        load printers = yes
      cups options = raw
……
 [teaching]
      #设置共享目录的共享名为 teaching
      comment=teaching
      path=/university/teaching
      #设置共享目录的绝对路径
      writable = yes
      browseable = yes
      valid users = @teaching
      #设置可以访问的用户为 teaching 组的成员
```

2. 设置本地权限、SELinux 和防火墙（Server01）

（1）设置共享目录的本地系统权限和属组。

```
[root@Server01 ~]# chmod 770 /university/teaching -R
[root@Server01 ~]# chown :teaching /university/teaching -R
```

-R 选项表示递归调用，一定要加上。

（2）更改共享目录和用户家目录的 context 值，或者禁用 SELinux。

```
[root@Server01 ~]# chcon -t samba_share_t /university/teaching -R
[root@Server01 ~]# chcon -t samba_share_t /home/teach1 -R
[root@Server01 ~]# chcon -t samba_share_t /home/teach2 -R
```

或者：

```
[root@Server01 ~]# getenforce
Enforcing
[root@Server01 ~]# setenforce Permissive
```

或者：

```
[root@Server01 ~]# setenforce 0
```

（3）让防火墙放行，这一步很重要。

```
[root@Server01 ~]# firewall-cmd  --permanent  --add-service=samba
success
[root@Server01 ~]# firewall-cmd  --reload           #重新加载防火墙
success
[root@Server01 ~]# firewall-cmd  --list-all
public (active)
……
  services: cockpit dhcpv6-client http samba ssh   #已经加入防火墙的允许服务
  ……
```

（4）重新加载 Samba 服务并设置开机时自动启动。

```
[root@Server01 ~]# systemctl  restart  smb
[root@Server01 ~]# systemctl  enable  smb
```

3. Windows 客户端访问 Samba 共享服务器

一是在 Windows 10 中利用资源管理器进行测试，二是利用 Linux 客户端进行测试。本例使用 Windows 10 测试。以下操作在 Client2 上进行。

（1）在 Windows 客户端上配置 IP 地址和子网掩码。

由于使用的宿主机的操作系统就是 Windows 10，并且 Server01 使用的网络连接模式是 VMnet1。因此，可以在宿主机的 VMnet1 网卡上设置 IP 地址为 192.168.10. 40/24，这样就不需要再单独创建一个 Windows 10 虚拟机了。

（2）在 Windows 客户端 Client2 上使用通用命名约定（Unirersal Naming Conversion，UNC）路径直接访问 Samba 服务器。

依次选择“开始”→“运行”命令，使用 UNC 路径直接访问，如\\192.168.10.1。打开“Windows 安全中心”对话框，如图 10-2 所示。输入 teach1 或 teach2 及其密码，登录后可以正常访问。

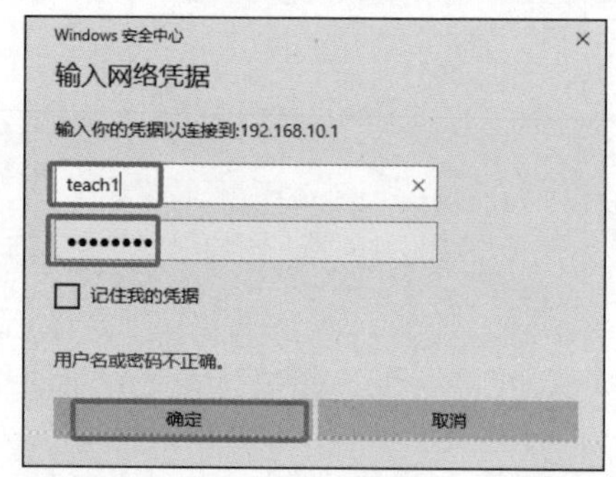

图 10-2 “Windows 安全中心”对话框

试一试 注销 Windows 10 客户端，使用 test_user1 用户名和密码登录会出现什么情况?

（3）使用映射网络驱动器访问 Samba 服务器共享目录。Windows 10 默认不会在桌面上显示“此电脑”图标。首先让“此电脑”在桌面上显示。

① 在桌面空白处右击，在弹出的快捷菜单中选择“个性化”命令。

② 单击“主题”→“桌面图标设置”。

③ 勾选“计算机”复选框，单击“应用”→“确定”按钮。

④ 回到桌面，发现“此电脑”图标已回到桌面上了。

⑤ 双击“此电脑”图标，单击“计算机”→“映射网络驱动器”下拉按钮。

⑥ 在下拉列表中选择“映射网络驱动器”命令，如图 10-3 所示，在弹出的“映射网络驱动器”对话框中选择驱动器 Z，并输入 teaching 共享目录的地址，如\\192.168.10.1\teaching，单击“完

成”按钮，如图 10-4 所示。

⑦ 在接下来的对话框中输入可以访问 teaching 共享目录的 Samba 账号和密码。

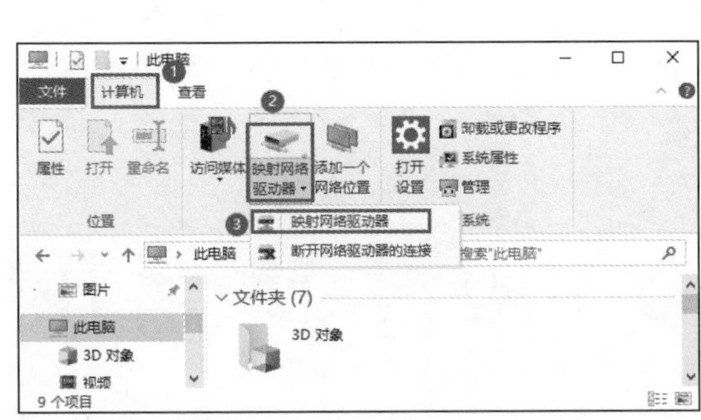

图 10-3　选择“映射网络驱动器”命令

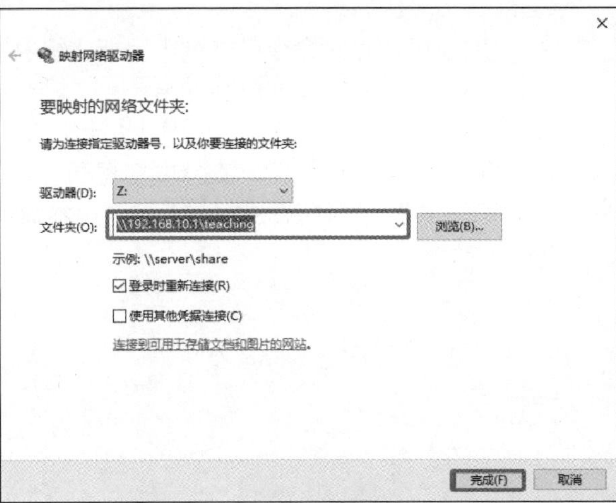

图 10-4　“映射网络驱动器”对话框

⑧ 再次双击“此电脑”图标，驱动器 Z 就是共享目录 teaching，可以很方便地访问了，如图 10-5 所示。

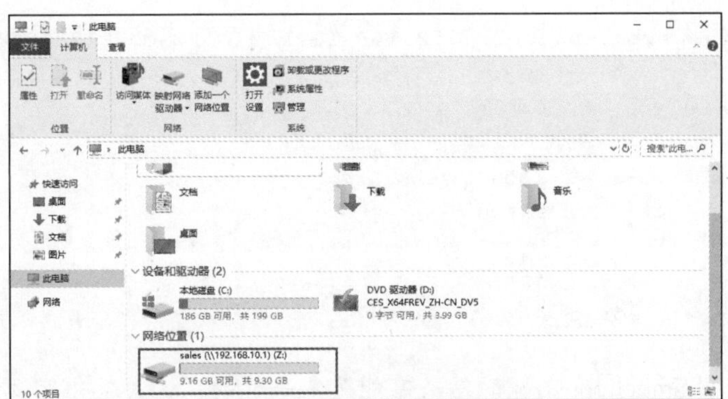

图 10-5　成功设置网络驱动器 Z

特别提示　Samba 服务器在将本地文件系统共享给 Samba 客户端时，涉及本地文件系统权限和 Samba 共享权限。当客户端访问共享资源时，最终的权限取这两种权限中最严格的。在后面的实例中不再单独设置本地权限。如果读者对权限不是很熟悉，可以参考前面项目 4 的相关内容。

4. Linux 客户端访问 Samba 共享服务器

在 Linux 客户端中访问 Samba 共享服务器可以通过以下两种方式。

（1）结合本实例在 Linux 客户端 Client1 上使用 smbclient 命令访问服务器。

① 在 Client1 上安装 Samba 客户端 samba-client 和 Samba 文件系统支持工具 cifs-utils。

```
[root@Client1 ~]# mount  /dev/cdrom  /media
mount: /media: WARNING: source write-protected, mounted read-only
[root@Client1 ~]# dnf  install  samba-client   cifs-utils  -y
……
```

```
已安装:
  cifs-utils-7.0-1.el9.x86_64              keyutils-1.6.3-1.el9.x86_64
  samba-client-4.18.6-100.el9.x86_64
完毕!
```

② 使用 smbclient 命令可以列出目标主机共享目录列表。smbclient 命令的格式为：

```
smbclient -L 目标 IP 地址或主机名 -U 登录用户名%密码
```

当查看 Server01（192.168.10.1）主机的共享目录列表时，提示输入密码。这时可以不输入密码，而直接按“Enter”键，表示匿名登录，然后显示匿名用户可以看到的共享目录列表。

```
[root@Client1 ~]# smbclient  -L  192.168.10.1
Password for [SAMBA\root]:                              #以 root 用户身份登录
Anonymous login successful

 Sharename     Type     Comment
 ---------        ----        -------
 print$        Disk      Printer Drivers
 teaching       Disk      teaching
 IPC$         IPC       IPC Service (Samba 4.18.6)
SMB1 disabled -- no workgroup available
```

若想使用 Samba 账号查看 Samba 服务器共享的目录，可以加上-U 选项，后面接“用户名%密码”。下面的命令显示只有 teach2 账号（其密码为 12345678）才有权限浏览和访问 teaching 共享目录。

```
[root@Client1 ~]# smbclient  -L  192.168.10.1  -U  teach2%12345678       #以 teach2
身份登录
 Sharename        Type     Comment
 ---------          ----        -------
 print$          Disk      Printer Drivers
 teaching         Disk      teaching
 IPC$            IPC       IPC Service (Samba 4.18.6)
 teach2          Disk      Home Directories
SMB1 disabled -- no workgroup available
```

注意 不同用户使用 smbclient 浏览的结果可能是不一样的，这由服务器设置的访问控制权限而定。

③ 还可以使用 smbclient 命令行共享访问模式浏览共享的资料。smbclient 命令行共享访问模式的格式为：

```
smbclient  //目标 IP 地址或主机名/共享目录  -U  用户名%密码
```

运行下面的命令后，将进入交互式界面（输入“?”可以查看具体命令）。

```
[root@Client1 ~]# smbclient  //192.168.10.1/teaching  -U  teach2%12345678
Try "help" to get a list of possible commands.
smb: \> ls

  test_share.tar                  A        0  Mon Sept 9 20:39:23 2024

        9754624 blocks of size 1024. 9647416 blocks available
smb: \> mkdir  testdir                 #新建一个目录进行测试
smb: \> ls
```

```
  test_share.tar                    A        0  Mon Sept  9 20:39:23 2024
  testdir                           D        0  Mon Sept  9 21:15:13 2024

    9754624 blocks of size 1024. 9647416 blocks available
smb: \> exit
[root@Client1 ~]#
```

另外，通过 smbclient 登录 Samba 服务器后，可以使用 help 查询支持的命令。

④ 以 test_user1 身份登录 Samba 服务器，共享失败。

```
[root@Client1 ~]# smbclient  //192.168.10.1/teaching  -U  test_user1%12345678
session setup failed: NT_STATUS_LOGON_FAILURE
```

（2）结合本实例在 Linux 客户端使用 mount 命令挂载共享目录。

mount 命令挂载共享目录的格式为：

```
mount -t cifs //目标 IP 地址或主机名/共享目录名称 挂载点 -o username=用户名
```

下面的命令用于将 192.168.10.1 主机上的共享目录 teaching 挂载到/smb/sambadata 目录，cifs 是 Samba 使用的文件系统。

```
[root@Client1 ~]# mkdir -p /smb/sambadata
[root@Client1  ~]#  mount  -t  cifs  //192.168.10.1/teaching  /smb/sambadata/  -o username=teach1
Password for teach1@//192.168.10.1/teaching:  ********  //输入 teach1 的 samba 用户密码，不是系统用户密码
[root@Client1 ~]# cd /smb/sambadata
[root@Client1 sambadata]# ls
testdir  test_share.tar
root@Client1 sambadata]# cd
```

任务 10-5　Linux 客户端访问 Windows 10 共享资源

Linux 客户端要想成功访问 Windows 10 的共享资源，需要同时在 Windows 10 和 RHEL 9 客户端上进行一系列操作。

若想成功访问 Windows 10 客户端上的共享资源，需要确保 Windows 10 的防火墙、本地策略和共享资源等几个关键配置步骤正确，具体如下。

第一，防火墙配置

必须允许 TCP 的 137、138、139、445 端口通过，这些端口是 SMB 协议和 CIFS（Common Internet File System，通用网络文件系统）协议通信的常用端口，对于网络共享至关重要。

第二，本地策略设置

- 进入本地组策略编辑器，导航至“计算机配置”→“Windows 设置”→“安全设置”→“本地策略”→“用户权限分配”。在此处检查并确保“拒绝从网络访问这台计算机”策略中不包含 guest 账户，以避免阻止其网络访问。
- 若禁用了 guest 账户，则需在本地安全策略中确保选择“经典 - 对本地用户进行身份验证，不改变其本来身份”选项，而非“仅来宾 - 对本地用户进行验证，其身份为来宾”。此设置保证了身份验证的准确性和安全性。
- 若启用了 guest 账户，则无须更改“网络访问：本地账户的共享和安全模型”策略。

第三，空密码登录策略

如果允许用户使用空密码进行登录，则必须在本地安全策略中禁用“账户：使用空密码的本地账户只能进行控制台登录”选项，以便用户能够通过网络访问共享资源。

第四，共享资源设置

在 Windows 10 客户端上为所需用户或组成员配置共享资源，包括设定适当的共享权限和访问控制，以保障资源的安全有效利用。

具体操作步骤如下。

1. 配置 Windows 10 的防火墙端口，允许 TCP 的 137、138、139、445 端口通过

在 Windows 10 的防火墙高级设置中设置入站端口，以允许 TCP 的 137、138、139、445 端口通过。

① 右击屏幕左下角的“开始”按钮，在弹出的快捷菜单中选择“设置”命令，打开“设置”窗口，如图 10-6 所示。

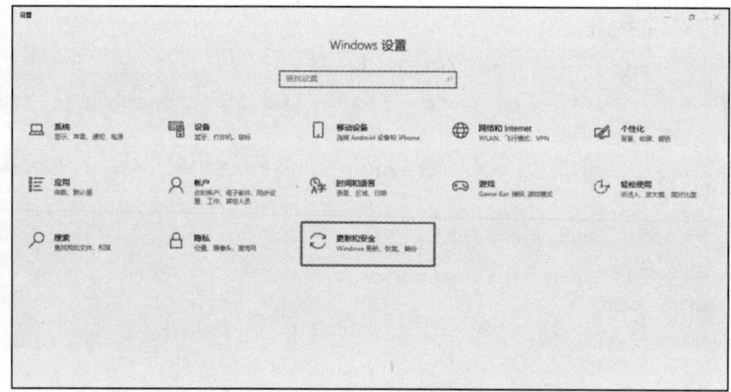

图 10-6　Windows 10 的“设置”窗口

② 在“设置”窗口中单击“更新和安全”按钮，打开“更新和安全”界面。在左侧菜单中选择“Windows 安全中心”选项，打开“Windows 安全中心”界面，如图 10-7 所示。

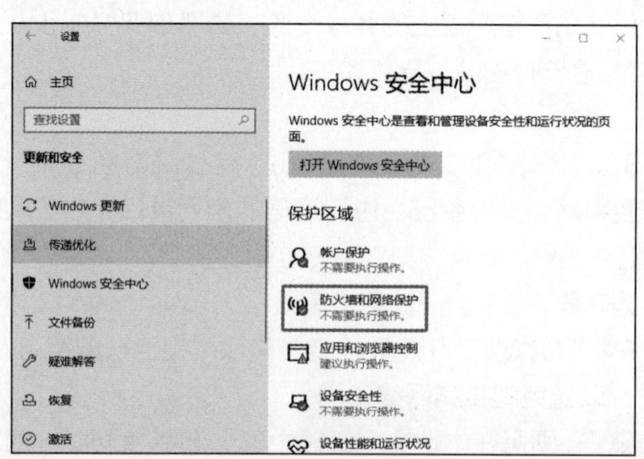

图 10-7　“Windows 安全中心”界面

③ 在“Windows 安全中心”界面中选择“防火墙和网络保护”选项。在“防火墙和网络保护”界面中选择“高级设置”选项，如图 10-8 所示。

④ 在弹出的“高级安全 Windows Defender 防火墙”窗口中单击左侧的“入站规则”选项，如图 10-9 所示。

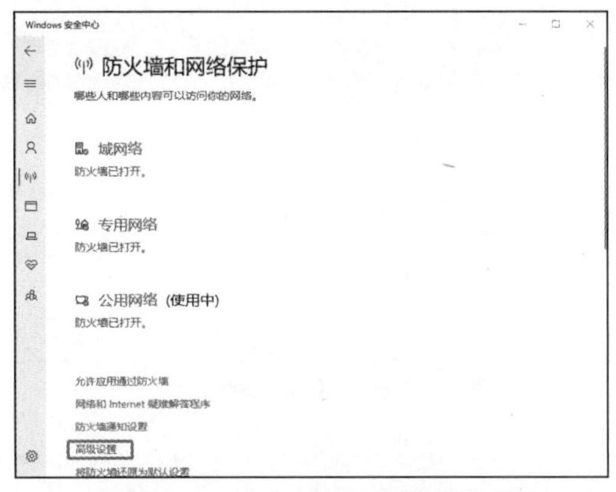

图 10-8　“防火墙和网络保护”界面

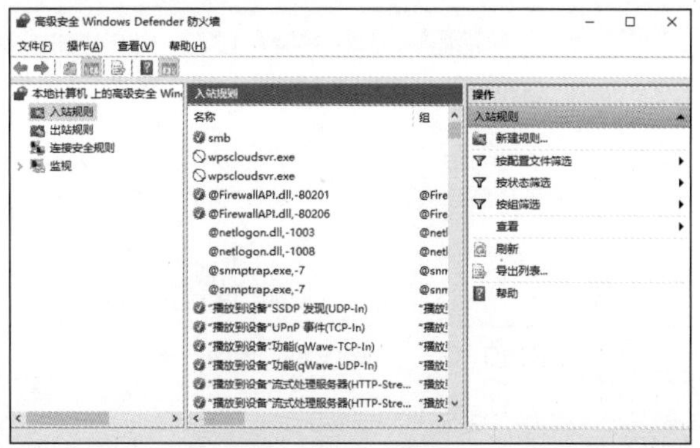

图 10-9　“高级安全 Windows Defender 防火墙”窗口

⑤ 在右侧的“操作”栏中选择“新建规则”选项。在“新建入站规则向导”对话框中选中“端口”单选按钮，然后单击“下一页”按钮，如图 10-10 所示。

⑥ 选中“TCP”单选按钮，在“特定本地端口”文本框中输入“137-139,445”，以允许这些端口上的 TCP 流量。设置完成后单击“下一页”按钮，如图 10-11 所示。

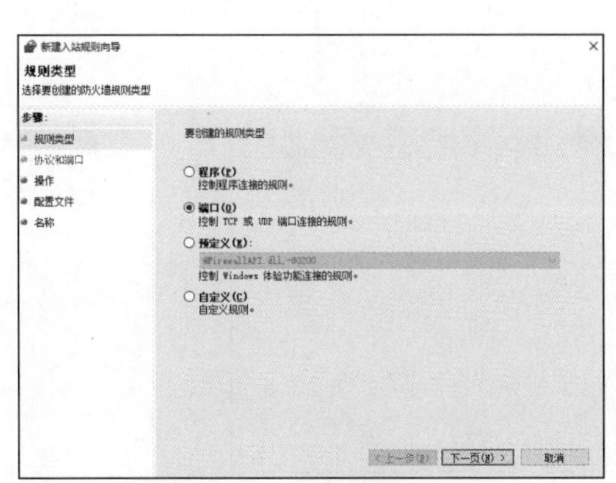

图 10-10　“规则类型”界面

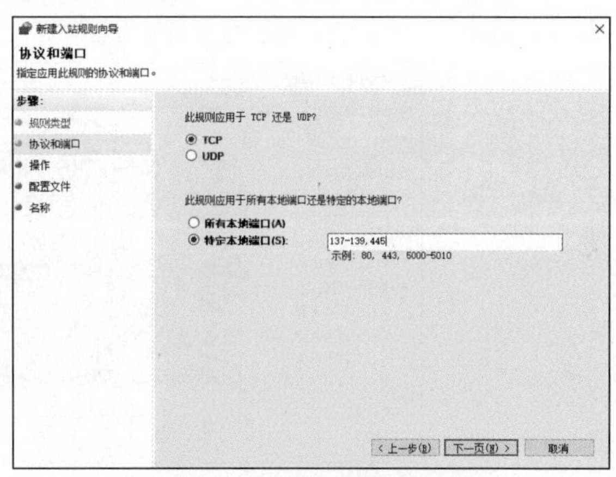

图 10-11　“协议和端口”界面

⑦ 接下来选择“允许连接”选项，以允许通过这些端口的入站连接。继续单击“下一页”按钮。

⑧ 根据需要选择适用的网络配置文件。通常勾选“域”“专用”“公用”复选框，以确保在所有网络环境下都允许相应端口，单击“下一页”按钮，如图 10-12 所示。

⑨ 为此入站规则输入一个描述性的名称，如“TCP137-139, 445”，在“描述”文本框中可以输入规则的简要说明（可选），最后单击“完成”按钮，如图 10-13 所示。

⑩ 通过以上步骤，可以在 Windows 10 的防火墙高级设置中设置入站端口，以允许 TCP 的 137、138、139、445 端口通过。这对于实现网络共享和其他需要这些端口的应用程序来说非常重要。

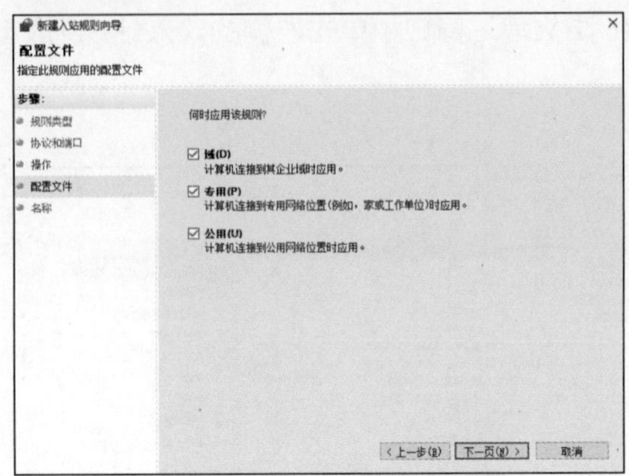

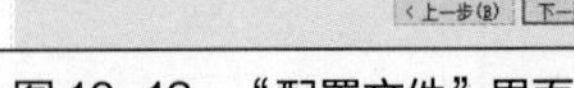

图 10-12 “配置文件”界面

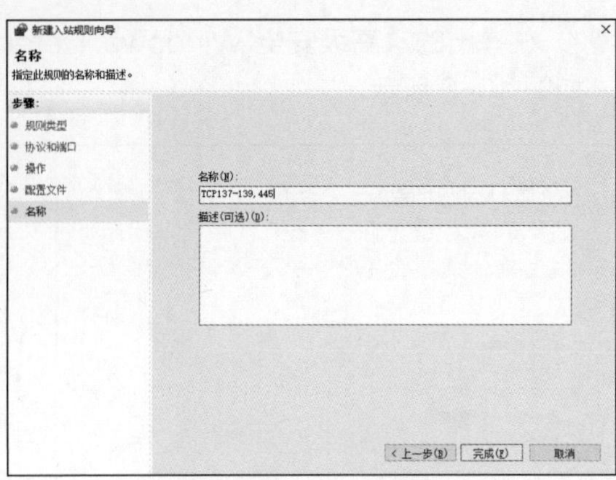

图 10-13 “名称”界面

技巧 组策略设置完成后，若想立即生效，可以运行 gpupdate 命令。

2. 在 Windows 10 上配置本地安全策略

（1）设置“拒绝从网络访问这台计算机”策略

① 按“Win + R”组合键，输入 gpedit.msc 并按“Enter”键，进入本地组策略编辑器，如图 10-14 所示。

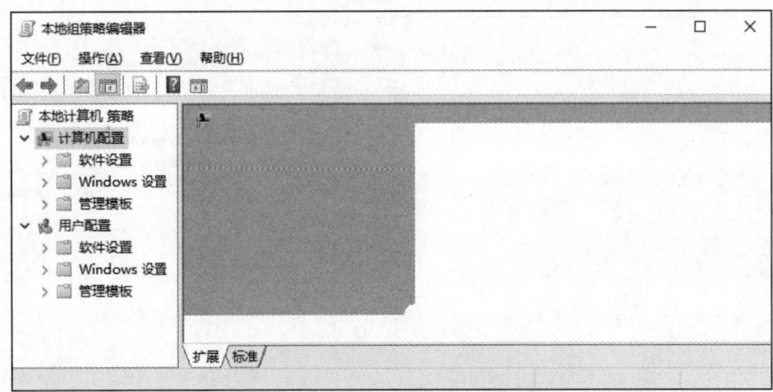

图 10-14 本地组策略编辑器

② 在左侧依次选择“计算机配置”→“Windows 设置”→“安全设置”→“本地策略”→“用户权限分配”选项，找到右侧的“拒绝从网络访问这台计算机”策略，如图 10-15 所示。

③ 双击“拒绝从网络访问这台计算机”策略，在弹出的对话框中检查是否包含 guest 账户，如果有，则选择并删除它。

（2）配置身份验证方式

① 在本地组策略编辑器中依次选择“计算机配置”→“Windows 设置”→“安全设置”→“本地策略”→“安全选项”选项，找到“网络访问：本地账户的共享和安全模型”策略，双击它将其打开，如图 10-16 所示。

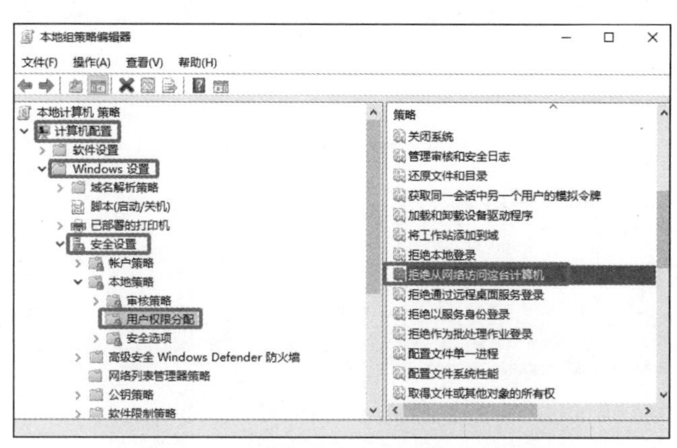

图 10-15　“拒绝从网络访问这台计算机”策略

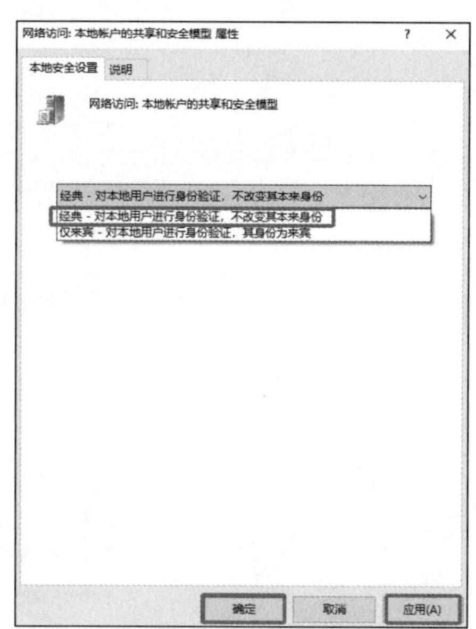

图 10-16　“网络访问：本地账户的共享和安全模型”策略

② 根据 guest 账户的状态选择合适的身份验证方式。

- 若禁用 guest 账户，则选择“经典 － 对本地用户进行身份验证，不改变其本来身份”选项，单击“应用”按钮，然后单击“确定”按钮。
- 若启用 guest 账户，则此策略无须更改。

（3）允许空密码登录

在本地组策略编辑器中继续浏览至“账户：使用空密码的本地账户只允许进行控制台登录”策略，如图 10-17 所示。双击打开该策略，选择“已禁用”选项，单击“确定”按钮，保存更改。

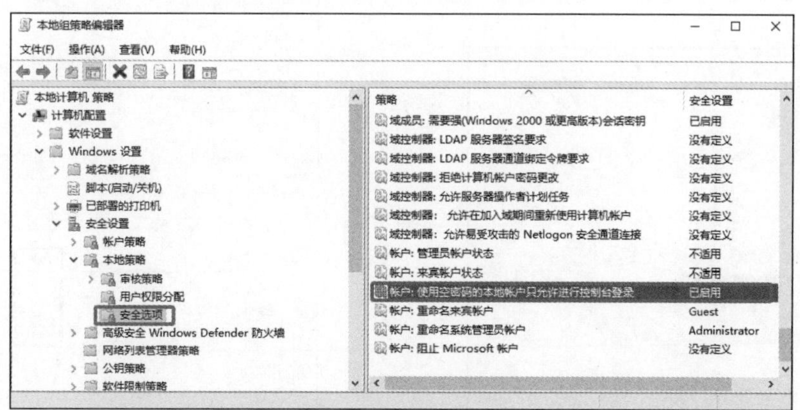

图 10-17　“账户：使用空密码的本地账户只允许进行控制台登录”窗口

3. 在 Windows 10 上设置共享资源

① 在文件资源管理器中右击想要共享的文件夹或驱动器（如 D:\iso），在弹出的快捷菜单中选择“属性”命令，切换到“共享”选项卡，如图 10-18 所示。

② 单击“高级共享”按钮，勾选“共享此文件夹”复选框。在“共享名”文本框中可以输入一个自定义的共享名称（如 ISO），如图 10-19 所示。

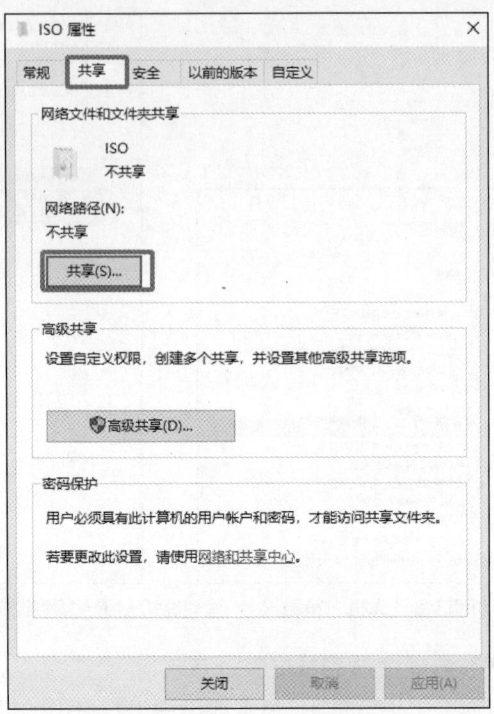

图 10-18 “共享”选项卡

③ 首先单击“权限”按钮，然后单击“添加”按钮，按下来设置允许访问该共享资源的用户及其权限（如 yy 用户有读取、更改权限等）。最后单击“应用”和“确定”按钮保存所有共享设置，如图 10-20 所示。

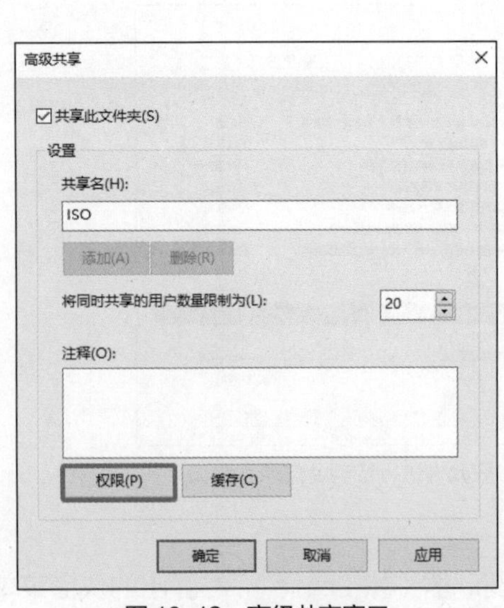

图 10-19 高级共享窗口

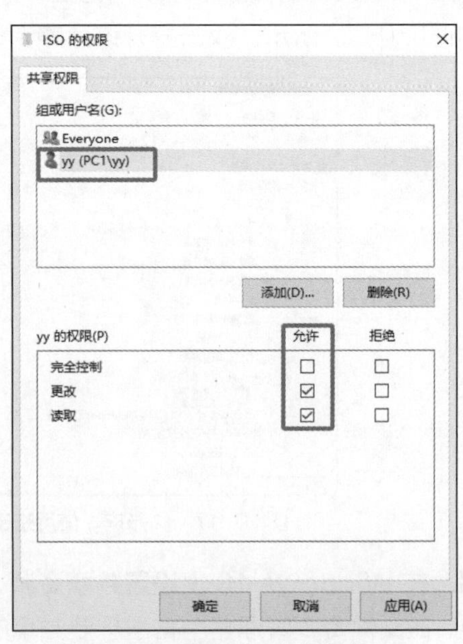

图 10-20 设置 ISO 的权限窗口

4. 在 Client1 上使用命令 smbclient 访问 Windows 共享资源

（1）在 Client1 上确认已经安装了 samba-client 和 cifs-utils

```
[root@Client1 ~]# rpm -qa|grep samba-clien
samba-client-libs-4.18.6-100.el9.x86_64
samba-client-4.18.6-100.el9.x86_64
[root@Client1 ~]# rpm -qa|grep cifs-utils
cifs-utils-7.0-1.el9.x86_64
```

（2）若没有安装，请自行安装（本例中已安装，前面有安装过程，不赘述）

（3）查看 Windows 共享资源

```
[root@Client1 ~]# smbclient -L //192.168.10.40 -U yy%12345678

 Sharename        Type     Comment
 ---------        ----     -------
 ADMIN$           Disk     远程管理
 C$               Disk     默认共享
 D$               Disk     默认共享
 E$               Disk     默认共享
 F$               Disk     默认共享
 G$               Disk     默认共享
 IPC$             IPC      远程 IPC
 ISO              Disk                              #yy 用户能读写的共享文件夹
 share            Disk
 Users            Disk
 杨云             Disk
SMB1 disabled -- no workgroup available
```

（4）挂载 Windows 共享文件夹并使用

```
[root@Client1 ~]# mkdir -p /media/Windows_share
[root@Client1 ~]# ll /media/Windows_share/
总用量 0
[root@Client1 ~]# mount -t cifs //192.168.10.40/ISO /media/Windows_share/ -o
username=yy,password=12345678
```

这里，共享文件夹名是 Windows 10 上的//192.168.10.40/ISO，挂载点是 RHEL 9 上想要挂载该共享文件夹的目录（如果目录不存在，需要先创建它），该例是/media/Windows_share。用户名是 yy，密码是 12345678。

```
[root@Client1 ~]# ll /media/Windows_share/
总用量 26490673
drwxr-xr-x. 2 root root          0  9月 26 17:15 addons
drwxr-xr-x. 2 root root          0  1月 17  2024 CentOS9
drwxr-xr-x. 2 root root          0  9月 26 17:15 EFI
-rwxr-xr-x. 1 root root       8266  4月  4  2014 EULA
……
[root@Client1 ~]# cd /media/Windows_share/
[root@Client1 Windows_share]# mkdir foder1
[root@Client1 Windows_share]# touch file1
[root@Client1 Windows_share]# rm file1
rm: 是否删除普通空文件 'file1'? y
[root@Client1 Windows_share]#cd
[root@Client1 ~]#
```

从上面的例子可以看出，已能正常使用 Windows 10 的共享资源，且能读、能写、能修改。

任务 10-6　配置可匿名访问的 Samba 服务器

接任务 10-4，那么如何配置可匿名访问的 Samba 服务器呢？

【例 10-6】公司需要添加 Samba 服务器作为文件服务器，工作组名为 Workgroup，共享目录为/share，共享名为 public，这个共享目录允许公司所有员工下载文件，但不允许上传文件。

分析：这个案例属于 Samba 的基本配置，既然允许所有员工访问，就需要为每个用户建立一个 Samba 账号，那么如果公司拥有大量用户呢？假如有 1000 个用户，甚至 100000 个用户，每个都设置会非常麻烦，可以采用匿名账户 nobody 访问，这样实现起来非常简单。

10.4　拓展阅读　国产操作系统银河麒麟

你了解国产操作系统银河麒麟吗？它的深远影响是什么？

国产操作系统银河麒麟 V10 面世引发了业界和公众关注。这一操作系统不仅可以充分适应“5G 时代”需求，其独创的 kydroid 技术还支持海量安卓应用，将 300 余万款安卓适配软硬件无缝迁移到国产平台。银河麒麟 V10 作为国内安全等级最高的操作系统，是首款具有内生安全体系的操作系统，成功打破了相关技术的封锁与垄断，有能力成为承载国家基础软件的安全基石。

银河麒麟 V10 的推出，让人们看到了国产操作系统与日俱增的技术实力和不断攀登科技高峰的坚实脚步。

核心技术从不是别人给予的，必须依靠自主创新。从 2019 年 8 月华为发布自主操作系统鸿蒙操作系统，到 2020 年银河麒麟 V10 面世，我国操作系统正加速走向独立创新的发展新阶段。当前，麒麟操作系统在海关、交通、统计、农业等很多部门得到规模化应用，采用这一操作系统的机构和企业已经超过 1 万家。这一数字证明，麒麟操作系统已经获得了市场一定程度的认可。只有坚持开放兼容，让操作系统与更多产品适配，才能推动产品性能更新迭代，让用户拥有更好的使用体验。

10.5　项目实训　配置与管理 Samba 服务器

1. 视频位置

实训前扫描二维码观看“项目实录　配置与管理 Samba 服务器”慕课。

项目实录　配置与管理 Samba 服务器

2. 项目背景

某公司有 system、develop、productdesign 和 test 等 4 个组，个人办公操作系统为 Windows 10，少数开发人员采用 Linux 操作系统，服务器操作系统为 RHEL 9，需要设计一套建立在 RHEL 9 之上的安全文件共享方案。每个用户都有自己的网络磁盘，develop 组到 test 组有共用的网络磁盘，所有用户（包括匿名用户）有一个只读共享资料库；所有用户（包括匿名用户）要有一个存放临时文件的文件夹。Samba 服务器搭建网络拓扑如图 10-21 所示。

3. 项目要求

（1）system 组具有管理所有 Samba 空间的权限。

（2）各部门的私有空间：各组拥有自己的空间，除了组成员及 system 组有权限，其他用户不可访问（包括列表、读和写）。

（3）资料库：所有用户（包括匿名用户）都具有读取权限而不具有写入数据的权限。

（4）develop 组与 test 组之外的用户不能访问 develop 组与 test 组的共享空间。

（5）公共临时空间：让所有用户可以读取、写入、删除。

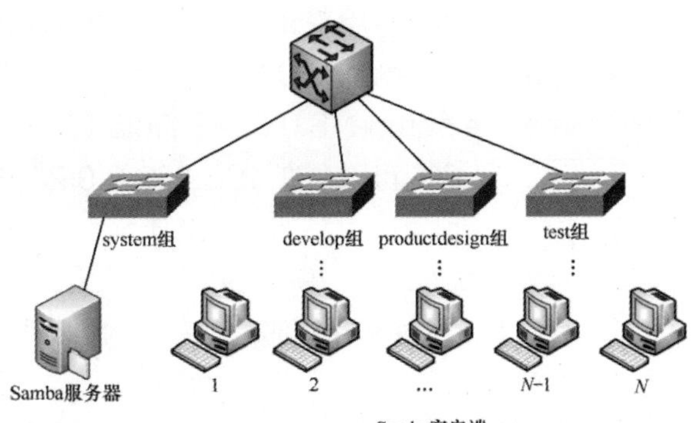

图 10-21　Samba 服务器搭建网络拓扑

4. 深度思考

在观看视频时思考以下几个问题。

（1）用 mkdir 命令建立共享目录，可以同时建立多少个目录？

（2）chown、chmod、setfacl 这些命令如何熟练应用？

（3）组账户、用户账户、Samba 账户等的建立过程是怎样的？

（4）useradd 的各类选项（-g、-G、-d、-s、-M）的含义分别是什么？

（5）权限 700 和 755 的含义是什么？请查找相关资料，也可以向作者索要相关慕课资源。

（6）注意不同用户登录后的权限变化。

5. 做一做

根据项目要求及视频内容，将项目完整地完成。

10.6　练习题

一、填空题

1. Samba 服务器功能强大，使用________协议，英文全称是________。
2. SMB 经过开发，可以直接运行于 TCP/IP 上，使用 TCP 的________端口。
3. Samba 服务由两个进程组成，分别是________和________。
4. Samba 服务软件包包括________、________、________和________（不要求版本号）。
5. Samba 的配置文件一般就放在________目录中，主配置文件名为________。
6. Samba 服务器有________、________、________、________和________5 种安全模式，默认级别是________。

二、选择题

1. 用 Samba 共享了目录，但是在 Windows 的网络邻居中看不到它，应该在/etc/Samba/smb.conf 中怎样设置才能正确工作？（　　）

A. AllowWindowsClients=yes　　B. Hidden=no

C. Browseable=yes　　D. 以上都不是

2.（　　）命令可用来卸载 samba-3.0.33-3.7.el5.i386.rpm。

A. rpm -D samba-3.0.33-3.7.el5　　B. rpm -i samba-3.0.33-3.7.el5

C. rpm -e samba-3.0.33-3.7.el5　　D. rpm -d samba-3.0.33-3.7.el5

3.（　　）命令可以允许 198.168.0.0/24 访问 samba 服务器。

A. hosts enable = 198.168.0.0　　B. hosts allow = 198.168.0.0

C. hosts accept = 198.168.0.0　　D. hosts accept = 198.168.0.0/24

4. 启动 Samba 服务器时，（　　）是必须运行的端口监控程序。

A. nmbd　　B. lmbd　　C. mmbd　　D. smbd

5. 下面列出的服务器类型中，（　　）可以使用户在异构网络操作系统之间进行文件系统共享。

A. FTP　　B. Samba　　C. DHCP　　D. Squid

6. Samba 服务器的密码文件是（　　）。

A. smb.conf　　B. samba.conf　　C. smbpasswd　　D. smbclient

7. 利用（　　）命令可以对 Samba 的配置文件进行语法测试。

A. smbclient　　B. smbpasswd　　C. testparm　　D. smbmount

8. 可以通过设置条目（　　）来控制访问 Samba 共享服务器的合法主机名。

A. allow hosts　　B. valid hosts　　C. allow　　D. publics

9. Samba 的主配置文件中不包括（　　）。

A. global 参数　　B. directory shares 部分

C. printers shares 部分　　D. applications shares 部分

三、简答题

1. 简述 Samba 服务器的应用环境。

2. 简述 Samba 的工作流程。

3. 简述基本的 Samba 服务器搭建流程的 5 个主要步骤。

10.7 实践习题

1. 公司需要配置一台 Samba 服务器，工作组名为 smile，共享目录为/share，共享名为 public，该共享目录只允许 192.168.10.0/24 网段员工访问。请给出实现方案并上机调试。

2. 如果公司有多个部门，因工作需要，必须分门别类地建立相应部门的目录。要求将技术部的资料存放在 Samba 服务器的/companydata/tech/目录下集中管理，以便技术人员浏览，并且该目录只允许技术部员工访问。请给出实现方案并上机调试。

3. 配置 Samba 服务器，要求如下：Samba 服务器上有一个 tech1 目录，此目录只有 boy 用户可以浏览访问，其他用户都不可以浏览和访问。请灵活使用独立配置文件，给出实现方案并上机调试。

4. 上机完成任务 10-4～任务 10-6。

项目11 配置与管理DHCP服务器

11

项目导入

在构建包含大量计算机的网络环境时，手动为企业内部的数百台设备逐一配置 IP 地址无疑是一项烦琐且易出错的任务。为了提高效率并确保网络配置的一致性与可管理性，采用动态主机配置协议（Dynamic Host Configuration Protocol，DHCP）成了一种不可或缺的解决方案。

DHCP 能够自动为客户端设备分配 IP 地址、子网掩码、默认网关以及 DNS 等关键网络参数，极大地简化网络管理工作。通过详尽的网络规划与合理的 DHCP 服务器配置，不仅能显著提升网络管理的效率与灵活性，还能为企业的数字化转型奠定坚实的基础。

在配置与管理 DHCP 服务器之前，首先应当对整个网络进行规划，确定网段的划分及各网段可能的主机数量等信息。

知识和能力目标

- 了解 DHCP 服务器在网络中的作用。
- 理解 DHCP 的工作过程。
- 掌握 DHCP 服务器的基本配置方法。
- 掌握 DHCP 客户端的配置和测试方法。

素质目标

- 2020 年，在全球浮点运算性能最强的 500 台超级计算机中，我国部署的超级计算机数量继续位列全球第一。这是我国的自豪，我们应增强民族自信。
- “三更灯火五更鸡，正是男儿读书时。黑发不知勤学早，白首方悔读书迟。”科技的发展日新月异，我们拿什么报效祖国？唯有勤奋学习，惜时如金，才无愧盛世年华。

11.1 项目相关知识

DHCP 是局域网的一个网络协议，使用用户数据报协议（User Datagram Protocol，UDP）工作。它主要有两个用途：一是为内部网或网络服务供应商自动分配 IP 地址；二是作为内部网管理员对所有计算机进行中央管理的工具。

11.1.1 DHCP 服务器概述

DHCP 基于客户端/服务器模式，当 DHCP 客户端启动时，它会自动与 DHCP 服务器通信，要求提供自动分配 IP 地址的服务，而安装了 DHCP 服务软件的服务器则会响应要求。

DHCP 是一个简化主机 IP 地址分配管理的 TCP/IP，用户可以利用 DHCP 服务器管理动态的 IP 地址分配及其他相关的环境配置工作，如 DNS、WINS、网关（Gateway）的设置。

在 DHCP 机制中，DHCP 系统可以分为服务器和客户端两个部分，服务器使用固定的 IP 地址，在局域网中扮演着给客户端提供动态 IP 地址、DNS 配置和网关配置的角色。客户端与 IP 地址相关的配置都在启动时由服务器自动分配。

11.1.2 DHCP 的工作过程

DHCP 客户端和服务器申请 IP 地址、获得 IP 地址的工作过程一般分为 4 个阶段，如图 11-1 所示。

1. DHCP 客户端发送 IP 地址租用请求

当客户端启动时，由于网络中的每台机器都需要有一个地址，因此此时的计算机 TCP/IP 地址与 0.0.0.0 绑定在一起。它会发送一个 DHCP Discover（DHCP 发现）广播信息包到本地子网。该信息包会被发送给 UDP 端口 67，即 DHCP/BOOTP 服务器端口。

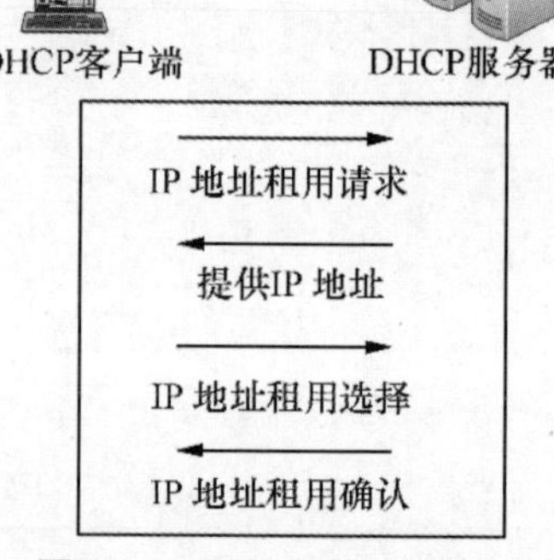

图 11-1 DHCP 的工作过程

2. DHCP 服务器提供 IP 地址

本地子网的每个 DHCP 服务器都会接收 DHCP Discover 信息包。每个接收到请求的 DHCP 服务器都会检查它是否有提供给请求客户端的有效空闲地址，如果有，则以 DHCP Offer（DHCP 提供）信息包作为响应。该信息包包括有效的 IP 地址、子网掩码、DHCP 服务器的 IP 地址、租用期限，以及其他有关 DHCP 范围的详细配置。所有发送 DHCP Offer 信息包的服务器将保留它们提供的这个 IP 地址（该地址暂时不能分配给其他的客户端）。DHCP Offer 信息包会被发送到 UDP 端口 68，即 DHCP/BOOTP 客户端端口。响应是以广播的方式发送的，因为客户端没有能直接寻址的 IP 地址。

3. DHCP 客户端选择 IP 地址租用

客户端通常对第一个提议产生响应，并以广播的方式发送 DHCP Request（DHCP 请求）信息包作为回应。该信息包告诉服务器“是的，我想让你给我提供服务。我接收你给我的租用期限”。另外，一旦信息包以广播方式发送，网络中的所有 DHCP 服务器都可以看到该信息包，那些提议没有被客户端承认的 DHCP 服务器会将保留的 IP 地址返回给它的可用地址池。客户端还可利用 DHCP Request 询问服务器的其他配置选项，如 DNS 或网关地址。

4. DHCP 服务器确认 IP 地址租用

当服务器接收到 DHCP Request 信息包时，会以一个 DHCP Acknowledge（DHCP 确认）信息包作为响应。该信息包提供了客户端请求的任何其他信息，并且也是以广播方式发送的。该信息包告诉客户端“一切准备好。记住你只能在有限时间内租用该地址，而不能永久占据！好了，以下是你询问的其他信息”。

注意 客户端发送 DHCP Discover 后，如果没有 DHCP 服务器响应客户端的请求，则客户端会随机使用 169.254.0.0/16 网段中的一个 IP 地址配置本机地址。

11.1.3 DHCP 服务器分配给客户端的 IP 地址类型

在客户端向 DHCP 服务器申请 IP 地址时，服务器并不总是给它一个动态的 IP 地址，而是根据实际情况决定。

1. 动态 IP 地址

客户端从 DHCP 服务器取得的 IP 地址一般不是固定的，而是每次都可能不一样。在 IP 地址有限的企业内，动态 IP 地址可以最大化地达到资源的有效利用。它的利用原理并不是每个员工都会同时上线，而是优先为上线的员工提供 IP 地址，员工离线之后再收回。

2. 静态 IP 地址

客户端从 DHCP 服务器取得的 IP 地址也并不总是动态的。例如，有的企业除了员工用的计算机，还有数量不少的服务器，这些服务器如果也使用动态 IP 地址，则不但不利于管理，而且客户端访问起来也不方便。此时，可以设置 DHCP 服务器记录特定计算机网卡的 MAC 地址，然后为每个 MAC 地址分配一个固定的 IP 地址。

小资料 什么是 MAC 地址？MAC 地址也叫作物理地址或硬件地址，是由网络设备制造商生产时写在硬件内部的（网络设备的 MAC 地址都是唯一的）。在 TCP/IP 网络中，从表面上看来是通过 IP 地址进行数据传输，但实际上是通过 MAC 地址来区分不同节点的。

至于如何查询网卡的 MAC 地址，根据网卡是本机还是远程计算机，采用的方法也有所不同。

（1）查询本机网卡的 MAC 地址：可使用 ifconfig 命令。

（2）查询远程计算机网卡的 MAC 地址：既然 TCP/IP 网络通信最终要用到 MAC 地址，那么使用 ping 命令当然也可以获取对方的 MAC 地址信息，只不过它不会显示出来，要借助其他工具来完成。

```
[root@Server01 ~]# ifconfig
[root@Server01 ~]# ping  -c  1  192.168.10.21    //ping 远程计算机 1 次
[root@Server01 ~]# arp  -n                       //查询缓存在本地的远程计算机中的 MAC 地址
[root@Server01 ~]# arp  -n|grep  192.168.10.21
192.168.10.21          ether   00:0c:29:e3:98:a1   C                    ens160
```

11.2 项目设计与准备

11.2.1 项目设计

部署 DHCP 服务器之前应该先进行规划，明确哪些 IP 地址自动分配给客户端（作用域中应包含的 IP 地址），哪些 IP 地址需手动指定给特定的服务器。例如，在本项目中，IP 地址要求如下。

（1）适用的网络是 192.168.10.0/24，网关为 192.168.10.254。

（2）192.168.10.1～192.168.10.30 网段地址是服务器的固定地址。

（3）客户端可以使用的地址段为 192.168.10.31～192.168.10.200，但 192.168.10.105、192.168.10.107 为保留地址。

注意 手动配置的 IP 地址一定要排除掉保留地址，或者采用地址池以外的可用 IP 地址，否则会造成 IP 地址冲突。

11.2.2 项目准备

部署 DHCP 服务应满足下列需求。

（1）安装了 Linux 企业版操作系统的计算机，作为 DHCP 服务器。

（2）DHCP 服务器的 IP 地址、子网掩码、DNS 等 TCP/IP 参数必须手动指定，否则将不能为客户端分配 IP 地址。

（3）DHCP 服务器必须拥有一组有效的 IP 地址，以便自动分配给客户端。

（4）如果不特别指出，则所有 Linux 虚拟机的网络连接模式都选择 VMnet1（仅主机模式），如图 11-2 所示。

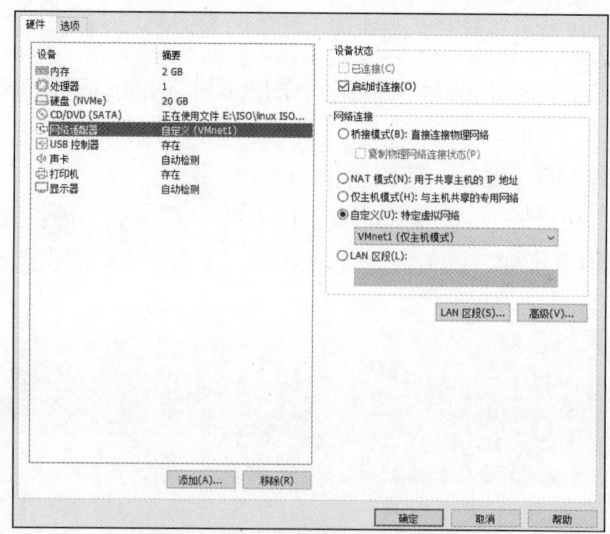

图 11-2 Linux 虚拟机的网络连接模式

（5）本项目要用到的设备有 Server01、Client1、Client2 和 Client3，设备情况如表 11-1 所示。

表 11-1 DHCP 服务器和客户端的设备情况

主机名	操作系统	IP 地址	网络连接模式
DHCP 服务器：Server01	RHEL 9	192.168.10.1/24	VMnet1（仅主机模式）
Linux 客户端：Client1	RHEL 9	自动获取	VMnet1（仅主机模式）
Linux 客户端：Client2	RHEL 9	保留地址	VMnet1（仅主机模式）
Windows 客户端：Client3	Windows 10	自动获取	VMnet1（仅主机模式）

11.3 项目实施

任务 11-1 在服务器 Server01 上安装 DHCP 软件包

（1）检测系统是否已经安装了 DHCP 软件包（默认没有安装）。

```
[root@Server01 ~]# rpm -qa | grep  dhcp
```

（2）如果系统还没有安装 DHCP 软件包，则可以使用 dnf 命令安装所需软件包。

① 挂载 ISO 映像文件。

```
[root@Server01 ~]# mount /dev/cdrom /media
```

② 制作用于安装的 YUM 源文件（详见项目 1 中的相关内容）。

```
[root@Server01 ~]# vim /etc/yum.repos.d/dvd.repo
```

③ 使用 dnf 命令查看 DHCP 软件包的信息。

```
[root@Server01 ~]# dnf info dhcp-server
```

④ 使用 dnf 命令安装 DHCP 软件包。

```
[root@Server01 ~]# dnf clean all                //安装前先清除缓存
[root@Server01 ~]# dnf install dhcp-server -y
```

软件包安装完毕，可以使用 rpm 命令再次查询，结果如下。

```
[root@Server01 ~]# rpm -qa | grep dhcp
dhcp-common-4.4.2-19.b1.el9.noarch
dhcp-server-4.4.2-19.b1.el9.x86_64
```

如果执行 dnf install dhcp*命令，结果是什么？读者不妨一试。

任务 11-2 熟悉 DHCP 主配置文件

基本的 DHCP 服务器搭建流程如下。

（1）编辑主配置文件/etc/dhcp/dhcpd.conf，指定 IP 地址作用域（指定一个或多个 IP 地址范围）。

（2）建立租用数据库文件。

（3）重新加载配置文件或重新启动 DHCP 服务器使配置生效。

DHCP 的工作流程如图 11-3 所示。

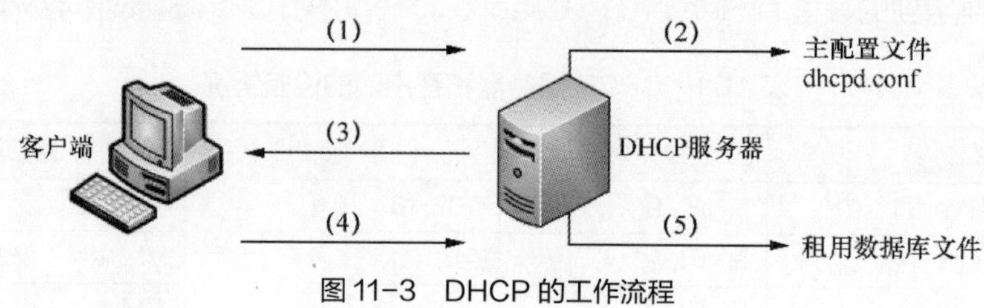

图 11-3 DHCP 的工作流程

（1）客户端发送广播向 DHCP 服务器申请 IP 地址。

（2）DHCP 服务器收到请求后查看主配置文件 dhcpd.conf，先根据客户端的 MAC 地址查看是否为客户端设置了固定 IP 地址。

（3）如果为客户端设置了固定 IP 地址，则将该 IP 地址发送给客户端；如果没有设置固定 IP 地址，则将地址池中的 IP 地址发送给客户端。

（4）客户端收到 DHCP 服务器回应后，给予服务器回应，告诉服务器已经使用了分配的 IP 地址。

（5）DHCP 服务器将相关租用信息存入数据库。

1. 主配置文件 dhcpd.conf

（1）默认主配置文件（/etc/dhcp/dhcpd.conf）没有任何实质内容，打开查阅，发现里面有一句话“see /usr/share/doc/dhcp-server/dhcpd.conf.example”。下面复制样例文件作为主配置文件。

```
[root@Server01 ~]# cp /usr/share/doc/dhcp-server/dhcpd.conf.example /etc/dhcp/dhcpd.conf
```

（2）dhcpd.conf 主配置文件的组成部分包括 parameters（参数）、declarations（声明）、option（选项）。

（3）dhcpd.conf 主配置文件的整体框架包括全局配置和局部配置。

全局配置可以包含参数或选项，该部分对整个 DHCP 服务器生效。

局部配置通常由声明部分表示，该部分仅对局部生效，例如，只对某个 IP 地址作用域生效。

dhcpd.conf 主配置文件的格式为

```
#全局配置
参数或选项;                    #全局生效
#局部配置
声明 {
      参数或选项;              #局部生效
     }
```

样例文件内容包含部分参数或选项，以及声明的用法，其中，注释部分可以放在任何位置，并以“#”开头，当一行内容结束时，以“;”结束，花括号所在行除外。

可以看出整个配置文件分成全局配置和局部配置两个部分，但是并不容易看出哪些属于参数，哪些属于声明和选项。

2. 常用参数

参数主要用于设置服务器和客户端的动作或者是否执行某些任务，如设置 IP 地址租用时间、是否检查客户端使用的 IP 地址等。DHCP 主配置文件中的常用参数说明如表 11-2 所示。

表 11-2　DHCP 主配置文件中的常用参数说明

参数	作用	详细说明
default-lease-time	设置默认租约时间	指定客户端可以持有 IP 地址的默认时间（秒）。如果客户端未请求特定的租期长度，将使用此值
max-lease-time	设置最大租约时间	指定客户端可租用 IP 地址的最长时间（秒）。此值限制了客户端请求的租期长度
option domain-name	指定客户端的DNS域名	为客户端提供一个域名，用于 DNS 解析
option domain-name-servers	设置 DNS 地址	提供一个或多个 DNS 的 IP 地址，供客户端使用
option routers	定义默认网关	指定客户端应使用的默认网关的 IP 地址
option subnet-mask	设置子网掩码	指定客户端子网的子网掩码
authoritative	声明服务器为权威 DHCP 服务器	此声明指定服务器是网络中的权威 DHCP 服务器，可以发送拒绝 DHCP 请求的消息
subnet	定义子网开始	用于定义网络的 IP 地址范围。此声明后通常跟有子网掩码和相关配置
range	指定 IP 地址范围	在 subnet 声明中使用，指定一个 IP 地址范围用于动态分配给客户端
host	定义一个特定的主机	用于指定特定设备的固定 IP 地址配置，通常包括设备的 MAC 地址和分配给它的静态 IP 地址

3. 常用声明介绍

声明一般用来指定 IP 地址作用域、定义为客户端分配的 IP 地址池等。声明格式如下。

```
声明 {
        选项或参数;
    }
```

常见声明的用法如下。

（1）subnet 网络号 netmask 子网掩码 {……}

作用：定义作用域，指定子网。

```
subnet  192.168.10.0   netmask   255.255.255.0  {
                 ……
                                                  }
```

注意　网络号至少要与 DHCP 服务器的其中一个网络号相同。

（2）range dynamic-bootp 起始 IP 地址结束 IP 地址

作用：指定动态 IP 地址范围。

```
range dynamic-bootp   192.168.10.100   192.168.10.200
```

注意　可以在 subnet 声明中指定多个 range，但多个 range 定义的 IP 地址范围不能重复。

4. 常用选项

选项通常用来配置 DHCP 客户端的可选参数，如定义客户端的 DNS 地址、默认网关等。选项内容都是以 option 关键字开始的。

常用选项如下。

（1）option routers　IP 地址

作用：为客户端指定默认网关。

```
option routers  192.168.10.254
```

（2）option subnet-mask　子网掩码

作用：设置客户端的子网掩码。

```
option subnet-mask   255.255.255.0
```

（3）option domain-name-servers IP 地址

作用：为客户端指定 DNS 地址。

```
option  domain-name-servers   192.168.10.1
```

注意　（1）～（3）项可以用在全局配置中，也可以用在局部配置中。

5. IP 地址绑定

DHCP 中的 IP 地址绑定用于给客户端分配固定 IP 地址。例如，服务器需要使用固定 IP 地址就可以使用 IP 地址绑定，通过 MAC 地址与 IP 地址的对应关系为指定的计算机分配固定 IP 地址。

整个配置过程需要用到 host 声明和 hardware、fixed- address 参数。

（1）host　主机名 {......}

作用：用于定义保留地址。

```
host  computer1{......}
```

注意　该项通常搭配 subnet 声明使用。

（2）hardware 类型　硬件地址

作用：定义网络接口类型和硬件地址。常用类型为以太网（ethernet），硬件地址为 MAC 地址。

```
hardware  ethernet  3a:b5:cd:32:65:12
```

（3）fixed-address　IP 地址

作用：定义 DHCP 客户端指定的 IP 地址。

```
fixed-address  192.168.10.105
```

注意　（2）、（3）项只能应用于 host 声明中。

6. 租用数据库文件

租用数据库文件用于保存一系列的租用声明，其中包含客户端的主机名、MAC 地址、分配到的 IP 地址，以及 IP 地址的有效期等相关信息。这个数据库文件是可编辑的 ASCII 格式文本文件。

每当租约有变化时，都会在文件末尾添加新的租用记录。

DHCP 服务器刚安装好时，租用数据库文件 dhcpd.leases 是空文件。

当 DHCP 服务器正常运行时，就可以使用 cat 命令查看租用数据库文件的内容了。

```
cat  /var/lib/dhcpd/dhcpd.leases
```

任务 11-3 配置 DHCP 服务器的应用实例

现在完成一个简单的配置 DHCP 服务器应用实例。

1. 实例需求

人工智能学院拥有 155 台计算机设备，针对这些设备的 IP 地址配置需求，制定以下配置规范。

（1）核心服务配置

- DHCP 服务器与 DNS 均部署于 192.168.10.1/24，此地址同时作为网络中的关键服务节点。
- 有效 IP 地址范围界定为 192.168.10.1～192.168.10.254，子网掩码统一设置为 255.255.255.0，以确保网络通信的顺畅与一致性。
- 网关地址设定为 192.168.10.254，作为数据流量进出本网络的唯一通道。

（2）服务器地址规划

为保障服务器稳定运行，特将 192.168.10.1～192.168.10.20 这一网段地址预留为服务器固定使用，避免与客户端地址冲突。

（3）客户端地址分配

- 客户端计算机可使用的 IP 地址范围限定为 192.168.10.21～192.168.10.150，以满足技术部门当前及未来一段时间内的扩展需求。
- 特别注意，192.168.10.105 与 192.168.10.107 两个地址作为保留地址，不得随意分配。其中，192.168.10.105 明确保留给 Client2 使用，以确保其网络资源的独占性。

（4）客户端自动配置策略

除特别指定的 Client2 外，其余客户端（以 Client1 为代表）均应采用自动获取方式，通过 DHCP 服务器自动配置 IP 地址、子网掩码、网关及 DNS 等网络参数，以提高配置效率与准确性，同时减少人为错误。

总之，人工智能学院的 IP 地址配置方案旨在通过合理规划，确保网络资源的有效利用与管理的便捷性，为学院正常教学、科研、社会服务等的顺利开展提供坚实的网络支撑。

2. 网络环境搭建

（1）Linux 服务器与客户端配置详情

Linux 服务器和客户端的地址及 MAC 地址信息如表 11-3 所示（可以使用 VM 的“克隆”技术快速安装需要的 Linux 客户端，MAC 地址因读者计算机的不同而不同）。

表 11-3 Linux 服务器和客户端的配置详情

角色及主机名	操作系统	IP 地址/获取方式	MAC 地址
DHCP 服务器（主机名：Server01）	RHEL 9	192.168.10.1/24（静态分配）	00:0C:29:72:C6:A9

续表

角色及主机名	操作系统	IP 地址/获取方式	MAC 地址
Linux 客户端（主机名：Client1）	RHEL 9	设置为自动获取，测试客户端	00:0C:29:E3:98:A1
Linux 客户端（主机名：Client2）	RHEL 9	设置为保留地址，测试客户端	00:0C:29:FD:43:12

（2）环境概述

在当前的虚拟化环境中，部署 3 台运行 RHEL 9 操作系统的虚拟机，旨在构建一个用于测试与验证的网络架构。所有虚拟机均配置为仅主机模式（VMnet1），以确保网络环境的封闭性与安全性。

Server01 作为 DHCP 服务器，负责为网络中的客户端动态分配 IP 地址，其 IP 地址静态设置为 192.168.10.1/24，以确保服务的可达性与稳定性。

Client1 作为测试客户端之一，其 IP 地址配置为自动获取，通过 DHCP 服务器动态获取网络参数，以验证 DHCP 服务器的正常运作。

Client2 同样作为测试客户端，但被分配了一个保留地址，该地址在 DHCP 服务器的配置中进行了特定预留，以满足特殊业务需求或测试场景。

此配置方案旨在模拟一个真实的网络环境，通过 DHCP 服务器的高效管理，实现 IP 地址的动态分配与资源的合理利用，同时确保网络架构的灵活性与可扩展性。

特别注意 一定要将虚拟机的“编辑-虚拟网络编辑器”中的 DHCP 停用，避免影响正常的 DHCP 服务器。

3. 服务器配置

（1）定制全局配置和局部配置，局部配置需要把 192.168.10.0/24 声明出来，然后在该声明中指定一个 IP 地址池，范围为 192.168.10.21～192.168.10.150，但要去掉 192.168.10.105 和 192.168.10.107，其他分配给客户端使用。注意 range 参数的写法。

（2）要保证使用固定 IP 地址，就要在 subnet 声明中嵌套 host 声明，目的是单独为 Client2 设置固定 IP 地址，并在 host 声明中加入 IP 地址和 MAC 地址绑定的选项以申请固定 IP 地址。

使用 vim /etc/dhcp/dhcpd.conf 命令可以编辑 DHCP 配置文件，全部配置文件的内容如下。

```
# 禁用 DDNS 更新
ddns-update-style none;

# 设置日志记录设施
log-facility local7;

# 定义全局配置参数（此处根据实际需求添加，题目中未明确指出全局配置内容）
# ……（全局配置参数可根据需要在此处添加）

# 声明 192.168.10.0/24 子网，并配置相关参数
subnet 192.168.10.0 netmask 255.255.255.0 {
  # 指定 IP 地址池，排除特定地址
```

```
    range 192.168.10.21 192.168.10.104;       # 第一段可用地址范围
    range 192.168.10.106 192.168.10.106;      # 单个可用地址（排除 105 和 107 后的中间地址）
    range 192.168.10.108 192.168.10.150;      # 第二段可用地址范围

    # 配置 DNS 地址
    option domain-name-servers 192.168.10.1;

    # 配置域名（此域名应根据实际情况替换）
    option domain-name "long60.cn";

    # 配置默认网关地址
    option routers 192.168.10.254;

    # 配置广播地址
    option broadcast-address 192.168.10.255;

    # 配置默认租赁时间和最大租赁时间
    default-lease-time 600;
    max-lease-time 7200;
  }

  # 为 Client2 配置固定 IP 地址，并绑定 MAC 地址
  host Client2 {
    hardware ethernet 00:0C:29:FD:43:12;
    fixed-address 192.168.10.105; # 为 Client2 分配的固定 IP 地址
  }
```

（3）配置完成后，保存并退出，重启 DHCP 服务器，并设置开机自动启动。

```
[root@Server01 ~]# systemctl  restart  dhcpd
[root@Server01 ~]# systemctl  enable  dhcpd
```

注意 如果 DHCP 服务器启动失败，则可以使用 dhcpd 命令排错。

（4）在配置服务器的过程中可能存在以下问题。

① 配置文件有问题。

内容不符合语法结构，如缺少分号。

声明的子网和子网掩码不匹配。

② 主机 IP 地址和声明的子网不在同一网段。

③ 主机没有配置 IP 地址。

④ 配置文件路径出问题，例如，在 RHEL 6 以下版本中，配置文件保存在/etc/dhcpd. conf；但是在 RHEL 6 及以上版本中，配置文件保存在/etc/dhcp/dhcpd.conf。

4. 在客户端 Client1 上进行测试

注意 在真实网络中，应该不会出现客户端获取错误的动态 IP 地址的问题。但如果使用的是 VMWare12 或其他类似的版本，虚拟机中的 DHCP 客户端可能会获取到 192.168.79.0 网络中的一个地址，这时需要关闭 VMnet8 和 VMnet1 的 DHCP 服务功能。

关闭 VMnet8 和 VMnet1 的 DHCP 服务功能的方法如下（本项目的服务器和客户端的网络连接模式都为 VMnet1）。

在 VMWare 主窗口中依次选择“编辑”→“虚拟网络编辑器”命令，打开“虚拟网络编辑器”对话框，选中 VMnet1 或 VMnet8，将对应的 DHCP 服务选项改为不启用，如图 11-4 所示。

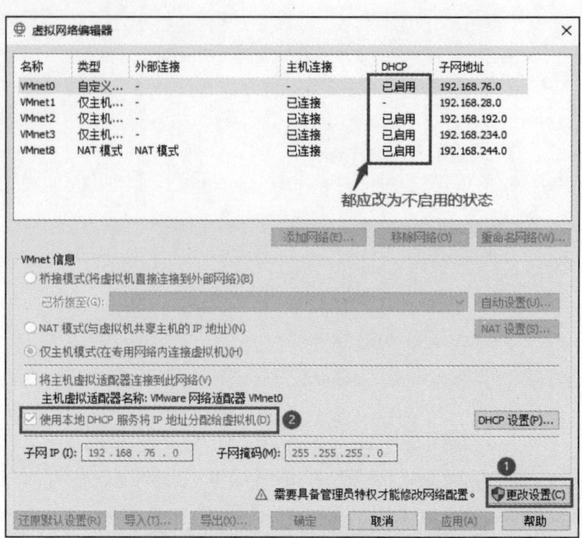

图 11-4 “虚拟网络编辑器”对话框

（1）以 root 用户身份登录名为 Client1 的 Linux 计算机，依次选择“活动”→“显示应用程序”→“设置”→“网络”命令，打开“网络”对话框，如图 11-5 所示。

（2）单击图 11-5 所示的齿轮按钮⚙，在弹出的“有线”对话框中单击“IPv4”标签，并将“IPv4 方式”配置为“自动（DHCP）”，最后单击“应用”按钮，如图 11-6 所示。

图 11-5 “网络”对话框

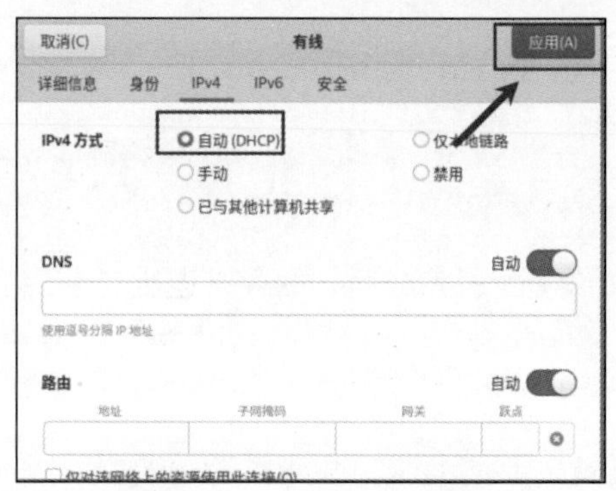

图 11-6 “有线”对话框

（3）回到图 11-5 所示的对话框，先取消连接“有线”，再连接“有线”，再单击齿轮按钮⚙。这时会看到图 11-7 所示的结果：Client1 成功获取了 DHCP 服务器地址池的一个 IP 地址。

5. 在客户端 Client2 上进行测试

同样以 root 用户身份登录名为 Client2 的 Linux 客户端，按前文“4. 在客户端 Client1 上进行测试”的方法，设置 Client2 自动获取 IP 地址，最后的结果如图 11-8 所示。

6. Windows 客户端（Client3）配置

（1）Windows 客户端的配置比较简单，设置 TCP/IP 属性中的相关选项为自动获取即可。

① 打开主机的“控制面板\网络和 Internet\网络连接”界面，找到 VMnet1 网卡，如图 11-9 所示。

② 右击 VMnet 网卡，打开属性对话框，选中“Internet 协议版 4（TCP/IPv4）”选项，单击“属性”按钮，将各相关属性值设为自动获取，然后单击“确定”按钮，完成设置，如图 11-10 所示。

③ 进行测试。在 Windows 命令提示符下，利用 ipconfig 命令可以释放 IP 地址，然后重新获取 IP 地址。

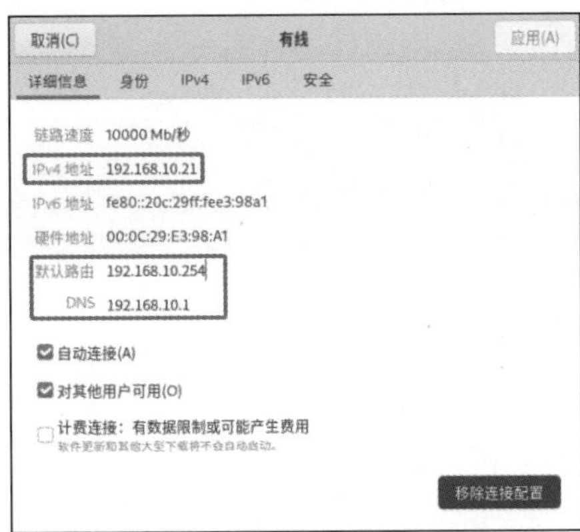

图 11-7 Client1 成功获取 IP 地址

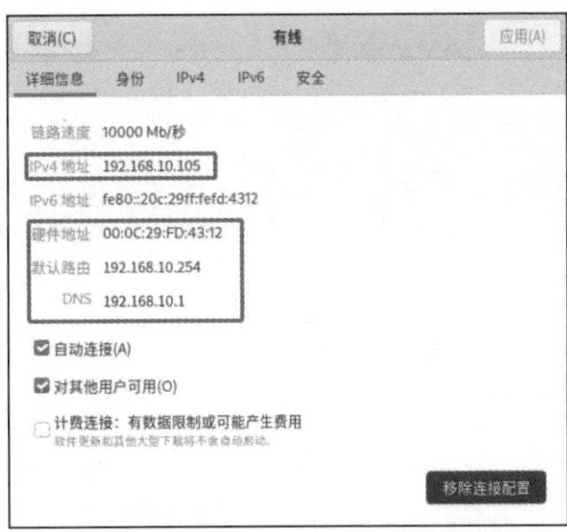

图 11-8 Client2 成功获取 IP 地址

图 11-9 “控制面板\网络和 Internet\网络连接”界面

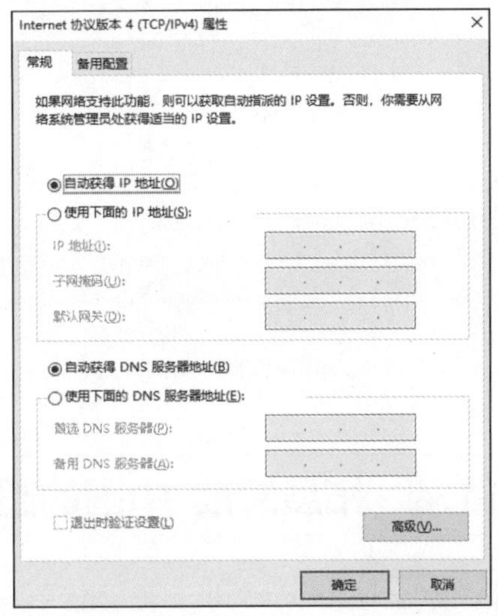

图 11-10 “Internet 协议版本 4（TCP/IPv4）属性”对话框

相关命令如下。

释放 IP 地址：ipconfig　/release。

重新申请 IP 地址：ipconfig　/renew。

使用 ipconfig　/all 命令得到的最终测试结果如图 11-11 所示。

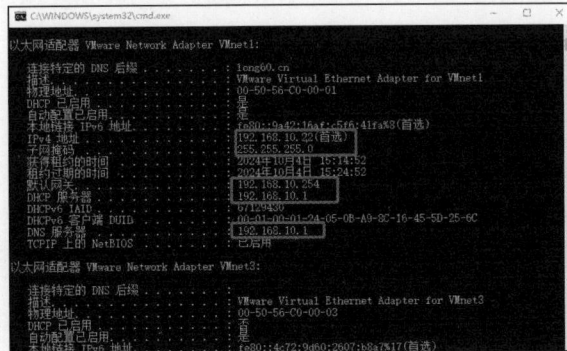

```
C:\WINDOWS\system32\cmd.exe
以太网适配器 VMware Network Adapter VMnet1:

   连接特定的 DNS 后缀 . . . . . . . : long60.cn
   描述. . . . . . . . . . . . . . . : VMware Virtual Ethernet Adapter for VMnet1
   物理地址. . . . . . . . . . . . . : 00-50-56-C0-00-01
   DHCP 已启用 . . . . . . . . . . . : 是
   自动配置已启用. . . . . . . . . . : 是
   本地链接 IPv6 地址. . . . . . . . : fe80::9a42:16af:c5f6:41fa%8(首选)
   IPv4 地址 . . . . . . . . . . . . : 192.168.10.22(首选)
   子网掩码  . . . . . . . . . . . . : 255.255.255.0
   获得租约的时间  . . . . . . . . . : 2024年10月4日 15:14:52
   租约过期的时间  . . . . . . . . . : 2024年10月4日 15:24:52
   默认网关. . . . . . . . . . . . . : 192.168.10.254
   DHCP 服务器 . . . . . . . . . . . : 192.168.10.1
   DHCPv6 IAID . . . . . . . . . . . : 67129430
   DHCPv6 客户端 DUID  . . . . . . . : 00-01-00-01-24-05-0B-A9-8C-16-45-5D-25-6C
   DNS 服务器  . . . . . . . . . . . : 192.168.10.1
   TCPIP 上的 NetBIOS  . . . . . . . : 已启用

以太网适配器 VMware Network Adapter VMnet3:

   连接特定的 DNS 后缀 . . . . . . . :
   描述. . . . . . . . . . . . . . . : VMware Virtual Ethernet Adapter for VMnet3
   物理地址. . . . . . . . . . . . . : 00-50-56-C0-00-03
   DHCP 已启用 . . . . . . . . . . . : 否
   自动配置已启用. . . . . . . . . . : 是
   本地链接 IPv6 地址. . . . . . . . : fe80::4c72:9d60:2607:b8a7%17(首选)
```

图 11-11 最终测试结果

7．在服务器 Server01 端查看租用数据库文件

```
[root@Server01 ~]# cat  /var/lib/dhcpd/dhcpd.leases
……
lease 192.168.10.22 {
  starts 5 2024/10/04 07:29:52;
  ends 5 2024/10/04 07:39:52;
  cltt 5 2024/10/04 07:29:52;
  binding state active;
  next binding state free;
  rewind binding state free;
  hardware ethernet 00:50:56:c0:00:01;
  uid "\001\000PV\300\000\001";
  set vendor-class-identifier = "MSFT 5.0";
  client-hostname "PC1";
}
lease 192.168.10.21 {
  starts 5 2024/10/04 07:30:32;
  ends 5 2024/10/04 07:40:32;
  cltt 5 2024/10/04 07:30:32;
  binding state active;
  next binding state free;
  rewind binding state free;
  hardware ethernet 00:0c:29:e3:98:a1;
  uid "\001\000\014)\343\230\241";
  client-hostname "Client1";
```

11.4 拓展阅读 中国的超级计算机

你知道全球超级计算机 500 强榜单吗？你知道中国超级计算机目前的水平吗？

国际组织“TOP500”于 2023 年 6 月 19 日发布的全球超级计算机 500 强榜单显示，中国在全球浮点运算性能最强的 500 台超级计算机中，部署的超级计算机数量继续位列第一，达到 173 台，占总体份额超过 34.6%。其中，“神威 · 太湖之光”超级计算机位列榜单全球第一，性能峰值达到 1.2 亿亿次每秒。此外，中国厂商联想、曙光、浪潮是全球前三名的“超算”供应商，总交付数量达到 396 台，占总体份额超过 79.2%。这表明中国在超级计算机领域的技术实力和市场份额继续保持领先地位。因多方面原因，中国自 2024 年起减少参与 TOP500 榜单，但在超级计算领域的研发和部署仍在推进，其实际能力可能远超外界所知。

11.5 项目实训 配置与管理 DHCP 服务器

1．视频位置

实训前扫描二维码观看“项目实录　配置与管理 DHCP 服务器”慕课。

2．项目背景

某企业计划构建一台 DHCP 服务器来解决 IP 地址动态分配的问题，要求能够分配 IP 地址以及网关、DNS 等其他网络属性信息。

（1）配置基本 DHCP

企业 DHCP 服务器和 DNS 的 IP 地址均为 192.168.10.1，DNS 的域名为 dns.long60.cn，默认网关地址为 192.168.10.254。

将 IP 地址 192.168.10.10/24～192.168.10.200/24 用于自动分配，将 IP 地址 192.168.10.100/24～192.168.10.120/24、192.168.10.10/24、192.168.10.20/24 排除，预留给需要手动指定 TCP/IP 参数的服务器，将 192.168.10.200/24 用作预留地址等。DHCP 服务器搭建网络拓扑如图 11-12 所示。

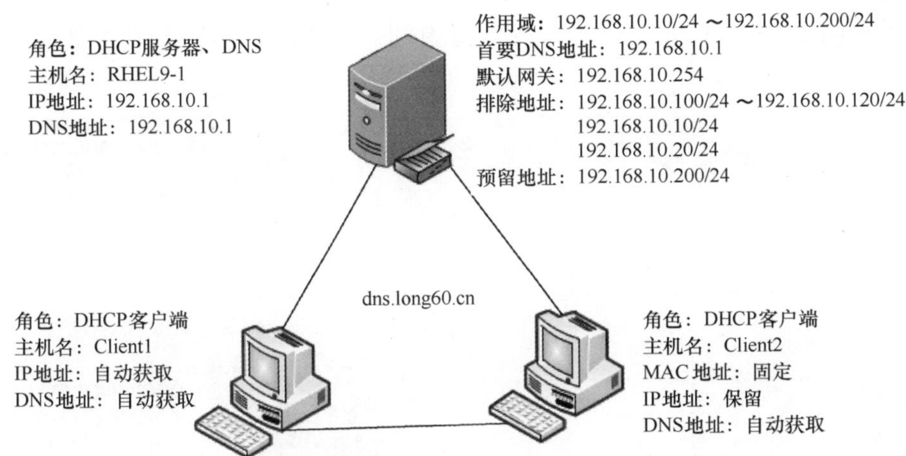

图 11-12 DHCP 服务器搭建网络拓扑

（2）配置 DHCP 超级作用域

企业内部建立 DHCP 服务器，网络规划采用单作用域结构，使用 192.168.10.0/24 网段的 IP 地址。随着企业规模扩大，设备数量增多，现有的 IP 地址无法满足网络的需求，需要添加可用的 IP 地址。这时可以使用超级作用域增加 IP 地址，在 DHCP 服务器上添加新的作用域，使用 192.168.20.0/24 网段扩展网络地址的范围。该企业配置的 DHCP 超级作用域网络拓扑如图 11-13 所示（注意各虚拟机网卡的不同网络连接模式）。

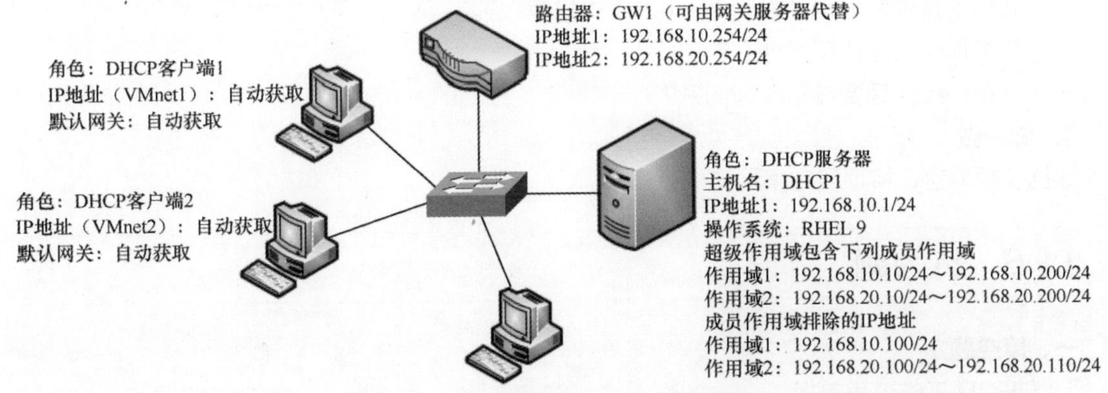

图 11-13 DHCP 超级作用域网络拓扑

GW1 是网关服务器，可以由带 2 块网卡的 RHEL 9 充当，2 块网卡分别连接虚拟机的 VMnet1

和 VMnet2。DHCP1 是 DHCP 服务器，作用域 1 的有效 IP 地址段为 192.168.10.10/24～192.168.10.200/24，默认网关是 192.168.10.254，作用域 2 的有效 IP 地址段为 192.168.20.10/ 24～192.168.20.200/24，默认网关是 192.168.20.254。

2 台客户端分别连接到虚拟机的 VMnet1 和 VMnet2，DHCP 客户端的 IP 地址获取方式是自动获取。DHCP 客户端 1 应该获取 192.168.10.0/24 网络中的 IP 地址，网关是 192.168.10.254。DHCP 客户端 2 应该获取 192.168.20.0/24 网络中的 IP 地址，网关是 192.168.20.254。

（3）配置 DHCP 中继代理

企业内部存在两个子网，分别为 192.168.10.0/24、192.168.20.0/24，现在需要使用一台 DHCP 服务器为这两个子网客户机分配 IP 地址。该企业配置的 DHCP 中继代理网络拓扑如图 11-14 所示。

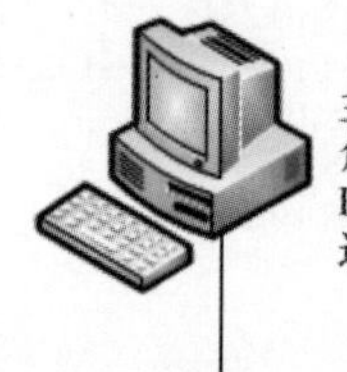

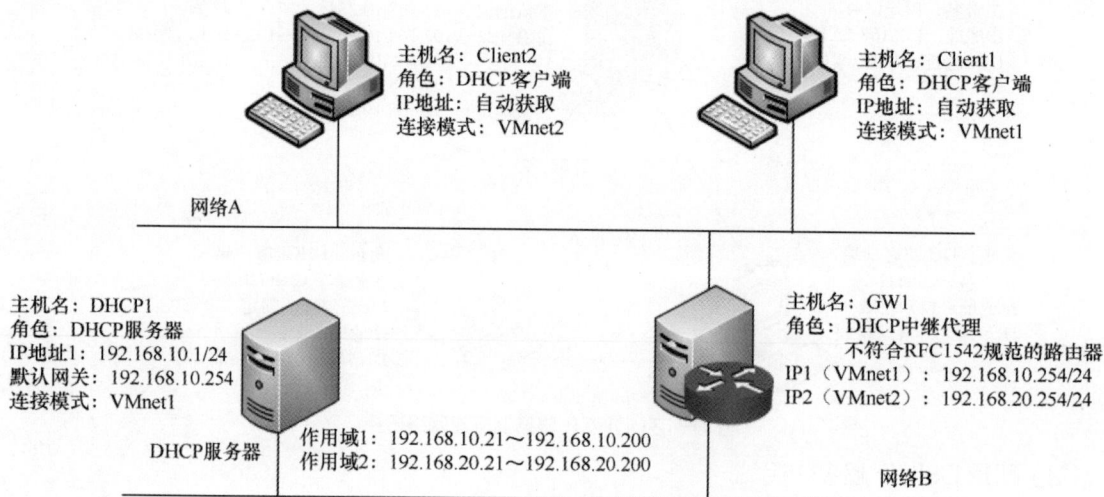

图 11-14　DHCP 中继代理网络拓扑

3. 深度思考

在观看视频时思考以下几个问题。

（1）DHCP 软件包中哪些是必需的？哪些是可选的？

（2）DHCP 服务器的样例文件如何获得？

（3）如何设置保留地址？设置 host 声明有何要求？

（4）超级作用域的作用是什么？

（5）配置中继代理要注意哪些问题？

4. 做一做

根据视频内容，将项目完整地完成。

11.6　练习题

一、填空题

1. DHCP 工作过程包括________、________、________、________4 种信息包。

2. 如果 DHCP 客户端无法获得 IP 地址，将自动从________地址段中选择一个作为自己的地址。

3. 在 Windows 环境下，使用________命令可以查看 IP 地址配置，释放 IP 地址使用________命令，续租 IP 地址使用________命令。

4. DHCP 是一个简化主机 IP 地址分配管理的标准 TCP/IP，英文全称是________，中文名称为________。

5. 当客户端注意到它的租用期到了________以上时，就要更新该租用期。这时它发送一个________信息包给它获得原始信息的服务器。

6. 当租用期达到期满时间的近________时，客户端如果在前一次请求中没能更新租用期的话，它会再次试图更新租用期。

7. 配置 Linux 客户端需要修改网卡配置文件，将 BOOTPROTO 项设置为________。

二、选择题

1. 在 TCP/IP 中，哪个协议是用来进行 IP 地址自动分配的？（　　）

A. ARP　　B. NFS　　C. DHCP　　D. DNS

2. DHCP 租用文件默认保存在（　　）目录中。

A. /etc/dhcp　　B. /etc　　C. /var/log/dhcp　　D. /var/lib/dhcpd

3. 配置完 DHCP 服务器，运行（　　）命令可以启动 DHCP 服务。

A. systemctl start dhcpd.service　　B. systemctl start dhcpd

C. start dhcpd　　D. dhcpd on

三、简答题

1. 动态分配 IP 地址方案有什么优点和缺点？简述 DHCP 的工作过程。

2. 简述 IP 地址租用和更新的全过程。

3. 简述 DHCP 服务器分配给客户端的 IP 地址类型。

11.7 实践习题

1. 建立 DHCP 服务器，为子网 A 内的客户机提供 DHCP 服务。具体参数如下。

- IP 地址段：192.168.11.101～192.168.11.200。
- 子网掩码：255.255.255.0。
- 网关地址：192.168.11.254。
- DNS：192.168.10.1。
- 子网所属域的名称：smile60.cn。
- 默认租用有效期：1 天。
- 最大租用有效期：3 天。

请写出详细解决方案，并上机实现。

2. 配置 DHCP 服务器超级作用域。

企业内部建立 DHCP 服务器，网络规划采用单作用域结构，使用 192.168.8.0/24 网段的 IP 地址。随着企业规模扩大，设备数量增多，现有的 IP 地址无法满足网络的需求，需要添加可用的 IP 地址。这时可以使用超级作用域增加 IP 地址，在 DHCP 服务器上添加新的作用域，使用 192.168.9.0/24 网段扩展网络地址的范围。

请写出详细解决方案，并上机实现。

项目12 配置与管理DNS

12

项目导入

在构建高效校园网络环境的过程中，架设 DNS 是确保网络内设备能够迅速访问本地及 Internet 资源的关键举措。在实施此项目前，需细致规划 DNS 的部署环境，并明确其扮演的多重角色及作用。

具体而言，应首先评估校园网络的规模、结构及未来扩展需求，以确定 DNS 的最佳部署位置。DNS 在网络中主要承担权威解析、缓存加速及转发查询等多重工作。作为权威解析服务器，它负责存储并提供特定域名的精确 IP 地址信息；作为缓存服务器，它能有效减少重复查询，提升网络访问速度；而作为转发服务器，则能优化查询路径，提高解析效率。

总之，合理部署并配置 DNS，对于提升校园网络的整体性能、确保用户访问体验具有重要意义。

知识和能力目标

- 了解 DNS 的作用及其在网络中的重要性。
- 理解 DNS 的域名空间结构。
- 掌握 DNS 查询模式。
- 理解 DNS 的域名解析过程。
- 掌握常规 DNS 的安装与配置方法。
- 掌握辅助 DNS 的配置方法。
- 理解子域的概念及区域委派配置过程。
- 掌握转发服务器和缓存服务器的配置方法。
- 掌握 DNS 客户端的配置方法。
- 掌握 DNS 的测试方法。

素养目标

- 深刻认识到全球互联网基础设施，特别是 IPv6 根服务器在保证互联网稳定运行中的核心作用。同时，关注我国在镜像服务器建设及参与国际根服务器合作方面的进展，为构建更加安全、自主、可控的网络环境贡献力量。
- “路漫漫其修远兮，吾将上下而求索。”国产化替代之路“道阻且长，行则将至，行而不辍，未来可期”。青年学生更应坚信中华民族伟大复兴终会有时！

12.1 项目相关知识

域名服务是互联网/局域网中十分基础也是非常重要的一项服务，它提供了网络访问中域名和 IP 地址相互转换的方法。

12.1.1 域名空间

在域名系统中，每台计算机的域名由一系列用点分开的字母数字段组成。例如，某台计算机的全限定域名（Full Qualified Domain Name，FQDN）为 www.12306.cn，其具有的域名为 12306.cn；另一台计算机的 FQDN 为 www.tsinghua.edu.cn，其具有的域名为 tsinghua.edu.cn。

DNS 域名空间的分层结构如图 12-1 所示。

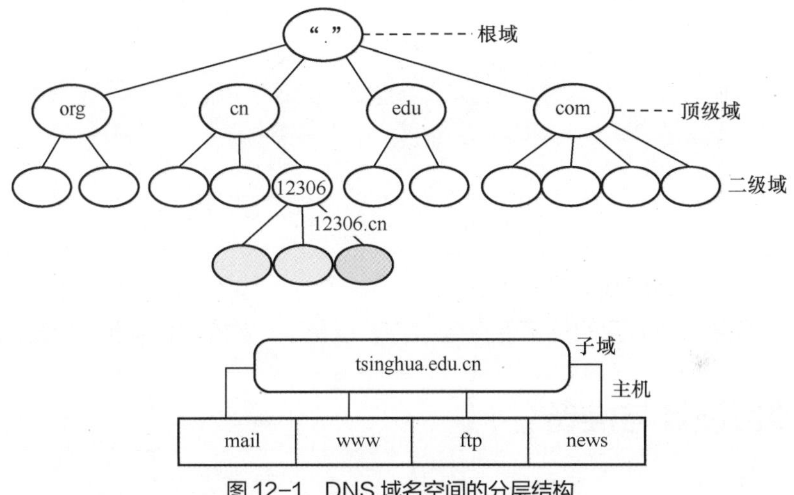

图 12-1　DNS 域名空间的分层结构

整个 DNS 域名空间结构如同一棵倒挂的树，层次结构非常清晰。根域位于顶部，紧接在根域下面的是顶级域，每个顶级域又可以进一步划分为不同的二级域，二级域再划分出子域，子域下面可以是主机，也可以再划分子域，直到最后的主机。Internet 中的域是由 InterNIC 负责管理的，域名的服务则由 DNS 来实现。

12.1.2 域名解析过程

域名解析过程如图 12-2 所示。

（1）客户机提出域名解析请求，并将该请求发送给本地的域名服务器。

（2）当本地的域名服务器收到请求后，先查询本地的缓存，如果有该记录项，本地的域名服务器就直接把查询的结果返回。

（3）如果本地的缓存中没有该记录，则本地域名服务器直接把请求发给根域名服务器，然后根域名服务器再返回给本地域名服务器一个所查询域（根的子域）的主域名服务器的地址。

（4）本地服务器再向上一步返回的域名服务器发送请求，然后接收请求的服务器查询自己的缓存，如果没有该记录，则返回相关的下级域名服务器的地址。

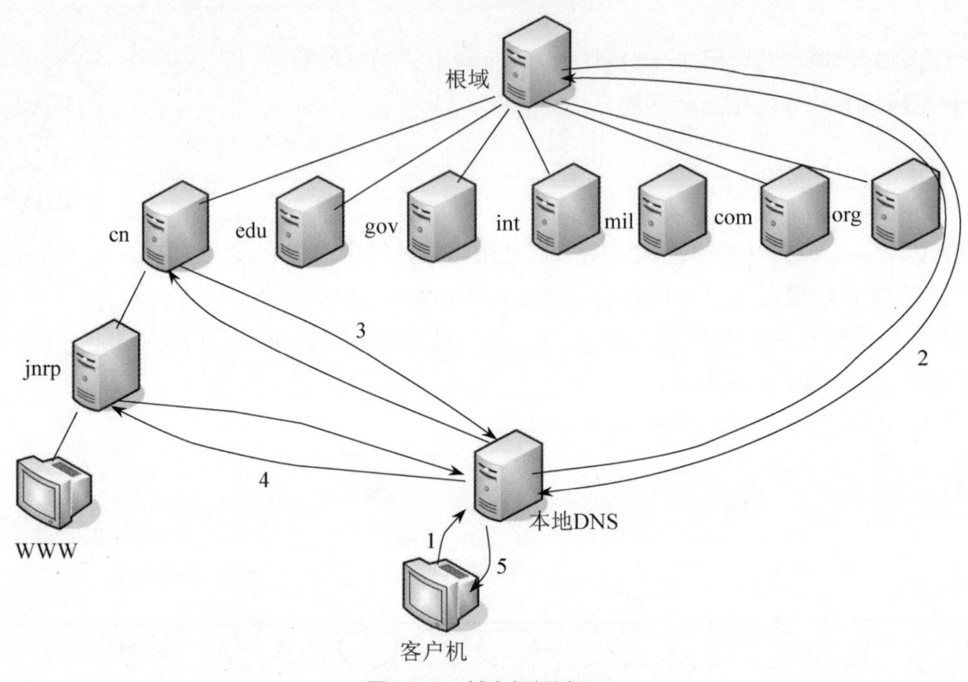

图 12-2　域名解析过程

（5）重复步骤（4），直到找到正确的记录。

（6）本地域名服务器把返回的结果保存到缓存，以备下一次使用，同时将结果返回给客户机。

12.2　项目设计与准备

12.2.1　项目设计

为了保证校园网中的计算机能够安全、可靠地通过域名访问本地网络以及互联网资源，需要在网络中部署主 DNS、从 DNS、缓存 DNS 和转发 DNS。

12.2.2　项目准备

表 12-1 所示是 4 台计算机的配置概览，其中包括 3 台运行 Linux 操作系统和 1 台运行 Windows 10 操作系统的设备。

表 12-1　4 台计算机的配置概览

主机名	操作系统	IP 地址	角色及网络连接模式
Server01	RHEL 9	192.168.10.1/24	主 DNS；连接模式为 VMnet1
Server02	RHEL 9	192.168.10.2/24	从 DNS、缓存 DNS、转发 DNS 等；连接模式为 VMnet1

续表

主机名	操作系统	IP 地址	角色及网络连接模式
Client1	RHEL 9	192.168.10.21/24	Linux 客户端；连接模式为 VMnet1
Client3	Windows 10	192.168.10.40/24	Windows 客户端；连接模式为 VMnet1

注意 所有 DNS 的 IP 地址均配置为静态的，以确保网络服务的稳定性和可靠性。

12.3 项目实施

在 Linux 下架设 DNS 通常使用伯克利互联网域名(Berkeley Internet Name Domain，BIND)软件来实现，其守护进程是 named。

任务 12-1 安装与启动 DNS

BIND 软件是一款实现 DNS 的开放源码软件。BIND 软件原本是美国国防高级研究计划局(Defense Advanced Research Projects Agency，DARPA)资助加利福尼亚大学伯克利分校开设的一个研究生课题。经过多年的变化和发展，BIND 软件已经成为世界上使用极为广泛的 DNS 软件，目前互联网上绝大多数 DNS 都是用 BIND 软件来架设的。

BIND 软件能够运行在当前大多数的操作系统上。目前，BIND 软件由互联网软件联合会（Internet Software Consortium，ISC）这个非营利性机构负责开发和维护。

1. 安装 BIND 软件包

（1）使用 dnf 命令安装 BIND 软件包（在线安装）。

```
[root@Server01 ~]# dnf clean all                              #安装前先清除缓存
[root@Server01 ~]# dnf install bind bind-chroot bind-utils -y
```

（2）安装完后再次查询，发现已安装成功。

```
[root@Server01 ~]# rpm -qa|grep bind
bind-license-9.16.23-14.el9_3.noarch
bind-libs-9.16.23-14.el9_3.x86_64
bind-utils-9.16.23-14.el9_3.x86_64
bind-dnssec-doc-9.16.23-14.el9_3.noarch
python3-bind-9.16.23-14.el9_3.noarch
bind-dnssec-utils-9.16.23-14.el9_3.x86_64
bind-9.16.23-14.el9_3.x86_64
bind-chroot-9.16.23-14.el9_3.x86_64
```

2. 域名服务的启动、停止与重启，加入开机自启动

```
[root@Server01 ~]# systemctl start named;systemctl stop named
[root@Server01 ~]# systemctl restart named; systemctl enable named
Created symlink /etc/systemd/system/multi-user.target.wants/named.service → /usr/
lib/systemd/system/named.service.
```

任务 12-2　掌握 DNS 的配置文件

一般的 DNS 配置文件分为主配置文件，区域配置文件，正、反向解析区域声明文件。下面介绍主配置文件和区域配置文件，正、反向解析区域声明文件会融合到实例中一并介绍。

1. 认识主配置文件

主配置文件位于/etc 目录下，可使用 cat 命令查看，注意“-n”用于显示行号。

注意

在标准的/etc/named.conf 文件中，常见的是使用“//”来进行注释，尤其是对于单行注释。其他 DNS 的配置文件也使用“//”进行注释。

```
[root@Server01 ~]# cat  /etc/named.conf  -n
……                                                        //略
10   options {
11         listen-on port 53 { 127.0.0.1; };
//指定 BIND 侦听的 DNS 查询请求的本机 IP 地址及端口
12         listen-on-v6 port 53 { ::1; };          //限于 IPv6
13         directory    "/var/named";              //指定区域配置文件所在的路径
14         dump-file    "/var/named/data/cache_dump.db";
15         statistics-file "/var/named/data/named_stats.txt";
16         memstatistics-file "/var/named/data/named_mem_stats.txt";
17         secroots-file    "/var/named/data/named.secroots";
18         recursing-file   "/var/named/data/named.recursing";
19         allow-query     { localhost; };         //指定接收 DNS 查询请求的客户端
20
21         /*
22          - If you are building an AUTHORITATIVE DNS server, do NOT enable recursion.
23          - If you are building a RECURSIVE (caching) DNS server, you need to enable
24            recursion.
25          - If your recursive DNS server has a public IP address, you MUST enable access
26            control to limit queries to your legitimate users. Failing to do so will
27            cause your server to become part of large scale DNS amplification
28            attacks. Implementing BCP38 within your network would greatly
29            reduce such attack surface
30         */
31         recursion yes;
32
33         dnssec-validation yes;
34
35         managed-keys-directory "/var/named/dynamic";
36         geoip-directory "/usr/share/GeoIP";
37
38         pid-file "/run/named/named.pid";
39         session-keyfile "/run/named/session.key";
40
41         /* https://fedoraproj***.org/wiki/Changes/CryptoPolicy */
42         include "/etc/crypto-policies/back-ends/bind.config";
43   };
```

```

logging {
        channel default_debug {
                file "data/named.run";
                severity dynamic;
        };
};

zone "." IN {                              //用于指定根服务器的配置信息，一般不能改动
     type hint;
     file "named.ca";
};

include "/etc/named.rfc1912.zones";   //指定区域配置文件，一定要根据实际修改
include "/etc/named.root.key";
```

options 配置段属于全局性的设置，常用的配置命令及功能如下。

（1）directory：用于指定 named 守护进程的工作目录。各区域的正、反向解析区域声明文件，以及记录 DNS 根服务器地址列表的 named.ca 文件都应放置在 directory 命令指定的目录内。

（2）allow-query{}：与 allow-query{localhost;}功能相同。另外，还可使用地址匹配符来表示允许的主机：any 可匹配所有的 IP 地址，none 不匹配任何 IP 地址，localhost 匹配本地主机使用的所有 IP 地址，localnets 匹配同本地主机相连的网络中的所有主机。例如，若仅允许 127.0.0.1 和 192.168.1.0/24 网段的主机查询该 DNS，则命令为

```
allow-query {127.0.0.1;192.168.1.0/24};
```

（3）listen-on：设置 named 守护进程监听的 IP 地址和端口。若未指定，则默认监听 DNS 的所有 IP 地址的 53 号端口。当服务器安装有多块网卡，有多个 IP 地址时，可通过该配置命令指定所要监听的 IP 地址。对于只有一个地址的服务器，不必设置。例如，若要设置 DNS 监听 IP 地址 192.168.1.2，使用标准的 53 号端口，则配置命令为

```
listen-on  port 53 { 192.168.1.2;};
```

（4）forwarders{}：用于定义 DNS 转发器。设置转发器后，所有非本域的和在缓存服务器中无法找到的域名查询，可由指定的 DNS 转发器来完成解析工作并进行缓存。forward 用于指定转发方式，仅在 forwarders 转发器列表不为空时有效，其用法为“forward first | only；”。forward first 为默认方式，DNS 会将用户的域名查询请求先转发给 forwarders 设置的转发器，由转发器来完成域名的解析工作，若指定的转发器无法完成解析或无响应，则再由 DNS 自身来完成域名解析。若设置为“forward only ;”，则 DNS 仅将用户的域名查询请求转发给转发器；若指定的转发器无法完成域名解析或无响应，则 DNS 自身也不会试着对其进行域名解析。例如，某地区的 DNS 为 61.128.192.68 和 61.128.128.68，若要将其设置为 DNS 的转发器，则配置命令为

```
options{
        forwarders {61.128.192.68;61.128.128.68;};
        forward first;
};
```

2. 认识区域配置文件

区域配置文件位于/etc 目录下，可将 named.rfc1912.zones 复制为主配置文件中指定的区域配置文件，在本书中是/etc/named.zones（cp -p 表示把修改时间和访问权限也复制到新文件中）。

```
[root@Server01 ~]# cp -p /etc/named.rfc1912.zones /etc/named.zones
[root@Server01 ~]# cat /etc/named.rfc1912.zones
zone "localhost.localdomain" IN {
    type master;                              //主要区域
    file "named.localhost";                   //指定正向解析区域声明文件
    allow-update { none; };
};
……                                            //略
zone "1.0.0.127.in-addr.arpa" IN {            //反向解析区域
  type master;
  file "named.loopback";                      //指定反向解析区域声明文件
  allow-update { none; };
};
……                                            //略
```

（1）区域声明

① 主 DNS 的正向解析区域声明格式如下（样本文件为 named.localhost）。

```
zone  "区域名称" IN {
    type master ;
    file  "实现正向解析的区域声明文件名";
    allow-update {none;};
};
```

② 从 DNS 的正向解析区域声明的格式如下。

```
zone  "区域名称" IN {
    type slave ;
    file  "实现正向解析的区域声明文件名";
    masters {主 DNS 的 IP 地址;};
};
```

反向解析区域的声明格式与正向的相同，只是 file 指定的要读的文件不同，以及区域的名称不同。若要反向解析 x.y.z 网段的主机，则反向解析区域名称应设置为 z.y.x.in-addr.arpa。（反向解析区域样本文件为 named.loopback。）

（2）根区域文件/var/named/named.ca

/var/named/named.ca 是一个非常重要的文件，其包含互联网的顶级 DNS 的名称和地址。利用该文件可以让 DNS 找到根 DNS，并初始化 DNS 的缓冲区。当 DNS 接到客户端主机的查询请求时，如果在缓冲区中找不到相应的数据，就会通过根服务器进行逐级查询。/var/named/named.ca 文件的主要内容如图 12-3 所示。

说明 ① 以“;”开始的行都是注释行。

② 行“. 518400 IN NS a.root-servers.net.”的含义：“.”表示根域；518400 是存活期；IN 是资源记录的网络类型，表示互联网类型；NS 是资源记录类型；“a.root-servers.net.”是主机域名。

③ 行“a.root-servers.net. 518400 IN A 198.41.0.4”的含义：a.root-servers.net.是主机域名；518400 是存活期；“IN”代表“Internet”，是一种资源记录类；A 是资源记录类型；最后对应的是 IP 地址。

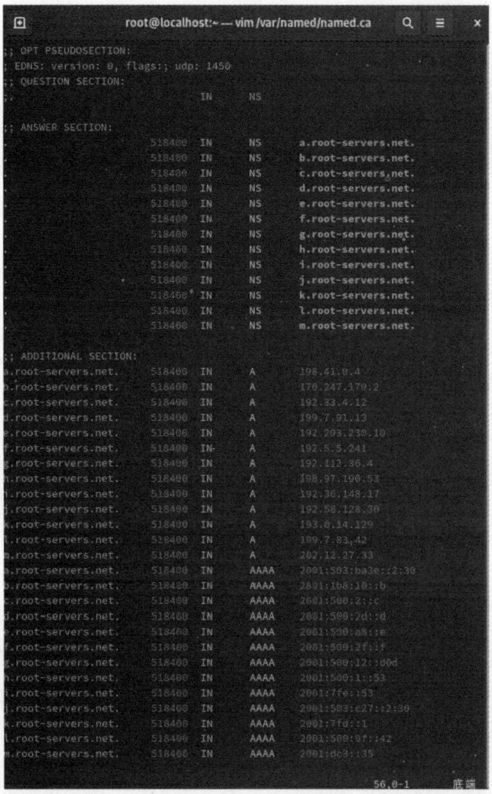

```
root@localhost:~ — vim /var/named/named.ca
;; OPT PSEUDOSECTION:
; EDNS: version: 0, flags:; udp: 1450
;; QUESTION SECTION:
;.                              IN      NS

;; ANSWER SECTION:
.                       518400  IN      NS      a.root-servers.net.
.                       518400  IN      NS      b.root-servers.net.
.                       518400  IN      NS      c.root-servers.net.
.                       518400  IN      NS      d.root-servers.net.
.                       518400  IN      NS      e.root-servers.net.
.                       518400  IN      NS      f.root-servers.net.
.                       518400  IN      NS      g.root-servers.net.
.                       518400  IN      NS      h.root-servers.net.
.                       518400  IN      NS      i.root-servers.net.
.                       518400  IN      NS      j.root-servers.net.
.                       518400  IN      NS      k.root-servers.net.
.                       518400  IN      NS      l.root-servers.net.
.                       518400  IN      NS      m.root-servers.net.

;; ADDITIONAL SECTION:
a.root-servers.net.     518400  IN      A       198.41.0.4
b.root-servers.net.     518400  IN      A       170.247.170.2
c.root-servers.net.     518400  IN      A       192.33.4.12
d.root-servers.net.     518400  IN      A       199.7.91.13
e.root-servers.net.     518400  IN      A       192.203.230.10
f.root-servers.net.     518400  IN      A       192.5.5.241
g.root-servers.net.     518400  IN      A       192.112.36.4
h.root-servers.net.     518400  IN      A       198.97.190.53
i.root-servers.net.     518400  IN      A       192.36.148.17
j.root-servers.net.     518400  IN      A       192.58.128.30
k.root-servers.net.     518400  IN      A       193.0.14.129
l.root-servers.net.     518400  IN      A       199.7.83.42
m.root-servers.net.     518400  IN      A       202.12.27.33
a.root-servers.net.     518400  IN      AAAA    2001:503:ba3e::2:30
b.root-servers.net.     518400  IN      AAAA    2801:1b8:10::b
c.root-servers.net.     518400  IN      AAAA    2001:500:2::c
d.root-servers.net.     518400  IN      AAAA    2001:500:2d::d
e.root-servers.net.     518400  IN      AAAA    2001:500:a8::e
f.root-servers.net.     518400  IN      AAAA    2001:500:2f::f
g.root-servers.net.     518400  IN      AAAA    2001:500:12::d0d
h.root-servers.net.     518400  IN      AAAA    2001:500:1::53
i.root-servers.net.     518400  IN      AAAA    2001:7fe::53
j.root-servers.net.     518400  IN      AAAA    2001:503:c27::2:30
k.root-servers.net.     518400  IN      AAAA    2001:7fd::1
l.root-servers.net.     518400  IN      AAAA    2001:500:9f::42
m.root-servers.net.     518400  IN      AAAA    2001:dc3::35
                                                        56,0-1        底端
```

图 12-3　/var/named/named.ca 文件的主要内容

由于 named.ca 文件经常会随着根服务器的变化而发生变化，因此建议从国际互联网络信息中心的 FTP 服务器下载最新的版本，文件名为 named.root。

任务 12-3　配置主 DNS 实例

1. 实例环境及需求

某学校要架设一台 DNS 来负责 long60.cn 域的域名解析工作。DNS 的 FQDN 为 dns.long60.cn，IP 地址为 192.168.10.1。要求为以下域名实现正、反向域名解析。

```
dns.long60.cn                  192.168.10.1
mail.long60.cn    MX 资源记录   192.168.10.2
slave.long60.cn   ⟷                192.168.10.3
www.long60.cn                  192.168.10.4
ftp.long60.cn                      192.168.10.5
```

另外，为 www.long60.cn 设置别名为 web.long60.cn。

2. 配置过程

配置过程包括主配置文件的配置，区域配置文件的配置，正、反向解析区域声明文件的修改等。

（1）配置主配置文件/etc/named.conf。

把 options 配置段中的侦听 IP 地址（127.0.0.1）改成 any，把 dnssec-validation yes 改为 dnssec-validation no；把允许查询网段 allow-query 后面的 localhost 改成 any。在 include 语句中指定区域配置文件为 named.zones。修改后相关内容如下。

```
[root@Server01 ~]# vim  /etc/named.conf

        listen-on port 53 { any; };
        listen-on-v6 port 53 { ::1; };
        directory       "/var/named";
        dump-file       "/var/named/data/cache_dump.db";
        statistics-file "/var/named/data/named_stats.txt";
        memstatistics-file "/var/named/data/named_mem_stats.txt";
        allow-query     { any; };
        recursion yes;
        dnssec-enable yes;
        dnssec-validation no;
        dnssec-lookaside auto;
        ……
include "/etc/named.zones";                          //必须更改!!
include "/etc/named.root.key";
```

（2）配置区域配置文件 named.zones。

执行命令 vim /etc/named.zones，增加以下内容（在任务 12-2 中已将/etc/named.rfc1912.zones 复制为主配置文件中指定的区域配置文件/etc/named.zones）。

```
[root@Server01 ~]# vim  /etc/named.zones

 zone "long60.cn" IN {
         type master;
         file "long60.cn.zone";
         allow-update { none; };
 };

 zone "10.168.192.in-addr.arpa" IN {
        type master;
        file "1.10.168.192.zone";
        allow-update { none; };
 };
```

提示 区域配置文件的名称一定要与/etc/named.conf 文件中指定的文件名一致。在本书中是 named.zones。

（3）修改 BIND 的正、反向解析区域声明文件。

① 创建 long60.cn.zone 正向解析区域声明文件。

正向解析区域声明文件位于/var/named 目录下，为编辑方便，可先将样本文件 named.localhost 复制到 long60.cn. zone（加-p 选项的目的是保持文件属性不变），再对 long60.cn.zone 进行修改。

```
[root@Server01 ~]# cd  /var/named
[root@Server01 named]# cp  -p  named.localhost  long60.cn.zone
[root@Server01 named]# vim  /var/named/long60.cn.zone
$TTL 1D
@       IN SOA   long60.cn root.long60.cn. (
                 1997022700    ; serial          //该文件的版本号
                 28800         ; refresh         //更新时间间隔
                 14400         ; retry           //重试时间间隔
```

```
                3600000       ; expiry          //过期时间
                86400  )      ; minimum         //最小时间间隔，单位是 s
@               IN            NS                dns.long60.cn.
@               IN            MX        10      mail.long60.cn.
dns             IN            A                 192.168.10.1
mail            IN            A                 192.168.10.2
slave               IN            A                 192.168.10.3
www             IN            A                 192.168.10.4
ftp             IN            A                 192.168.10.5
web             IN            CNAME             www.long60.cn.
```

正、反向解析区域声明文件的名称一定要与/etc/named.zones 文件中区域声明中指定的文件名一致。

正、反向解析区域声明文件的所有记录行都要顶格写，前面不要留有空格，否则会导致 DNS 不能正常工作。

说明如下。

第一个有效行为 SOA 资源记录。该记录的格式如下。

```
@            IN SOA  origin. contact.(
);
```

其中，@是该域的替代符，例如，long60.cn.zone 文件中的@表示 long60.cn。origin 表示该域的主 DNS 的 FQDN，用“.”结尾表示这是一个绝对名称。例如，long60.cn.zone 文件中的 origin 为 dns.long60.cn.。contact 表示该域的管理员的电子邮件地址。它是正常 E-mail 地址的变通地址，将@改为“.”。例如，long60.cn.zone 文件中的 contact 为 mail.long60.cn.。所以在上面的例子中，SOA 有效行（@ IN SOA @ root.long60.cn.）可以改为@ IN SOA long60.cn. root.long60.cn.。

行“@ IN NS dns.long60.cn.”说明该域的 DNS 至少应该定义一个。

行“@ IN MX 10 mail.long60.cn.”用于定义邮件交换器，其中，10 表示优先级别，数字越小，优先级别越高。

② 创建 1.10.168.192.zone 反向解析区域声明文件。

反向解析区域声明文件位于/var/named 目录下，为方便编辑，可先将样本文件/etc/named/named.loopback 复制到 1.10.168.192.zone，再对 1.10.168.192.zone 进行修改。

```
[root@Server01 named]# cp -p named.loopback 1.10.168.192.zone
[root@Server01 named]# vim /var/named/1.10.168.192.zone
$TTL 1D
@       IN SOA   long60.cn   root.long60.cn. (
                                    0       ; serial
                                    1D      ; refresh
                                    1H      ; retry
                                    1W      ; expire
                                    3H )    ; minimum
@          IN NS          dns.long60.cn.
@          IN MX     10   mail.long60.cn.
1          IN PTR         dns.long60.cn.
2          IN PTR         mail.long60.cn.
3          IN PTR         slave.long60.cn.
4          IN PTR         www.long60.cn.
5          IN PTR         ftp.long60.cn.
```

（4）设置防火墙放行，设置主配置文件，区域配置文件，正、反向解析区域声明文件的属组为 named（如果前面复制主配置文件和区域文件时使用了-p 选项，则此步骤可省略）。

```
[root@Server01 named]# firewall-cmd  --permanent --add-service=dns
[root@Server01 named]# firewall-cmd  --reload
[root@Server01 named]# chgrp  named  /etc/named.conf  /etc/named.zones
[root@Server01 named]# chgrp  named long60.cn.zone  1.10.168.192.zone
```

（5）重新启动域名服务，添加开机自启动功能。

```
[root@Server01 named]# systemctl  restart named ; systemctl  enable  named
```

（6）在 Client3（Windows 10）上测试。

① 将 Client3 的 TCP/IP 属性中的首选 DNS 的地址设置为 192.168.10.1，如图 12-4 所示。

② 在命令提示符下使用 nslookup 测试，测试结果如图 12-5 所示。

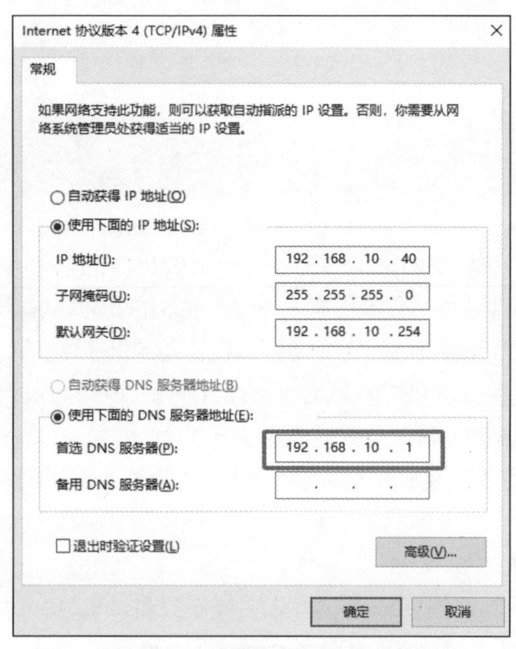

图 12-4　设置首选 DNS 的地址

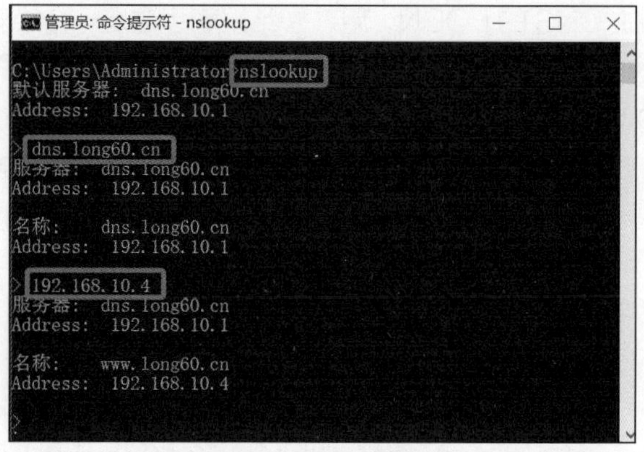

图 12-5　测试结果

（7）在 Linux 客户端 Client1 上测试。

① 在 Linux 操作系统中，可以修改/etc/resolv.conf 文件来设置 DNS 客户端，如下所示。

```
[root@Client1 ~]# vim  /etc/resolv.conf
  nameserver 192.168.10.1
  nameserver 192.168.10.2
  search  long60.cn
[root@Client1 ~]# systemctl  restart  NetworkManager        //重启网络管理服务
```

其中，nameserver 指明 DNS 的 IP 地址，可以设置多个 DNS，查询时按照文件中指定的顺序解析域名。只有当第一个 DNS 没有响应时，才向下面的 DNS 发出域名解析请求。search 用于指明域名搜索顺序，当查询没有域名后缀的主机名时，将自动附加由 search 指定的域名。

在 Linux 操作系统中，还可以通过系统菜单设置 DNS，相关内容已多次介绍，此处不赘述。

② 使用 nslookup 测试 DNS。BIND 软件包提供了 3 个 DNS 测试工具：nslookup、dig 和 host。

其中，dig 和 host 是命令行工具，而 nslookup 既可以使用命令行模式，又可以使用交互模式。下面在客户端 Client1（192.168.10.20）上测试，前提是必须保证与 Server01 服务器通信畅通。

```
[root@Client1 ~]# nslookup      //运行 nslookup 命令
> server
Default server: 192.168.10.1
Address: 192.168.10.1#53
> www.long60.cn                 //正向查询，查询域名 www.long60.cn 对应的 IP 地址
Server:         192.168.10.1
Address:        192.168.10.1#53

Name:           www.long60.cn
Address: 192.168.10.4
> 192.168.10.2                  //反向查询，查询 IP 地址 192.168.10.2 对应的域名
2.10.168.192.in-addr.arpa name = mail.long60.cn.
> set all                       //显示当前设置的所有值
Default server: 192.168.10.1
Address: 192.168.10.1#53
Default server: 192.168.10.2
Address: 192.168.10.2#53

Set options:
  novc            nodebug     nod2
  search      recurse
  timeout = 0     retry = 3    port = 53    ndots = 1
  querytype = A       class = IN
  srchlist = long60.cn

//查询 long60.cn 域的 NS 资源记录配置
> set type=NS   //此行中 type 的取值还可以为 SOA、MX、CNAME、A、PTR 及 any 等
> long60.cn
Server:         192.168.10.1
Address:        192.168.10.1#53

long60.cn nameserver = dns.long60.cn.
> exit
[root@Client1 ~]#
```

特别说明 如果要求所有员工均可以访问外网地址，还需要设置根域，并建立根域对应的区域文件，这样才可以访问外网地址。

下载根 DNS 的最新版本。下载完毕，将该文件改名为 named.ca，然后复制到/var/named 下。

任务 12-4 配置缓存 DNS

下面是公司内部只用于缓存的 DNS（缓存 DNS），对外部的网络请求一概拒绝，只需要在 Server02 上配置好/etc/named.conf 文件中的以下项目即可。

（1）在 Server02 上安装 DNS。

（2）配置/etc/named.conf，配置完成后使用 cat /etc/named.conf 命令显示。（在本书中，黑体一般表示添加或更改的内容。）

```
options {
     listen-on port 53 { any; };
     listen-on-v6 port 53 { any; };
     allow-query     { any; };
     recursion yes;
     dnssec-validation no;                  //停用 DNSSEC 验证功能
     forwarders{192.168.10.1;};             //设置转发到的 DNS
     forward only;                          //指明这个服务器是缓存 DNS
};
```

（3）设置防火墙放行，设置主配置文件的属组为 named。

```
[root@Server02 ~]# firewall-cmd  --permanent --add-service=dns
[root@Server02 ~]# firewall-cmd  --reload
[root@Server02 ~]# chgrp  named  /etc/named.conf
```

（4）重新启动 DNS，添加开机自启动功能。

```
[root@Server02 ~]# systemctl  restart named ; systemctl  enable  named
```

（5）将 Client3（Windows 10）的首选 DNS 地址设置为 192.168.10.2 并进行测试，测试结果如图 12-6 所示。

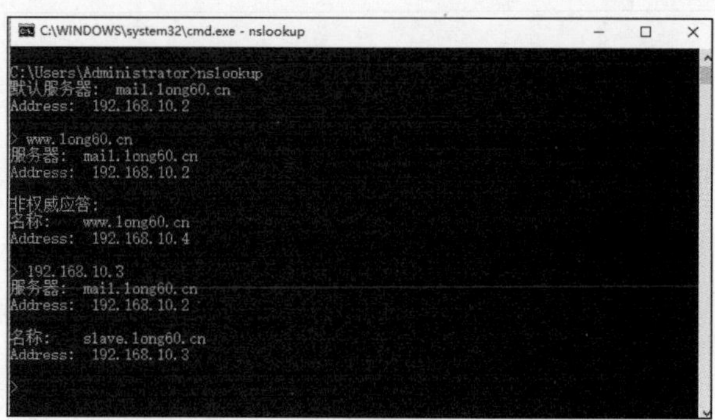

图 12-6 在 Windows 10 中测试缓存 DNS 的结果

这样，一个简单的缓存 DNS 就架设成功了。缓存 DNS 一般是互联网服务提供商（Internet Service Provider，ISP）或者大型公司才会使用的。

任务 12-5 测试 DNS 的常用命令及常见错误

1. dig 命令

dig 命令是一个灵活的命令行方式的域名查询工具，常用于从 DNS 获取特定的信息。例如，通过 dig 命令查看域名 www.long60.cn 的信息。

```
[root@Client1 ~]# dig www.long60.cn

; <<>> DiG 9.9.4-RedHat-9.9.4-50.el7 <<>> www.long60.cn
......
; EDNS: version: 0, flags:; udp: 4096
;; QUESTION SECTION:
```

```
;www.long60.cn.           IN   A

;; ANSWER SECTION:
www.long60.cn.    86400    IN   A    192.168.10.4

;; AUTHORITY SECTION:
long60.cn.        86400    IN   NS   dns.long60.cn.

;; ADDITIONAL SECTION:
dns.long60.cn.    86400    IN   A    192.168.10.1

;; Query time: 2 msec
;; SERVER: 192.168.10.1#53(192.168.10.1)
;; WHEN: Tue Jul 17 22:22:40 CST 2018
;; MSG SIZE  rcvd: 91
```

2. host 命令

host 命令用来进行简单的主机名信息查询。在默认情况下，host 命令只在主机名和 IP 地址之间转换。下面是 host 命令一些常见的使用方法。

```
[root@Client1 ~]# host  dns.long60.cn            //正向查询主机地址
dns.long60.cn has address 192.168.10.1
[root@Client1 ~]# host  192.168.10.3             //反向查询 IP 地址对应的域名
3.10.168.192.in-addr.arpa domain name pointer slave.long60.cn.
//查询不同类型的资源记录配置，-t 选项后可以为 SOA、MX、CNAME、A、PTR 等
[root@Client1 ~]# host  -t  NS  long60.cn
long60.cn name server dns.long60.cn.
[root@Client1 ~]# host  -l  long60.cn            //列出整个 long60.cn 域的信息
[root@Client1 ~]# host  -a  web.long60.cn        //列出与指定主机资源记录相关的信息
```

3. DNS 配置中的常见错误

（1）配置文件名写错。在这种情况下，运行 nslookup 命令不会出现命令提示符“>”。

（2）主机域名后面没有“.”，这是常犯的错误。

（3）/etc/resolv.conf 文件中的 DNS 的 IP 地址不正确。在这种情况下，运行 nslookup 命令不会出现命令提示符。

（4）回送地址的数据库文件有问题。同样，运行 nslookup 命令不会出现命令提示符。

（5）在/etc/named.conf 文件中的 zone 区域声明中定义的文件名与/var/named 目录下的区域数据库文件名不一致。

提示 可以查看/var/log/messages 日志文件内容了解配置文件出错的位置和原因。

12.4 拓展阅读 IPv6 的根服务器

你知道 IPv6 的根服务器有几台吗？在我国部署了几台？

根服务器主要用来管理互联网的主目录，最早使用的是 IPv4 根服务器，全球只有 13 台 IPv4 根服务器（名字分别为 A~M），均不在我国。那么我国的网络是否有可能被关掉呢？

为了国家的网络安全，我国早在 2003 年就使用了镜像服务器，即使我们的网络中断，也有备用的服务器。在 2016 年，我国和其他国家共同建立了一台新的 IPv6 根服务器，目前我国已经有 4 台 IPv6 根服务器。

12.5 项目实训 配置与管理 DNS

1. 视频位置

实训前扫描二维码观看"项目实录　配置与管理 DNS"慕课。

2. 项目实训目的

- 掌握 Linux 操作系统中主 DNS 的配置方法。
- 掌握 Linux 操作系统中从 DNS 的配置方法。

3. 项目背景

某企业有一个局域网（192.168.10.0/24），其 DNS 搭建网络拓扑如图 12-7 所示。该企业有自己的网页，员工希望通过域名来访问，同时员工也需要访问互联网上的网站。该企业已经申请了域名 long60.cn，企业希望互联网上的用户能通过域名访问公司的网页。

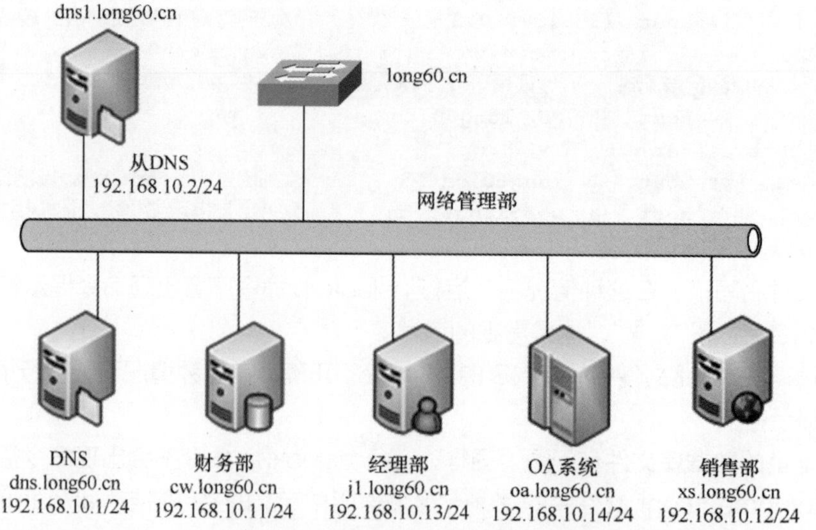

图 12-7　某企业 DNS 搭建网络拓扑

实训要求在企业内部构建一台 DNS，为局域网中的计算机提供域名解析服务。DNS 提供 long60.cn 的域名解析，DNS 的域名为 dns.long60.cn，IP 地址为 192.168.10.1。从 DNS 的 IP 地址为 192.168.10.2。同时还必须为客户提供互联网上的主机的域名解析，要求分别能解析以下域名：财务部（cw.long60.cn，192.168.10.11）、销售部（xs.long60.cn，192.168.10.12）、经理部（jl.long60.cn，192.168.10.13）、OA 系统（oa. long60.cn，192.168.10.14）。

4. 项目实训内容

练习配置 Linux 操作系统下的主 DNS 和从 DNS。

5. 做一做

根据项目实录视频进行项目实训，检查学习效果。

12.6 练习题

一、填空题

1. 在互联网中，计算机之间直接利用 IP 地址进行寻址，因而需要将用户提供的主机名转换成 IP 地址，我们把这个过程称为________。

2. DNS 提供了一个________的命名方案。

3. DNS 顶级域名中表示商业组织的是________。

4. ________表示主机的资源记录，________表示别名的资源记录。

5. 可以用来检测 DNS 资源创建是否正确的两个工具是________、________。

6. DNS 的查询模式有________、________。

7. DNS 分为 4 类：________、________、________、________。

8. 一般在 DNS 之间的查询请求属于________查询。

二、选择题

1. 在 Linux 环境下，能实现域名解析的功能软件是（　　）。

A. Apache　　B. dhcpd　　C. BIND　　D. SQUID

2. www.ryjiaoyu.com 是互联网中主机的（　　）。

A. 用户名　　B. 密码　　C. 别名　　D. IP 地址

E. FQDN

3. 在 DNS 配置文件中，A 类资源记录是什么意思？（　　）

A. 官方信息　　B. IP 地址到名字的映射

C. 名字到 IP 地址的映射　　D. 一个域名服务器的规范

4. 在 Linux DNS 系统中，根服务器提示文件是（　　）。

A. /etc/named.ca　　B. /var/named/named.ca

C. /var/named/named.local　　D. /etc/named.local

5. DNS 指针记录的标志是（　　）。

A. A　　B. PTR　　C. CNAME　　D. NS

6. 域名服务使用的端口是（　　）。

A. TCP 53　　B. UDP 54　　C. TCP 54　　D. UDP 53

7.（　　）命令可以测试 DNS 的工作情况。

A. dig　　B. host

C. nslookup　　D. named-checkzone

8.（　　）命令可以启动域名服务。

A. systemctl start named　　B. systemctl restart named

C. service dns start　　D. /etc/init.d/dns　start

9. 指定 DNS 位置的文件是（　　）。

A. /etc/hosts　　B. /etc/networks

C. /etc/resolv.conf　　D. /.profile

项目13 配置与管理Apache服务器

13

项目导入

学院已成功构建了校园网络环境，并在此基础上开发了学院官方网站。为了满足学院网站的运行需求，当前急需部署一台 Web 服务器，以稳定、高效地提供网站服务。此外，鉴于网站内容的频繁更新与文件传输需求，计划同时配置 FTP 服务器，旨在为学院内部人员及广大互联网用户提供便捷的 Web 访问与文件上传/下载服务。在此项目中，我们将首先着手于 Apache 服务器的配置与管理工作，确保其能够提供上述服务需求并保障系统的稳定运行。

知识和能力目标

- 认识 Apache。
- 掌握 Apache 服务器的安装与启动。
- 掌握 Apache 服务器的主配置文件。
- 掌握各种 Apache 服务器的配置。
- 学会创建 Web 网站和虚拟主机。

素养目标

- “雪人计划”服务于国家的信创产业。最为关键的是，我国可以借助 IPv6 的技术升级，改变自己在国际互联网治理体系中的地位。这样的事件可以大大激发学生的爱国情怀和求知求学的斗志。
- “靡不有初，鲜克有终。”“莫等闲，白了少年头，空悲切。”青年学生为人做事要有头有尾、善始善终、不负韶华。

13.1 项目相关知识

由于能够提供图形、声音等多媒体数据，再加上可以交互的动态 Web 语言的广泛普及，万维网（World Wide Web，WWW）深受互联网用户欢迎。一个重要的证明就是，当前绝大部分互联网流量都是由 Web 浏览产生的。

13.1.1 Web 服务概述

Web 服务是解决应用程序之间相互通信的一项技术。严格地说，Web 服务是描述一系列操作的接口，它使用标准的、规范的可扩展标记语言（Extensible Markup Language，XML）描述接口。这一描述包括与服务进行交互所需的全部细节，如消息格式、传输协议和服务位置。而在对外的接口中隐藏了服务实现的细节，仅提供一系列可执行的操作。这些操作独立于软、硬件平台和编写服务所用的程序设计语言。Web 服务既可单独使用，又可同其他 Web 服务一起使用，实现复杂的商业功能。

Web 服务是互联网上广泛应用的一种信息服务技术。它采用的是客户/服务器结构，可整理和存储各种资源，并响应客户端软件的请求，把所需的信息资源通过浏览器传送给用户。

Web 服务通常可以分为两种：静态 Web 服务和动态 Web 服务。

13.1.2 HTTP

超文本传送协议（Hypertext Transfer Protocol，HTTP）是目前国际互联网基础上的一个重要组成部分。Apache、IIS 是 HTTP 的服务器软件，微软公司的 Internet Explorer 和 Mozilla 的 Firefox 则是 HTTP 的客户端实现。

13.2 项目设计与准备

13.2.1 项目设计

利用 Apache 服务器建立普通 Web 站点、基于主机和用户认证的访问控制。

13.2.2 项目准备

安装有企业服务器版 Linux 的 PC 一台、测试用计算机两台（分别安装有 Windows 10、Linux 操作系统），并且两台计算机都连入局域网。该环境也可以用虚拟机实现。规划好各台主机的 IP 地址，具体信息如表 13-1 所示。

表 13-1 Linux 服务器和客户端信息

主机名	操作系统	IP 地址	角色及网络连接模式
Server01	RHEL 9	192.168.10.1/24 192.168.10.10/24	Web 服务器、DNS；VMnet1
Client1	RHEL 9	192.168.10.20/24	Linux 客户端；VMnet1
Client3	Windows 10	192.168.10.40/24	Windows 客户端；VMnet1

13.3 项目实施

首先要安装 Apache 服务器软件。

任务 13-1 安装、启动与停止 Apache 服务

下面是具体操作步骤。

1. 安装 Apache 相关服务（在线安装）

```
[root@Server01 ~]# rpm -q httpd
[root@Server01 ~]# dnf clean all                    //安装前先清除缓存
[root@Server01 ~]# dnf install httpd -y
[root@Server01 ~]# rpm -qa|grep httpd               //检查相关服务是否安装成功
```

启动 Apache 服务的命令如下（启动和停止的命令分别是 start 和 stop）。

```
[root@Server01 ~]# systemctl start httpd
[root@Server01 ~]# systemctl stop  httpd
```

2. 让防火墙放行，并设置 SELinux 为允许

需要注意的是，RHEL 9 采用了 SELinux 这种增强的安全模式，在默认配置下，只有 SSH 服务可以通过。像 Apache 服务，安装、配置、启动完毕，还需要为它放行才行。

（1）使用防火墙命令，放行 http 服务。

```
[root@Server01 ~]# firewall-cmd --list-all
[root@Server01 ~]# firewall-cmd --permanent --add-service=http
[root@Server01 ~]# firewall-cmd --reload
[root@Server01 ~]# firewall-cmd --list-all
public (active)
  target: default
  icmp-block-inversion: no
  interfaces: ens160
  sources:
  services: cockpit dhcpv6-client http ssh

  ……
```

（2）更改当前的 SELinux 值，后面可以跟 Enforcing、Permissive 或者 0、1。

```
[root@localhost ~]# getenforce
Enforcing
[root@Server01 ~]# setenforce 0
[root@Server01 ~]# getenforce
Permissive
```

注意 利用 setenforce 设置 SELinux 值，重启系统后失效，如果再次使用 httpd，则仍需重新设置 SELinux，否则客户端无法访问 Web 服务器。如果想长期有效，应修改/etc/sysconfig/selinux 文件，按需要赋予 SELinux 相应的值（Enforcing、Permissive 或者 0、1）。本书多次提到防火墙和 SELinux，请读者一定注意，许多问题可能是防火墙和 SELinux 引起的，且对于系统重启后失效的情况也要了如指掌。

3. 测试 httpd 服务是否安装成功

① 安装完 Apache 服务后，启动它，并设置开机自动加载 Apache 服务。

```
[root@Server01 ~]# systemctl start httpd
[root@Server01 ~]# systemctl enable httpd
[root@Server01 ~]# firefox localhost
```

② 如果看到图 13-1 所示的提示信息，则表示 Apache 服务已安装成功。也可以在“活动”菜单中直接启动 Firefox，然后在地址栏中输入 http://localhost 或 http://127.0.0.1，测试是否成功安装。

③ 测试成功后将 SELinux 值恢复到初始状态。

```
[root@Server01 ~]# setenforce 1
```

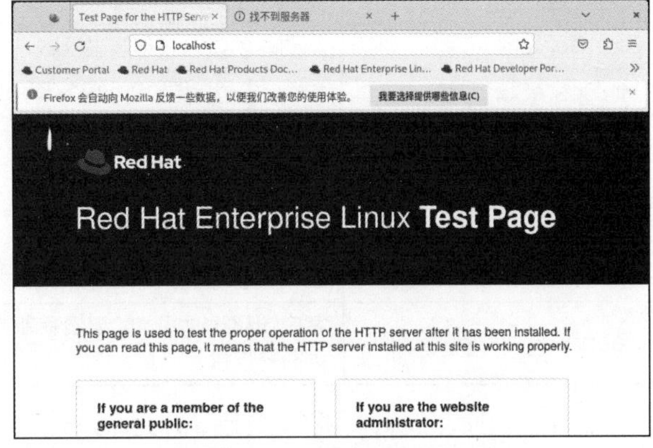

图 13-1　Apache 服务运行正常

任务 13-2　认识 Apache 服务器的配置文件

Apache 的主配置文件是 httpd.conf，位于/etc/httpd/conf/目录下。该文件包括用于控制 Apache 服务器行为的指令，分为以下 3 个主要部分。

（1）全局环境配置：影响整个服务器的基本设置。

（2）主服务器配置：特定于主服务器的设置。

（3）虚拟主机配置：针对托管多个网站的设置。

在配置 Apache 服务器时，理解各种配置指令及其用途是非常重要的。为了帮助初学者更好地掌握如何设置和优化 Apache，表 13-2 提供了 httpd.conf 文件配置指令详解。这个表格涵盖 httpd.conf 配置文件中常见和关键的配置项，包括每个指令的说明和常用的设置示例。

表 13-2　httpd.conf 文件配置指令详解

指令	说明	示例或默认值
ServerRoot	指定 Apache 服务器的根目录，所有核心文件和模块存放的位置	ServerRoot "/etc/httpd"
Listen	定义 Apache 监听的端口	Listen 80 或 Listen 12.34.56.78:80
User	指定运行 Apache 进程的用户	User apache
Group	指定运行 Apache 进程的组	Group apache
LoadModule	加载特定的功能模块	LoadModule auth_basic_module modules/mod_auth_basic.so
DocumentRoot	定义服务器的文档根目录，网站文件的存放位置	DocumentRoot "/var/www/html"
ServerAdmin	设置服务器管理员的电子邮件地址	ServerAdmin webmaster@example.com
DirectoryIndex	指定目录中默认显示的网页文件名	DirectoryIndex index.html

续表

指令	说明	示例或默认值
<Directory>	定义对特定目录的详细权限设置	见下方详细说明
ErrorLog	定义错误日志的存放路径	ErrorLog "/var/log/httpd/error_log"
LogLevel	设置日志记录的详细级别	LogLevel warn
StartServers	启动时创建的服务器进程数	StartServers 5
MinSpareServers	控制空闲时保持的最小服务器进程数	MinSpareServers 5
MaxSpareServers	控制空闲时保持的最大服务器进程数	MaxSpareServers 20
MaxRequestWorkers	设置允许的最大并发请求数量	MaxRequestWorkers 256
KeepAlive	允许或禁止持久连接	KeepAlive On
MaxKeepAliveRequests	在一个持久连接中允许的最大请求数	MaxKeepAliveRequests 100
KeepAliveTimeout	客户端超时时间，如果没有新的请求则断开连接	KeepAliveTimeout 15

其中，<Directory> 指令块是 Apache HTTP 服务器配置中非常重要的部分，用于控制特定目录及其子目录的访问权限和行为。这个指令块允许定义多项设置，比如文件列表展示、符号链接跟随、重写规则、访问权限等。

<Directory>指令块的基本结构为：以<Directory> 开始，并指定目录的路径，以 </Directory> 结束，形成一个指令块。在这个块内部可以设置多种指令来定义该目录的行为。

<Directory>指令块配置示例如下。

```
<Directory "/var/www/html">
Options Indexes FollowSymLinks
AllowOverride None
Require all granted
</Directory>
```

这个示例的详细解析如下。

① Options 选项。

Indexes：如果请求的是一个目录，而该目录中没有 DirectoryIndex（如 index.html）指定的文件，服务器将返回目录中的文件列表。

FollowSymLinks：允许服务器跟随符号链接，在安全性要求不高的情况下使用。

② AllowOverride 选项。

None：不允许.htaccess 文件改变任何目录级别的设置。

All：允许.htaccess 文件改变几乎所有的设置。

其他值如 FileInfo、AuthConfig、Limit，分别允许.htaccess 文件仅改变特定类型的设置。

③ Require 选项。

all granted：允许所有人访问。

all denied：拒绝所有人访问。

其他复杂的权限设置，如 Require user username（只允许特定用户）、Require valid-user（允许所有通过验证的用户）等。

注意 通常不建议使用 Indexes，以防止信息泄露。
如果没有必要，应禁止 FollowSymLinks，因为它可能会引入安全风险。
通常要设置 AllowOverride None 以增强性能，因为每次请求都不需要检查.htaccess 文件。
应根据安全需求设置 Require，确保只有授权用户才能访问敏感目录。

从表 13-2 可知，DocumentRoot 参数用于定义网站数据的保存路径，该参数为默认值时会把网站数据存放到/var/www/html 目录中；而当前网站首页名称普遍是 index.html，因此可以向/var/www/html 目录中写入一个文件，替换 httpd 服务程序的默认首页，该操作会立即生效（在本机上测试）。

```
[root@Server01 ~]# echo " My first Apache website " > /var/www/html/index.html
[root@Server01 ~]# firefox http://localhost
```

程序的首页内容已发生改变，如图 13-2 所示。

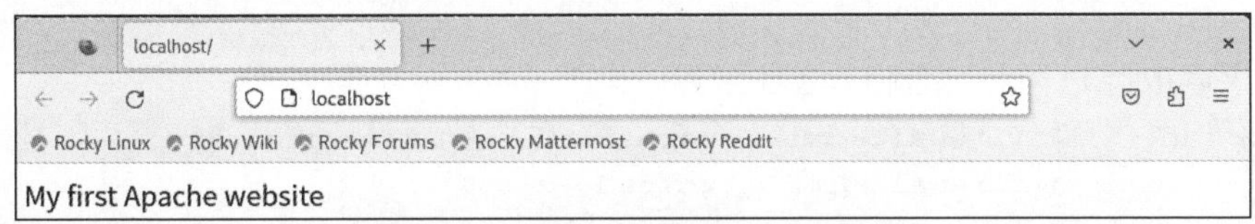

图 13-2 程序的首页内容已发生改变

提示 如果没有出现预期的画面，而是仍回到默认页面，那么一定是 SELinux 的问题，可以在命令行界面运行 setenforce 0 后再测试。详细解决方法参见任务 13-3。

任务 13-3 设置文档根目录和首页文件的实例

【例 13-1】在默认情况下，网站的文档根目录保存在/var/www/html 中，如果想把保存网站文档的根目录修改为/home/www，并且将首页文件修改为 myweb.html，那么该如何操作？

（1）分析。文档根目录是一个较为重要的设置，一般来说，网站上的内容都保存在文档根目录中。在默认情形下，除了记号和别名将改指它处以外，所有的请求都从这里开始。而打开网站时所显示的页面即该网站的首页（主页）。首页的文件名是由 DirectoryIndex 字段定义的。在默认情况下，Apache 的默认首页名称为 index.html，当然也可以根据实际情况更改。

（2）解决方案。

① 在 Server01 上修改文档的根目录为/home/www，并创建首页文件 myweb.html。

```
[root@Server01 ~]# mkdir /home/www
[root@Server01 ~]#echo "The Web's DocumentRoot Test " > /home/www/myweb.html
```

② 在 Server01 上先备份主配置文件，然后打开 httpd 服务程序的主配置文件，进行如下修改：将 DocumentRoot 参数修改为/home/www；将 Directory 参数修改为/home/www；将 DirectoryIndex 参数修改为 myweb.html index.html。最后存盘退出。

技巧 在 Vim 的普通模式下（按“Esc”键进入），输入“:set number”或“:set nu”命令并按“Enter”键，可使文档内容加上行号显示。

```
[root@Server01 ~]# vim /etc/httpd/conf/httpd.conf
……
DocumentRoot "/home/www"

#
# Relax access to content within /home/www
#
<Directory "/home/www">
   AllowOverride None
   # Allow open access:
   Require all granted
</Directory>
……

<IfModule dir_module>
   DirectoryIndex index.html myweb.html
</IfModule>
```

③ 让防火墙放行 HTTP，重启 httpd 服务。

```
[root@Server01 ~]# firewall-cmd  --permanent  --add-service=http
[root@Server01 ~]# firewall-cmd  --reload
[root@Server01 ~]# firewall-cmd  --list-all
[root@Server01 ~]# systemctl  restart  httpd
```

④ 在 Client1 测试（Server01 和 Client1 都是 VMnet1 连接，保证互相通信）。

```
[root@Client1 ~]# firefox  http://192.168.10.1
```

⑤ 故障排除。

此时显示的是 httpd 服务程序的默认首页。在正常情况下，只有在网站的首页文件不存在或者用户权限不足时，才显示 httpd 服务程序的默认首页。更奇怪的是，我们在尝试访问 http://192.168.10.1/myweb.html 页面时，竟然发现页面中显示“Forbidden,You don't have permission to access /myweb.html on this server.”，表示在客户端测试失败，如图 13-3 所示。这是 SELinux 的问题。解决方法是在服务器 Server01 上运行 setenforce 0，设置 SELinux 为允许。

```
[root@Server01 ~]# getenforce
Enforcing
[root@Server01 ~]# setenforce 0
[root@Server01 ~]# getenforce
Permissive
```

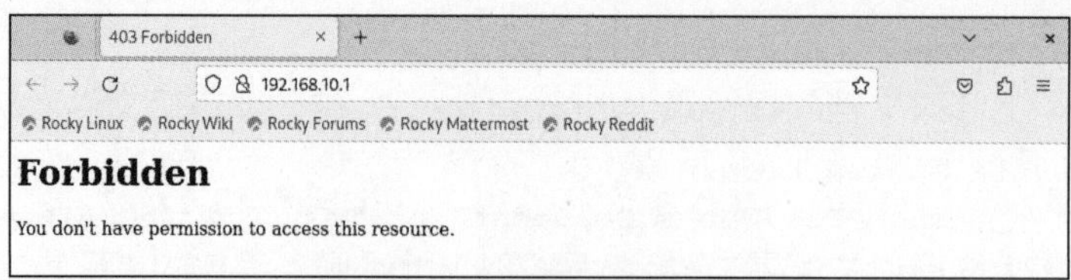

图 13-3　在客户端测试失败

特别提示　设置完成后再次进行测试，结果显示在客户端测试成功，如图 13-4 所示。设置这个环节的目的是告诉读者，SELinux 十分重要。强烈建议如果暂时不能很好地掌握 SELinux 细节，在做实训时一定要设置 setenforce 0。

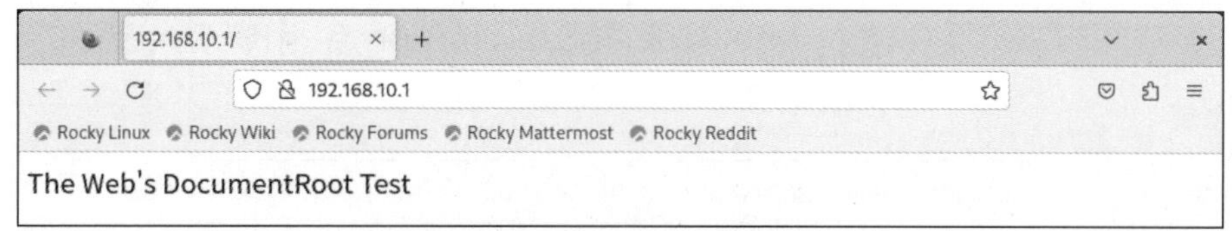

图 13-4　在客户端测试成功

任务 13-4　用户个人主页实例

现在许多网站（如网易）都允许用户拥有自己的主页空间，而用户可以很容易地管理自己的主页空间。Apache 可以实现用户的个人主页。在浏览器中浏览个人主页的 URL 的格式一般为：

```
http://域名/~username
```

其中，~username 在利用 Linux 操作系统中的 Apache 服务器来实现时，是 Linux 操作系统的合法用户名（该用户必须在 Linux 操作系统中存在）。

【例 13-2】在 IP 地址为 192.168.10.1 的 Apache 服务器中，为系统中的 long 用户设置个人主页空间。该用户的家目录为/home/long，个人主页空间所在的目录为 public_html。

实现步骤如下。

（1）修改用户的家目录权限，使其他用户具有读取和执行的权限。

```
[root@Server01 ~]# useradd long
[root@Server01 ~]# passwd long
[root@Server01 ~]# chmod  705  /home/long
```

（2）创建存放用户个人主页空间的目录。

```
[root@Server01 ~]# mkdir  /home/long/public_html
```

（3）创建个人主页空间的默认首页文件。

```
[root@Server01 ~]# cd  /home/long/public_html
[root@Server01 public_html]# echo "this is long's web。">>index.html
```

（4）开启用户个人主页功能。

默认情况下，UserDir 的取值为 disable，表示没有开启 Linux 操作系统用户个人主页功能。如果想为 Linux 操作系统用户设置个人主页，可以修改 UserDir 的取值，一般为 public_html，该目录在用户的家目录下。若要修改 UserDir 的取值，可以编辑配置文件/etc/httpd/conf.d/userdir.conf。将 UserDir Disabled 删除或用“#”变成注释，同时将“UserDir public_html”行前面的“#”删除。修改完毕，保存配置文件并退出。（在 vim 编辑状态记得使用:set nu 显示行号。）

```
[root@Server01 ~]# vim /etc/httpd/conf.d/userdir.conf
 ……
17 # UserDir disabled
 ……
24   UserDir public_html
……
```

（5）将 SELinux 设置为允许，让防火墙放行 httpd 服务，重启 httpd 服务。

```
[root@Server01 ~]# setenforce 0
[root@Server01 ~]# firewall-cmd --permanent --add-service=http
[root@Server01 ~]# firewall-cmd --reload
[root@Server01 ~]# firewall-cmd --list-all
[root@Server01 ~]# systemctl restart httpd
```

（6）在客户端的浏览器中输入 http://192.168.10.1/～long，用户个人空间的访问效果如图 13-5 所示。

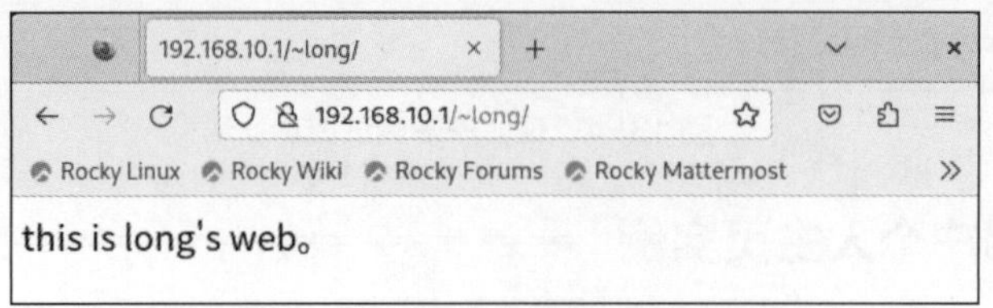

图 13-5　用户个人空间的访问效果

思考　如果分别运行如下命令，再在客户端测试，结果又会如何？试一试并思考原因。

```
[root@Server01 ~]# setenforce  1
[root@Server01 ~]# setsebool  -P  httpd_enable_homedirs=on
```

任务 13-5　虚拟目录实例

要从 Web 站点主目录以外的其他目录发布站点，可以使用虚拟目录实现。虚拟目录是一个位于 Apache 服务器主目录之外的目录，它不包含在 Apache 服务器的主目录中，但在访问 Web 站点的用户看来，它与位于主目录中的子目录是一样的。每个虚拟目录都有一个别名，客户端可以通过此别名来访问虚拟目录。

由于每个虚拟目录都可以分别设置不同的访问权限，因此非常适用于要求不同用户对不同目录拥有不同权限的情况。另外，只有知道虚拟目录名的用户才可以访问此虚拟目录，其他用户将无法访问此虚拟目录。

在 Apache 服务器的主配置文件 httpd.conf 文件中，通过 alias 命令设置虚拟目录。

【例 13-3】在 IP 地址为 192.168.10.1 的 Apache 服务器中创建名为/test/的虚拟目录，它对应的物理路径是/virdir/，并在客户端测试。

（1）创建物理目录/virdir/。

```
[root@Server01 ~]# mkdir  -p  /virdir/
```

（2）创建虚拟目录中的默认文件。

```
[root@Server01 ~]# cd  /virdir/
[root@Server01 virdir]# echo "This is Virtual Directory sample。">>index.html
```

（3）修改默认文件的权限，使其他用户具有读和执行权限。

```
[root@Server01 virdir]# chmod 705 index.html
```

或者：

```
[root@Server01 ~]# chmod 705 /virdir   -R
```

（4）修改/etc/httpd/conf/httpd.conf 文件，添加下面的语句。

```
Alias  /test  "/virdir"
<Directory "/virdir">
  AllowOverride None
  Require all granted
</Directory>
```

（5）将 SELinux 设置为允许，让防火墙放行 httpd 服务，重启 httpd 服务。

```
[root@Server01 ~]# setenforce 0
[root@Server01 ~]# firewall-cmd --permanent --add-service=http
[root@Server01 ~]# firewall-cmd --reload
[root@Server01 ~]# firewall-cmd --list-all
[root@Server01 ~]# systemctl restart httpd
```

（6）在客户端 Client1 的浏览器中输入 http://192.168.10.1/test 并按“Enter”键后，虚拟目录的访问效果如图 13-6 所示。

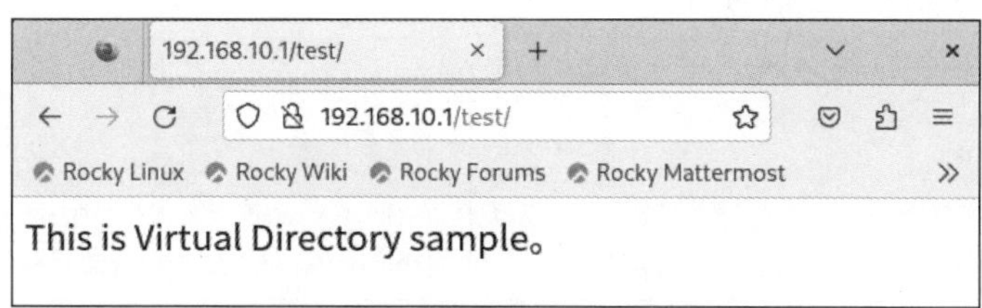

图 13-6　虚拟目录的访问效果

任务 13-6　配置基于 IP 地址的虚拟主机

虚拟主机在一台 Web 服务器上，可以为多个独立的 IP 地址、域名或端口号提供不同的 Web 站点。对于访问量不大的站点来说，这样可以降低单个站点的运营成本。

下面分别配置基于 IP 地址的虚拟主机、基于域名的虚拟主机和基于端口号的虚拟主机。

要配置基于 IP 地址的虚拟主机需要在服务器上绑定多个 IP 地址，并在 Apache 配置中指定不同的网站与不同的 IP 地址关联。这样，访问服务器上的不同 IP 地址将显示不同的网站。

【例 13-4】假设 Apache 服务器具有 192.168.10.1 和 192.168.10.10 两个 IP 地址（提前在服务器中配置这两个 IP 地址）。现需要利用这两个 IP 地址分别创建两个基于 IP 地址的虚拟主机，要求不同的虚拟主机对应的主目录不同，默认文档的内容也不同。配置步骤如下。

（1）在 Server01 的桌面上依次选择“活动”→“显示应用程序”→“设置”→“网络”命令，再单击设置按钮，打开图 13-7 所示的“有线”对话框，增加一个 IP 地址 192.168.10.10，完成后单击“应用”按钮。这样可以在一块网卡上配置多个 IP 地址，当然也可以直接在多块网卡上配置多个 IP 地址。

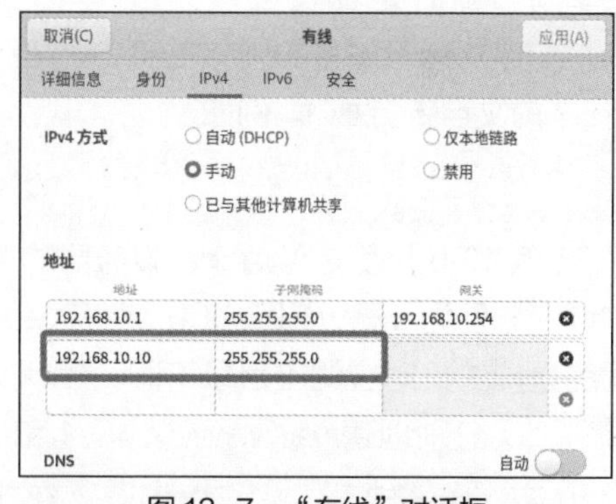

图 13-7　“有线”对话框

（2）分别创建/var/www/ip1 和/var/www/ip2 两个主目录和默认文件。

```
[root@Server01 ~]# mkdir  /var/www/ip1  /var/www/ip2
[root@Server01 ~]# echo "this is 192.168.10.1's web.">/var/www/ip1/index.html
[root@Server01 ~]# echo "this is 192.168.10.10's web.">/var/www/ip2/index.html
```

（3）添加/etc/httpd/conf.d/vhost.conf 文件。该文件的内容如下。

```
#设置基于 IP 地址为 192.168.10.1 的虚拟主机
<Virtualhost 192.168.10.1>
    DocumentRoot  /var/www/ip1
```

```
</Virtualhost>

#设置基于 IP 地址为 192.168.10.10 的虚拟主机
<Virtualhost 192.168.10.10>
   DocumentRoot /var/www/ip2
</Virtualhost>
```

（4）将 SELinux 设置为允许，让防火墙放行 httpd 服务，重启 httpd 服务（见前面操作）。

（5）在客户端浏览器中可以看到 http://192.168.10.1 和 http://192.168.10.10 两个网站的浏览效果分别如图 13-8 和图 13-9 所示。

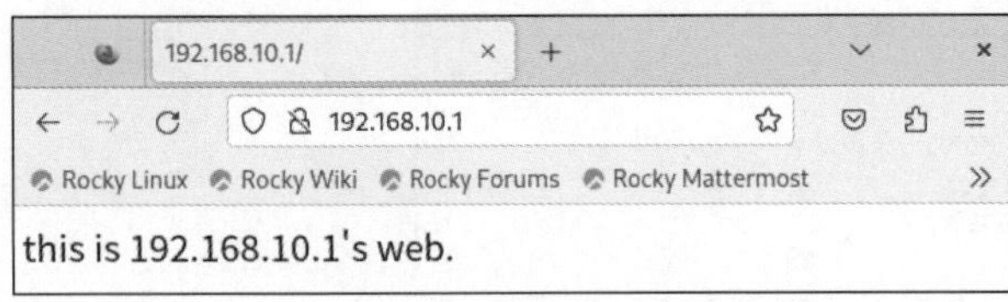

图 13-8　测试 IP1 效果

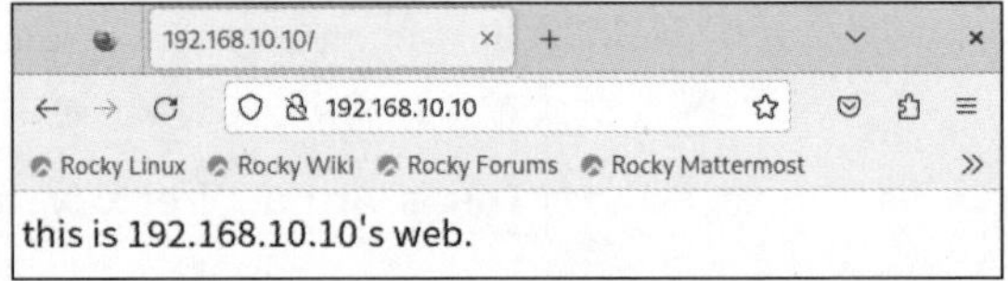

图 13-9　测试 IP2 效果

注意　为了不使后面的实训受到前面虚拟主机设置的影响，完成一个实训后，请将配置文件中添加的内容删除，然后继续完成下一个实训。

任务 13-7　配置基于域名的虚拟主机

在基于域名的虚拟主机配置中，服务器只需要一个 IP 地址。不同的虚拟主机通过域名来区分，共享同一个 IP 地址。

要建立基于域名的虚拟主机，DNS 中应建立多个主机资源记录，使它们解析到同一个 IP 地址（参考前文自行完成）。例如：

```
www1.long60.cn.       IN    A    192.168.10.1
www2.long60.cn.       IN    A    192.168.10.1
```

【例 13-5】假设 Apache 服务器的 IP 地址为 192.168.10.1。在本地 DNS 中，该 IP 地址对应的域名分别为 www1.long60.cn 和 www2.long60.cn。现需要创建基于域名的虚拟主机，要求不同的虚拟主机对应的主目录不同，默认文档的内容也不同。配置步骤如下。

（1）分别创建/var/www/www1 和/var/www/www2 两个主目录和默认文件。

```
[root@Server01 ~]# mkdir  /var/www/www1  /var/www/www2
[root@Server01 ~]# echo "www1.long60.cn's web.">/var/www/www1/index.html
[root@Server01 ~]# echo "www2.long60.cn's web.">/var/www/www2/index.html
```

（2）修改/etc/httpd/conf/httpd.conf 文件。添加目录权限内容如下。

```
<Directory "/var/www">
   AllowOverride None
   Require all granted
</Directory>
```

（3）修改/etc/httpd/conf.d/vhost.conf 文件。该文件的内容如下（原来的内容清空）。

```
<Virtualhost 192.168.10.1>
```

```
    DocumentRoot  /var/www/www1
    ServerName  www1.long60.cn
</Virtualhost>

<Virtualhost 192.168.10.1>
    DocumentRoot /var/www/www2
    ServerName  www2.long60.cn
</Virtualhost>
```

（4）将 SELinux 设置为允许，让防火墙放行 httpd 服务，重启 httpd 服务。在客户端 Client1 上测试，要确保 DNS 解析正确，确保给 Client1 设置正确的 DNS 地址（etc/resolv.conf）。

注意 在本例的配置中，DNS 的正确配置至关重要，一定要确保 long60.cn 域名及主机正确解析，否则无法成功。正向区域配置文件如下（其他设置都与前文相同）。别忘记 DNS 特殊设置及重启操作！

```
[root@Server01 long]# vim  /var/named/long60.cn.zone
$TTL 1D
@       IN SOA   dns.long60.cn. mail.long60.cn. (
                                 0       ; serial
                                 1D      ; refresh
                                 1H      ; retry
                                 1W      ; expire
                                 3H )     ; minimum

@             IN  NS                  dns.long60.cn.
@             IN  MX       10         mail.long60.cn.

dns           IN  A                   192.168.10.1
www1          IN  A                   192.168.10.1
www2          IN  A                   192.168.10.1
```

思考 为了测试方便，在 Client1 上直接为/etc/hosts 添加如下内容，能否代替 DNS？

192.168.10.1　www1.long60.cn

192.168.10.1　www2.long60.cn

（5）在客户端浏览器中可以看到 http://www1.long60.cn/和 http://www2.long60.cn/两个网站的浏览效果分别如图 13-10 和图 13-11 所示。

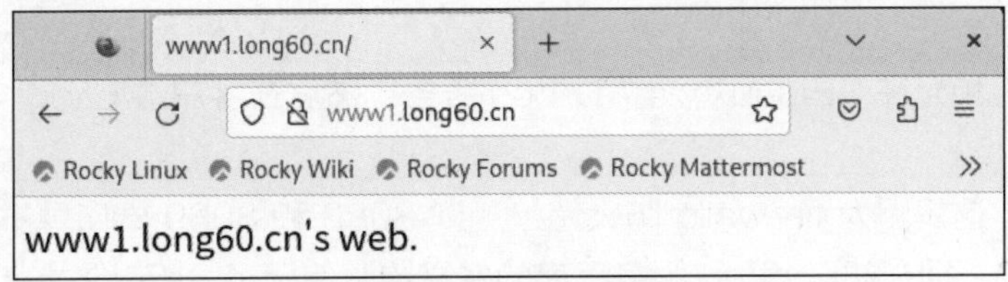

图 13-10　域名 1 效果

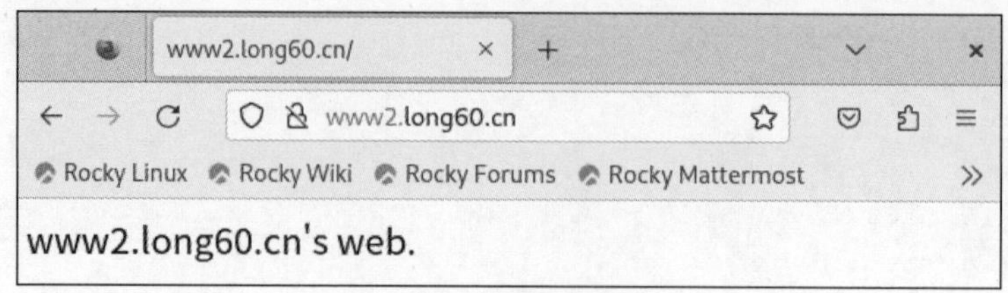

图 13-11　域名 2 效果

任务 13-8　配置基于端口号的虚拟主机

在基于端口号的虚拟主机配置中，服务器只需要一个 IP 地址。所有虚拟主机共享同一个 IP 地址，它们之间通过不同的端口号来区分。在配置基于端口号的虚拟主机时，需要使用 Listen 语句指定要监听的端口。

【例 13-6】假设 Apache 服务器的 IP 地址为 192.168.10.1。现需要创建基于 8088 和 8089 两个不同端口号的虚拟主机，要求不同的虚拟主机对应的主目录不同，默认文档的内容也不同。配置步骤如下。

（1）分别创建/var/www/8088 和/var/www/8089 两个主目录和默认文件。

```
[root@Server01 ~]# mkdir  /var/www/8088  /var/www/8089
[root@Server01 ~]# echo "8088 port ‘s  web.">/var/www/8088/index.html
[root@Server01 ~]# echo "8089 port ‘s  web.">/var/www/8089/index.html
```

（2）修改/etc/httpd/conf/httpd.conf 文件。修改该文件的内容如下。

```
47   Listen 80
48   Listen 8088
49   Listen 8089
……
129    <Directory "/home/www">
130          AllowOverride None
131          # Allow open access:
132          Require all granted
133    </Directory>
```

（3）修改/etc/httpd/conf.d/vhost.conf 文件。该文件的内容如下（原来的内容清空）。

```
<Virtualhost 192.168.10.1:8088>
       DocumentRoot    /var/www/8088
</Virtualhost>

<Virtualhost 192.168.10.1:8089>
       DocumentRoot /var/www/8089
</Virtualhost>
```

（4）关闭防火墙和允许 SELinux，重启 httpd 服务，然后在客户端 Client1 上测试，结果如图 13-12 所示。

（5）处理故障。这是因为 firewalld 防火墙检测到 8088 和 8089 端口原本不属于 Apache 服务器应该需要的资源，现在却以 httpd 服务程序的名义监听使用了，所以防火墙会拒绝 Apache 服务器使用这两个端口。我们可以使用 firewall-cmd 命令永久添加需要的端口到 public 区域，并重启防火墙。

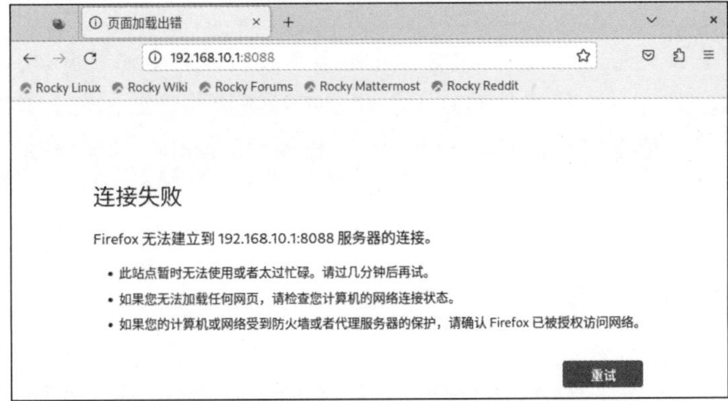

图 13-12　访问 192.168.10.1:8088 报错

```
[root@Server01 ~]# firewall-cmd --list-all
public (active)
  target: default
  icmp-block-inversion: no
  interfaces: ens33
  sources:
  services: cockpit dhcpv6-client http ssh
  ports:
  ……
[root@Server01 ~]# firewall-cmd --permanent --zone=public --add-port=8088/tcp
[root@Server01 ~]# firewall-cmd --permanent --zone=public --add-port=8089/tcp
[root@Server01 ~]# firewall-cmd --reload
[root@Server01 ~]# firewall-cmd --list-all
public (active)
  target: default
  icmp-block-inversion: no
  interfaces: ens33
  sources:
  services: cockpit dhcpv6-client http ssh
  ports: 8088/tcp 8089/tcp
……
```

（6）再次在 Client1 上测试，结果如图 13-13 和图 13-14 所示。

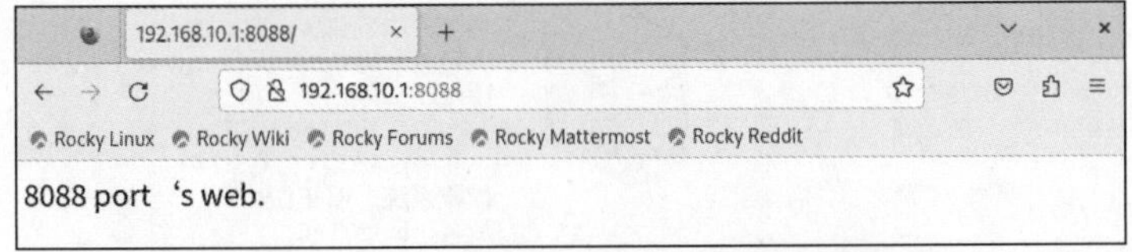

图 13-13　8088 端口虚拟主机的测试结果

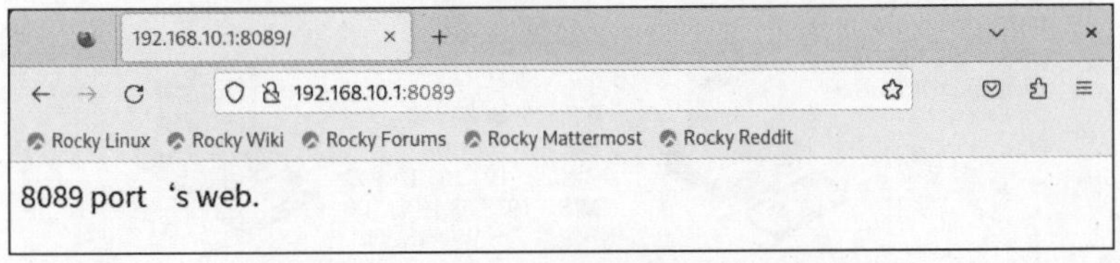

图 13-14　8089 端口虚拟主机的测试结果

技巧 在终端窗口直接使用 firewall-config 打开图形界面的防火墙配置窗口，可以详尽地配置防火墙，包括配置 public 区域的端口等，读者不妨多操作试试，定会有惊喜。但这个命令默认没有安装，读者需要使用 dnf install firewall-config -y 命令先安装，并且安装完成后，在“活动”菜单中会有单独的防火墙配置菜单，非常方便。

13.4 拓展阅读“雪人计划”

“雪人计划”（Yeti DNS Project）是基于全新技术架构的全球下一代互联网 IPv6 根服务器测试和运营实验项目，旨在打破现有的根服务器困局，为下一代互联网提供更多根服务器解决方案。

“雪人计划”是 2015 年 6 月 23 日在国际互联网名称与数字地址分配机构（the Internet Corporation for Assigned Names and Numbers，ICANN）第 53 届会议上正式对外发布的计划，发起者包括中国“下一代互联网关键技术和评测北京市工程中心”、日本 WIDE 机构（M 根运营者）、国际互联网名人堂入选者保罗 · 维克西（Paul Vixie）博士等组织和个人。

2019 年 6 月 26 日，工业和信息化部同意中国互联网络信息中心设立域名根服务器及运行机构。“雪人计划”于 2016 年在中国、美国、日本、印度、俄罗斯、德国、法国等全球 16 个国家完成 25 台 IPv6 根服务器架设，其中，1 台主根服务器和 3 台辅根服务器部署在中国，事实上形成了 13 台原有根服务器加 25 台 IPv6 根服务器的新格局，为建立多边、透明的国际互联网治理体系打下坚实基础。

13.5 项目实训 配置与管理 Web 服务器

1. 视频位置

实训前扫描二维码观看“项目实录 配置与管理 Web 服务器”慕课。

13-4 慕课

项目实录 配置与管理 Web 服务器

2. 项目背景

假如你是某学校的网络管理员，学校的域名为 www.long60.cn。学校计划为每位教师开通个人主页服务，为教师与学生建立沟通的平台。该学校的 Web 服务器搭建与配置网络拓扑如图 13-15 所示。

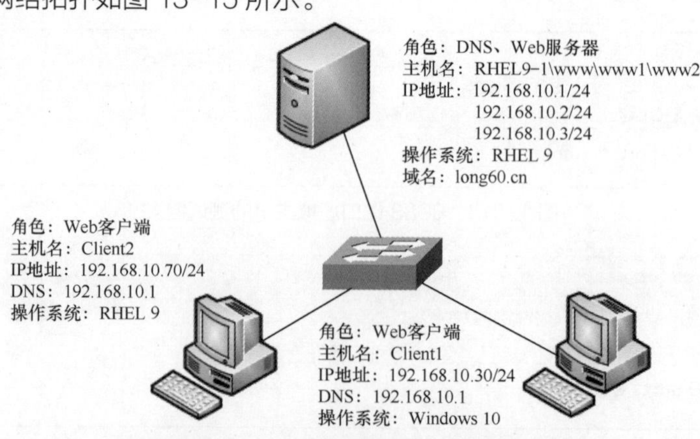

图 13-15 Web 服务器搭建与配置网络拓扑

学校计划为每位教师开通个人主页服务，要求实现如下功能。

（1）网页文件上传完成后，立即自动发布 URL 为 http://www.long60.cn/~的用户名。

（2）在 Web 服务器中建立一个名为 private 的虚拟目录，其对应的物理路径是/data/private，并配置 Web 服务器对该虚拟目录启用用户认证，只允许 yun90 用户访问。

（3）在 Web 服务器中建立一个名为 private 的虚拟目录，其对应的物理路径是/dir1/test，并配置 Web 服务器，仅允许来自网络 smile60.cn 域和 192.168.10.0/24 网段的客户机访问该虚拟目录。

（4）使用 192.168.10.2 和 192.168.10.3 两个 IP 地址，创建基于 IP 地址的虚拟主机，其中，IP 地址为 192.168.10.2 的虚拟主机对应的主目录为/var/www/ip2，IP 地址为 192.168.10.3 的虚拟主机对应的主目录为/var/www/ip3。

（5）创建基于 www1.long60.cn 和 www2.long60.cn 两个域名的虚拟主机，域名为 www1.long60.cn 的虚拟主机对应的主目录为/var/www/long901，域名为 www2.long60.cn 的虚拟主机对应的主目录为/var/www/long902。

3. 深度思考

在观看视频时思考以下几个问题。

（1）使用虚拟目录有何好处?

（2）配置基于域名的虚拟主机要注意什么?

（3）如何启用用户身份认证?

4. 做一做

根据视频内容，将项目完整地完成。

13.6 练习题

一、填空题

1. Web 服务器使用的协议是________，英文全称是________，中文名称是________。

2. HTTP 请求的默认端口是________。

3. RHEL 9 采用了 SELinux 这种增强的安全模式，在默认配置下，只有________服务可以通过。

4. 在命令行控制台窗口，输入________命令打开 Linux 网络配置窗口。

二、选择题

1. 网络管理员可通过（　　）文件对 WWW 服务器进行访问、控制存取和运行等操作。

A. lilo.conf　　B. httpd.conf　　C. inetd.conf　　D. resolv.conf

2. 在 RHEL 9 中手动安装 Apache 服务器时，默认的 Web 站点的目录为（　　）。

A. /etc/httpd　　B. /var/www/html　　C. /etc/home　　D. /home/httpd

3. 对于 Apache 服务器，提供的子进程的默认用户是（　　）。

A. root　　B. apached　　C. httpd　　D. nobody

4. 世界上排名第一的 Web 服务器是（　　）。

A. Apache　　B. IIS　　C. SunONE　　D. NCSA

5. 用户的主页存放的目录由文件 httpd.conf 的参数（　　）设定。

A. UserDir　　B. Directory　　C. public_html　　D. DocumentRoot

6. 设置 Apache 服务器时，一般将服务的端口绑定到系统的（　　）端口上。

A. 10000　　B. 23　　C. 80　　D. 53

7. 下面（　　）不是 Apache 基于主机的访问控制命令。

A. allow　　B. deny　　C. order　　D. all

8. 用来设定当服务器产生错误时，显示在浏览器上的管理员的 E-mail 地址的命令是（　　）。

A. Servername　　B. ServerAdmin　　C. ServerRoot　　D. DocumentRoot

9. 在 Apache 基于用户名的访问控制中，生成用户密码文件的命令是（　　）。

A. smbpasswd　　B. htpasswd　　C. passwd　　D. password

13.7 实践习题

1. 建立 Web 服务器，同时建立一个名为/mytest 的虚拟目录，并完成以下设置。

（1）设置 Apache 根目录为/etc/httpd。

（2）设置首页名称为 test.html。

（3）设置超时时间为 240s。

（4）设置客户端连接数为 500。

（5）设置管理员 E-mail 地址为 root@smile60.cn。

（6）虚拟目录对应的实际目录为/linux/apache。

（7）将虚拟目录设置为仅允许 192.168.10.0/24 网段的客户端访问。

（8）分别测试 Web 服务器和虚拟目录。

2. 在文档目录中建立 security 目录，并完成以下设置。

（1）对该目录启用用户认证功能。

（2）仅允许 user1 和 user2 账号访问。

（3）更改 Apache 默认监听的端口，将其设置为 8080。

（4）将允许 Apache 服务的用户和组设置为 nobody。

（5）禁止使用目录浏览功能。

3. 建立虚拟主机，并完成以下设置。

（1）建立 IP 地址为 192.168.10.1 的虚拟主机 1，对应的文档目录为/usr/local/www/web1。

（2）仅允许来自.smile60.cn.域的客户端可以访问虚拟主机 1。

（3）建立 IP 地址为 192.168.10.2 的虚拟主机 2，对应的文档目录为/usr/local/www/web2。

（4）仅允许来自.long60.cn.域的客户端访问虚拟主机 2。

4. 配置用户身份认证。参见《网络服务器搭建、配置与管理——Linux（RHEL 9/CentOS Stream 9）（微课版）（第 5 版）》（人民邮电出版社）的相关部分内容。

项目14 配置与管理FTP服务器

14

项目导入

在校园网中部署了学校网站，并且已经架设了 Web 服务器为学院网站提供服务，但在网站上传和更新时，需要用到文件上传和下载功能，因此还要架设 FTP 服务器，为学院内部和互联网用户提供 FTP 等服务。本项目将介绍配置与管理 FTP 服务器。

知识和能力目标

- 掌握 FTP 服务的工作原理。
- 学会配置 vsftpd 服务器。
- 掌握配置基于虚拟用户的 FTP 服务器。
- 进行典型的 FTP 服务器配置案例实践。

素质目标

- 龙芯让中国人自豪！请记住龙芯，记住“863”“973”“核高基”等国家重大项目。为中华之崛起而读书，从来都不仅限于纸上。
- 如果人生是一场奔赴，青春最好的“模样”是昂首笃行、步履铿锵。“人无刚骨，安身不牢。”骨气是人的脊梁，是前行的支柱。要有“富贵不能淫，贫贱不能移，威武不能屈”的气节，要有“自信人生二百年，会当水击三千里”的勇气，还要有“我将无我，不负人民”的担当。

14.1 项目相关知识

以 HTTP 为基础的 Web 服务功能虽然强大，但对于文件传输来说略显不足。一种专门用于文件传输的 FTP 服务应运而生。

FTP 服务就是文件传输服务，FTP 的全称是 File Transfer Protocol，顾名思义，就是文件传输协议，它具备更高的文件传输可靠性和更高的效率。

14.1.1 FTP 的工作原理

FTP 大大简化了文件传输的复杂性，它能够使文件通过网络从一台计算机传送到另外一台计算机上，却不受计算机和操作系统类型的限制。无论是计算机、服务器、大型机，还是 macOS、Linux、Windows 操作系统，只要双方都支持 FTP，就可以方便、可靠地进行文件传送。

FTP 服务的工作过程如图 14-1 所示，具体介绍如下。

（1）FTP 客户端向 FTP 服务器发送连接请求，同时，FTP 客户端系统动态地打开一个大于 1024 的端口（如 1031 端口）等候 FTP 服务器连接。

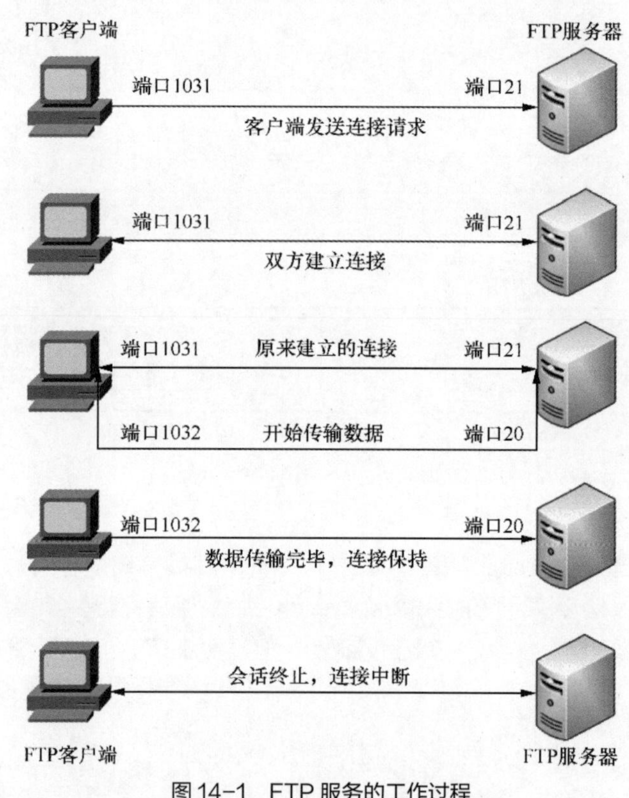

图 14-1 FTP 服务的工作过程

（2）若 FTP 服务器在端口 21 侦听到该请求，则在 FTP 客户端的 1031 端口和 FTP 服务器的 21 端口之间建立起一个 FTP 会话连接。

（3）当需要传输数据时，FTP 客户端再动态地打开一个大于 1024 的端口（如 1032 端口）连接到 FTP 服务器的 20 端口，并在这两个端口之间进行数据传输。当数据传输完毕，这两个端口会自动关闭。

（4）当 FTP 客户端断开与 FTP 服务器的连接时，FTP 客户端上动态分配的端口将自动释放。

FTP 服务有两种工作模式：主动传输模式（Active FTP）和被动传输模式（Passive FTP）。

14.1.2 匿名用户

FTP 服务不同于 Web 服务，它首先要求登录服务器，再进行文件传输。这对于很多公开提供软件下载的服务器来说十分不便，于是匿名用户访问诞生了：通过使用一个共同的用户名 anonymous 和密码不限的管理策略（一般使用用户的邮箱作为密码即可），让任何用户都可以很方便地从 FTP 服务器下载软件。

14.2 项目设计与准备

一共 3 台计算机，网络连接模式都设置为仅主机模式（VMnet1）。两台安装了 RHEL 9，一台作为服务器，另一台作为客户端使用，还有一台安装了 Windows 10，也作为客户端使用。计算机的配置信息如表 14-1 所示（可以使用 VM 的“克隆”技术快速安装需要的 Linux 客户端）。

表 14-1 计算机的配置信息

主机名	操作系统	IP 地址	角色及网络连接模式
Server01	RHEL 9	192.168.10.1/24	FTP 服务器；VMnet1
Client1	RHEL 9	192.168.10.20/24	FTP 客户端；VMnet1
Client2	Windows 10	192.168.10.40/24	FTP 客户端；VMnet1

14.3 项目实施

任务 14-1 安装、启动与停止 vsftpd 服务

1. 安装 vsftpd 服务

安装 vsftpd 服务的过程如下。

```
[root@Server01 ~]# rpm -q vsftpd
[root@Server01 ~]# mount /dev/cdrom /media
[root@Server01 ~]# dnf clean all                    #安装前先清除缓存
[root@Server01 ~]# dnf install vsftpd -y
[root@Server01 ~]# dnf install ftp -y               #同时安装 ftp 软件包
[root@Server01 ~]# rpm -qa|grep ftp                 #检查组件是否安装成功
vsftpd-3.0.5-5.el9.x86_64
ftp-0.17-89.el9.x86_64
```

2. 启动、重启、随系统启动、停止 vsftpd 服务

安装完 vsftpd 服务后，下一步就是启动了。若要重新启动 vsftpd 服务、使服务随系统启动、开放防火墙、开放 SELinux 和停止 vsftpd 服务，则输入下面的命令。

（1）重新启动 vsftpd 服务。

```
[root@Server01 ~]# systemctl restart vsftpd
```

（2）设置 vsftpd 服务随系统启动。

```
[root@Server01 ~]# systemctl enable vsftpd
```

（3）开放防火墙。

```
[root@Server01 ~]# firewall-cmd --add-service=ftp --permanent
[root@Server01 ~]# firewall-cmd --reload
```

（4）开放 SELinux。

```
[root@Server01 ~]# setsebool -P ftpd_full_access=on
```

（5）停止 vsftpd 服务。

```
[root@Server01 ~]# systemctl stop vsftpd
```

提示 使用 setsebool -P ftpd_full_access=on 时要谨慎，考虑是否确实需要这样的权限设置。尽管 setsebool -P ftpd_full_access=on 命令也可用 setenforce 0 命令代替，但应该避免使用 setenforce 0 来禁用 SELinux，除非在特定测试或开发环境中确实需要。这是因为 setenforce 0 命令完全禁用 SELinux，而不仅仅是针对 vsftpd 服务，这会降低系统的安全性。

任务 14-2 认识 vsftpd 的配置文件

vsftpd 是 Linux 系统中一个广受欢迎的 FTP 服务器软件，以其出色的安全性而著称，其主配置文件和相关文件共同构成了 vsftpd 运行的核心，允许管理员根据需求自定义和控制 FTP 服务器的行为。

1. 主配置文件

- 位置：/etc/vsftpd/vsftpd.conf。
- 内容：包含服务器的各种设置，如用户认证、安全性、传输、日志记录、性能和目录权限等。
- 用户认证：是否允许匿名登录，本地用户是否能登录。
- 安全性：是否启用 SSL/TLS 加密，最大登录尝试次数等。
- 传输：被动模式端口范围，数据连接的配置。
- 日志记录：传输日志和登录日志的路径及格式。
- 性能：最大客户端数量，每个 IP 地址最大连接数。
- 目录权限：文件权限掩码，chroot 环境设置。

2. 用户列表文件

- 位置：/etc/vsftpd/user_list 或/etc/vsftpd/ftpusers。
- 用途：控制哪些用户可以或不可以登录 FTP 服务器。
- user_list：根据 vsftpd.conf 中的设置，决定此文件中的用户是否被允许或禁止登录。
- ftpusers：包含不允许通过 FTP 访问服务器的用户列表，作为额外的安全措施。

3. PAM 配置文件

- 位置：/etc/pam.d/vsftpd。
- 用途：定义 vsftpd 的 PAM（Pluggable Authentication Modules，可插拔认证模块）认证策略，包括用户名和密码的验证。

4. 日志文件

- 传输日志：通过 xferlog_file 在 vsftpd.conf 中定义，通常位于/var/log/xferlog。
- 操作日志：如果启用了日志记录，则通常保存在/var/log/vsftpd.log 中。

5. SSL/TLS 证书文件

- 位置：通常位于/etc/ssl/certs（证书文件）和/etc/ssl/private（密钥文件）。
- 用途：为启用 SSL/TLS 支持的 FTP 连接提供加密。

任务 14-3　配置匿名访问模式的 FTP 服务器实例

vsftpd 的常规服务器主要是指在 UNIX 类操作系统上运行的 FTP 服务器，它可以运行在诸如 Linux、BSD、Solaris、HP-UX 以及 IRIX 等系统上。这款服务器软件以其高安全性、小巧轻快、易用性等特点广受好评，特别是在 Linux 发行版中备受推崇。vsftpd 的常规服务器在配置为允许匿名上传时，需要进行一系列的设置。

在配置 FTP 服务器 vsftpd 时，认证模式扮演着至关重要的角色，它决定了用户如何访问和登录服务器。vsftpd 提供了多种灵活的认证方式，以满足不同管理员的需求和安全策略。

1. 匿名访问模式

在此模式下，用户无须提供任何用户名或密码即可登录 FTP 服务器。这种模式通常用于提供公共文件下载服务。相关配置选项如下。

- anonymous_enable=YES：启用匿名登录功能。
- no_anon_password=YES：设置后，匿名用户在登录时无须输入密码。

2. 本地用户认证模式

该模式要求用户使用 Linux 系统的本地账户和密码进行登录。这种认证方式依赖于系统的用户管理，适用于需要控制访问权限的环境。相关配置选项如下。

- local_enable=YES：允许本地用户通过 FTP 登录。
- chroot_local_user=YES（可选）：将用户限制在其主目录中，增强安全性。

3. 虚拟用户认证模式

虚拟用户认证允许管理员创建不在系统用户列表中的用户。这种认证方式需要与 PAM 结合使用，通过配置文件定义用户认证逻辑。相关配置选项如下。

- guest_enable=YES：启用虚拟用户认证模式。
- guest_username=<指定的系统用户名>：所有虚拟用户在系统内部将使用该用户名进行认证。
- virtual_use_local_privs=YES：赋予虚拟用户本地用户的权限。

此外，PAM 配置文件（如/etc/pam.d/vsftpd_virtual）中需配置相应的验证逻辑，如使用数据库验证用户名和密码。

4. SSL/TLS 加密认证模式

vsftpd 支持通过 SSL 或 TLS 协议加密用户的登录过程和数据传输，确保认证信息和数据的安全性。相关配置选项如下。

- ssl_enable=YES：开启 SSL 支持。
- rsa_cert_file=/证书文件路径：指定服务器证书文件的位置。
- rsa_private_key_file=/私钥文件路径：指定服务器私钥文件的位置。
- ssl_tlsv1=YES：启用 TLSv1 协议（根据安全需求，可能需要启用更高版本的 TLS 协议）。
- ssl_sslv2=NO 和 ssl_sslv3=NO：禁用 SSLv2 和 SSLv3 协议，以提高安全性。

5. 匿名用户登录的参数说明

表 14-2 所示为可以向匿名用户开放的权限参数。

表 14-2　可以向匿名用户开放的权限参数

参数名	描述	推荐值	取值	备注
anonymous_enable	是否允许匿名用户登录 FTP 服务器	YES	YES / NO	控制匿名访问的总开关，开启后允许匿名用户登录
anon_root	设置匿名用户登录后的根目录	（未设置时默认为 FTP 服务器的默认目录）	任意有效路径	指定匿名用户登录后所能访问的起始目录
anon_upload_enable	是否允许匿名用户上传文件到 FTP 服务器	NO	YES / NO	出于安全考虑，通常不建议允许匿名上传，以防止恶意文件上传
anon_mkdir_write_enable	是否允许匿名用户在 FTP 服务器上创建目录	NO	YES / NO	出于安全考虑，通常不建议允许匿名创建目录，以防止目录结构被随意修改
anon_other_write_enable	是否允许匿名用户删除或重命名 FTP 服务器上的文件	NO	YES / NO	控制匿名用户是否可以对服务器上的文件进行删除或重命名操作，出于安全考虑，通常应设置为 NO
no_anon_password	匿名用户登录 FTP 服务器时是否需要输入密码	YES	YES / NO	如果设置为 YES，匿名用户在登录时将无须提供密码，简化了登录流程，但可能降低安全性
anon_max_rate	限制匿名用户从 FTP 服务器下载或上传数据的最大传输速率（每秒字节数）	（未设置时无速率限制）	数字（以字节为单位）	用来防止匿名用户占用过多带宽资源，确保服务器性能稳定
anon_world_readable_only	是否只允许匿名用户下载全局可读的文件（即其他用户也有读取权限的文件）	YES	YES / NO	当设置为 YES 时，可以增强文件的安全性，避免未授权访问服务器上的敏感数据

6. 配置匿名用户登录 FTP 服务器实例

【例 14-1】搭建一台 FTP 服务器，允许匿名用户上传和下载文件，匿名用户的根目录设置为 /var/ftp。

（1）新建测试文件，编辑/etc/vsftpd/vsftpd.conf。

```
[root@Server01 ~]# touch  /var/ftp/pub/sample.tar
[root@Server01 ~]# vim  /etc/vsftpd/vsftpd.conf
```

在文件后面添加如下 4 行语句（语句前后一定不要带空格，若有重复的语句，则删除或直接在其上更改，“#”及后面的内容不要写到文件里）。

```
anonymous_enable=YES
#允许匿名用户访问
anon_root=/var/ftp
```

```
#设置匿名用户的根目录为/var/ftp
anon_upload_enable=YES
#允许匿名用户上传文件
anon_mkdir_write_enable=YES
#允许匿名用户创建目录
```

提示 anon_other_write_enable=YES 表示允许匿名用户删除文件。

（2）允许 SELinux，让防火墙放行 ftp 服务，重启 vsftpd 服务。

```
[root@Server01 ~]# setenforce  0
[root@Server01 ~]# firewall-cmd  --permanent  --add-service=ftp
[root@Server01 ~]# firewall-cmd  --reload
[root@Server01 ~]# firewall-cmd  --list-all
[root@Server01 ~]# systemctl  restart  vsftpd
```

在 Windows 10 客户端的资源管理器中输入 ftp://192.168.10.1，打开 pub 目录，新建一个文件夹，结果出错了，如图 14-2 所示。

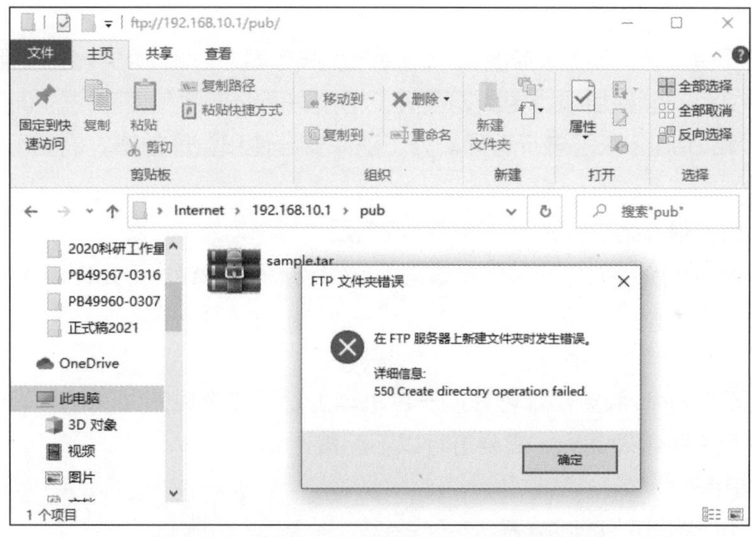

图 14-2 测试 FTP 服务器 192.168.10.1 出错

这是因为系统的本地权限没有设置。

（3）设置本地系统权限，将属主设为 ftp，或者为 pub 目录赋予其他用户写权限。

```
[root@Server01 ~]# ll  -ld  /var/ftp/pub
drwxr-xr-x. 2 root root 6 Mar 23  2017 /var/ftp/pub        #其他用户没有写权限
[root@Server01 ~]#  chown  ftp  /var/ftp/pub              #将属主改为匿名用户 ftp
[root@Server01 ~]#  ll  -ld  /var/ftp/pub
drwxr-xr-x. 2 ftp root 24 10月  6 09:22 /var/ftp/pub
```

或者：

```
[root@Server01 ~]#  chmod  o+w  /var/ftp/pub              #为其他用户赋予写权限
[root@Server01 ~]# ll  -ld  /var/ftp/pub
drwxr-xrwx. 3 root root 44 10月  6 09:28 /var/ftp/pub     #其他用户已赋予写权限
[root@Server01 ~]# systemctl  restart  vsftpd
```

（4）在 Windows 10 客户端再次测试，在 pub 目录下能够建立新文件夹。

提示 如果在 Linux 上测试，则输入 ftp 192.168.10.1 命令，用户名输入 ftp，不必输入密码，直接按“Enter”键即可。但需要在 Linux 客户端上先安装 ftp 工具。

注意 要实现匿名用户创建文件等功能，仅仅在配置文件中开启这些功能是不够的，还需要注意开放本地文件系统权限，使匿名用户拥有写权限才行，或者改变属主为 ftp。在项目实录中有针对此问题的解决方案。另外，也要特别注意防火墙和 SELinux 设置，否则一样会出问题。

任务 14-4 配置本地用户认证模式的 FTP 服务器实例

本地用户认证模式要求用户使用 Linux 系统的本地账户和密码登录。这种认证方式需要配置 local_enable=YES 和 chroot_local_user=YES（可选）。下面是一个详细实例。

1. 背景描述

高校内部目前拥有一台 FTP 服务器和一台 Web 服务器。FTP 服务器主要用于维护学校的网站内容，包括上传文件、创建目录、更新网页等。学校有两个部门负责网站的维护工作，这两个部门分别使用 dept1 和 dept2 账号进行管理。为了确保安全性和管理效率，需要配置 FTP 服务器以满足以下要求。

- 仅允许 dept1 和 dept2 账号登录 FTP 服务器。
- 将 dept1 和 dept2 账号的根目录限制为/web/www/html，不允许访问该目录以外的任何目录。

2. 需求分析

将 FTP 服务器和 Web 服务器部署在同一台机器上是高校常见的做法，这样可以简化网站维护流程。为了满足安全性和管理需求，需要进行以下配置。

（1）限制访问用户

- 禁止匿名用户登录 FTP 服务器。
- 仅允许 dept1 和 dept2 这两个本地用户账号登录 FTP 服务器。

（2）使用 chroot 功能

利用 chroot 功能将 dept1 和 dept2 账号锁定在/web/www/html 目录下，防止它们访问其他目录。

（3）权限管理

确保 dept1 和 dept2 账号在/web/www/html 目录下具有必要的文件操作权限（如上传、删除文件等）。

3. 解决方案

（1）安装 vsftpd 服务和 ftp 工具（略）。

（2）创建主目录/web/www/html，建立维护网站内容的账号 dept1、dept2，并为其设置密码。

```
[root@Server01 ~]# mkdir -p /web/www/html
```

```
[root@Server01 ~]# useradd  dept1
[root@Server01 ~]# useradd  dept2
[root@Server01 ~]# useradd  user1
[root@Server01 ~]# passwd  dept1
[root@Server01 ~]# passwd  dept2
[root@Server01 ~]# passwd  user1
```

（3）配置 vsftpd.conf 主配置文件并做相应修改写入配置文件时，去掉注释符号，语句前后不要加空格。另外，要把任务 14-3 的配置文件恢复到最初状态（可在语句前面加上“#”），以免实训间互相影响，且如果有重复的语句，应把和本配置相冲突的配置删除。

```
[root@Server01 ~]# vim  /etc/vsftpd/vsftpd.conf
anonymous_enable=NO
#禁止匿名用户登录
local_enable=YES
#允许本地用户登录
local_root=/web/www/html
#设置本地用户的根目录为/web/www/html
chroot_local_user=NO
#是否限制本地用户，这也是默认值，可以省略
chroot_list_enable=YES
#激活 chroot 功能
chroot_list_file=/etc/vsftpd/chroot_list
#设置锁定用户在根目录中的列表文件
allow_writeable_chroot=YES
#只要启用 chroot 就一定加入这条：允许 chroot 限制，否则会出现连接错误
```

特别提示 chroot_local_user=NO 是默认设置，即如果不做任何 chroot 设置，则 FTP 登录目录是不做限制的。另外，只要启用 chroot，就一定要增加 allow_writeable_chroot=YES 语句。

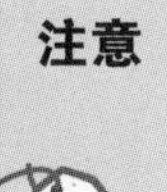

注意 因为 chroot 是靠“例外列表”来实现的，列表内用户即例外的用户，所以根据是否启用本地用户转换，可设置不同目的的“例外列表”，从而实现 chroot 功能。因此实现锁定目录有两种方法。

① 锁定主目录的第一种方法是除列表内的用户外，其他用户都被限定在固定目录内，即列表内用户自由，列表外用户受限制。这时启用 chroot_local_user=YES。

```
chroot_local_user=YES
chroot_list_enable=YES
chroot_list_file=/etc/vsftpd/chroot_list
allow_writeable_chroot=YES
```

② 锁定主目录的第二种方法是除列表内的用户外，其他用户都可自由转换目录。即列表内用户受限制，列表外用户自由。这时启用 chroot_local_user=NO。本例使用第二种。

```
chroot_local_user=NO
chroot_list_enable=YES
chroot_list_file=/etc/vsftpd/chroot_list
allow_writeable_chroot=YES
```

（4）建立/etc/vsftpd/chroot_list 文件，添加 dept1 和 dept2 账号。

```
[root@Server01 ~]# vim  /etc/vsftpd/chroot_list
dept1
dept2
```

（5）设置防火墙放行和 SELinux 允许，重启 FTP 服务。

```
[root@Server01 ~]# firewall-cmd  --permanent  --add-service=ftp
[root@Server01 ~]# firewall-cmd  --reload
[root@Server01 ~]# setenforce  0
[root@Server01 ~]# systemctl  restart  vsftpd
[root@Server01 ~]# systemctl  enable  vsftpd
Created  symlink  /etc/systemd/system/multi-user.target.wants/vsftpd.service  →
/usr/lib/systemd/system/vsftpd.service.
```

思考 如果设置 setenforce 1，那么必须执行 setsebool -P ftpd_full_access=on，这样能保证目录的正常写入和删除等操作。

（6）确保目录权限。

确保/web/www/html 目录及其子目录具有适当的权限，以便 dept1 和 dept2 用户能够上传、删除和修改文件。

```
[root@Server01 ~]# useradd  www-data
[root@Server01 ~]# passwd  www-data

# 假设 Web 服务器运行用户为 www-data
[root@Server01 ~]# chown  -R  www-data:www-data  /web/www/html
[root@Server01 ~]# touch  /web/www/html/test.sample

[root@Server01 ~]# chmod  -R  755  /web/www/html
[root@Server01 ~]# ll -d  /web/www/html
drwxr-xr-x. 2 www-data www-data 25 10月  6 12:08 /web/www/html
[root@Server01 ~]# setfacl  -m  u:dept1:rwx  /web/www/html  # 使用 ACL 为 dept1 设置权限
[root@Server01 ~]# setfacl  -m  u:dept2:rwx  /web/www/html  # 使用 ACL 为 dept2 设置权限
[root@Server01 ~]# setfacl  -m  u:user1:rwx  /web/www/html  # 使用 ACL 为 user1 设置权限
[root@Server01 ~]#  ll   -d  /web/www/html
drwxrwxr-x+ 2 www-data www-data 25 10月  6 12:08 /web/www/html
[root@Server01 ~]# getfacl  /web/www/html
getfacl: Removing leading '/' from absolute path names
# file: web/www/html
# owner: www-data
# group: www-data
user::rwx
user:dept1:rwx
user:dept2:rwx
user:user1:rwx
group::r-x
mask::rwx
other::r-x
```

注意 这里使用了 ACL 来为用户设置特定权限，因为传统的 chown 和 chmod 命令可能不足以满足复杂权限需求。

（7）在 Linux 客户端 Client1 上先安装 ftp 工具，然后测试。

```
[root@Client1 ~]# mount  /dev/cdrom  /so
[root@Client1 ~]# dnf  clean  all
[root@Client1 ~]# dnf  install  ftp -y
```

① 使用 dept1 和 dept2 用户，两者不能转换目录，但能建立新文件夹，显示的目录是“/”，其实是/web/www/html 文件夹！

```
[root@client1 ~]# ftp  192.168.10.1
Connected to 192.168.10.1 (192.168.10.1).
220 (vsFTPd 3.0.2)
Name (192.168.10.1:root): dept1          #锁定用户测试
331 Please specify the password.
Password:                                #输入 dept1 用户密码
230 Login successful.
Remote system type is UNIX.
Using binary mode to transfer files.
ftp> pwd
257 "/"           #显示的目录是“/”，其实是/web/www/html，从列出的文件中就知道
ftp> mkdir testdept1
257 "/testdept1" created
ftp> ls
……
-rw-r--r--    1 0        0        0 Jul 21 01:25 test.sample
drwxr-xr-x    2 1001     1001     6 Jul 21 01:48 testdept1
226 Directory send OK.
ftp> get  test.sample  test1111.sample          #下载到客户端的当前目录
local: test1111.sample remote: test.sample
227 Entering Passive Mode (192,168,10,1,84,24).
150 Opening BINARY mode data connection for test.sample (0 bytes).
226 Transfer complete.
ftp> put  test1111.sample  test00.sample        #上传文件并改名为 test00.sample
local: test1111.sample remote: test00.sample
227 Entering Passive Mode (192,168,10,1,158,223).
150 Ok to send data.
226 Transfer complete.
ftp> ls
227 Entering Passive Mode (192,168,10,1,44,116).
150 Here comes the directory listing.
-rw-r--r--    1 0          0            0 Feb 08 16:16 test.sample
-rw-r--r--    1 1003       1003         0 Feb 08 16:21 test00.sample
drwxr-xr-x    2 1001       1001         6 Feb 08 07:05 testdept1
226 Directory send OK.
ftp> cd  /etc
550 Failed to change directory.                 #不允许更改目录
ftp> exit
221 Goodbye.
```

② 使用 user1 用户，其能自由转换目录，可以将/etc/passwd 文件下载到主目录，但存在很大风险。

```
[root@client1 ~]# ftp 192.168.10.1
Connected to 192.168.10.1 (192.168.10.1).
220 (vsFTPd 3.0.2)
Name (192.168.10.1:root): user1          #列表外的用户是自由的
331 Please specify the password.
Password:                                #输入 user1 用户密码
230 Login successful.
Remote system type is UNIX.
Using binary mode to transfer files.
ftp> pwd
257 "/web/www/html"
ftp> mkdir  testuser1
257 "/web/www/html/testuser1" created
ftp> cd  /etc                            #成功转换到/etc 目录
250 Directory successfully changed.
ftp> get  passwd
#成功下载密码文件 passwd 到本地用户的当前目录（本例是/root），可以退出后查看，不安全
local: passwd remote: passwd
227 Entering Passive Mode (192,168,10,1,70,163).
150 Opening BINARY mode data connection for passwd (2790 bytes).
226 Transfer complete.
2790 bytes received in 0.000106 secs (26320.75 Kbytes/sec)
ftp> cd  /web/www/html
250 Directory successfully changed.
ftp> ls
227 Entering Passive Mode (192,168,10,1,239,79).
150 Here comes the directory listing.
-rwxr-xr-x    1 0        0              0 Oct 06 04:08 test.sample
-rw-r--r--    1 1001     1001           0 Oct 06 04:12 test00.sample
drwxr-xr-x    2 1001     1001           6 Oct 06 04:12 testdept1
drwxr-xr-x    2 1003     1003           6 Oct 06 04:13 testuser1
226 Directory send OK.
ftp>exit
[root@Client1 ~]#
```

（8）在 Server01 上为该任务的配置文件新增语句加上“#”注释掉。

任务 14-5　构建安全的支持虚拟用户访问的 FTP 服务器

构建 FTP 服务器并不复杂，但关键在于根据服务器的具体用途进行周密的配置规划。如果 FTP 服务器不打算对公众开放，那么应当禁用匿名访问，转而启用实体账号或虚拟账号的验证机制来确保访问控制。然而，使用实体账号登录存在潜在风险，因为一旦用户掌握了服务器的真实用户名和密码，他们就有可能对服务器进行不当操作。为了避免这种风险，FTP 服务器的安全配置尤为重要。

为了提升 FTP 服务器的安全性，可以采用虚拟用户验证机制。这一机制的核心是将虚拟账号映射到服务器的实体账号上，而客户端则通过虚拟账号进行访问。这种方式不仅增强了服务器的安全性，还使得用户管理更加灵活和便捷。

通过虚拟用户验证机制，可以为不同的用户分配不同的虚拟账号，并设置相应的访问权限。这

样，即使某个虚拟账号被泄露或滥用，也不会直接影响到服务器的实体账号和整体安全性。同时，还能够根据需要对虚拟账号进行快速修改或删除，以适应不断变化的安全需求。

综上所述，为了确保 FTP 服务器的安全性和稳定性，我们应当合理规划配置，并采用虚拟用户验证机制来增强访问控制。这将有助于保护服务器的数据安全，防止未经授权的访问和操作。下面给出一个**构建安全的 FTP 服务器以支持虚拟用户访问**的实例。

1. 背景描述

为了安全地提供 FTP 服务，高校决定使用 vsftpd 来搭建 FTP 服务器，并启用虚拟用户验证机制。要求虚拟用户 user2 和 user3 能够登录 FTP 服务器，并只能查看位于/var/ftp/vuser 目录下的文件，但不能进行上传、修改等操作。

2. 需求分析

- FTP 服务器仅供内部员工访问，不对外网开放。
- 需要为特定员工创建虚拟账号，避免使用服务器真实用户名和密码。
- 虚拟用户应仅具备查看文件的权限，禁止上传、修改和删除文件。

3. 规划与设计

- 确定 FTP 服务器的主目录为/var/ftp/vuser，用于存放共享文件。
- 创建两个虚拟用户 user2 和 user3，分别对应不同的内部员工。
- 配置 FTP 服务器，将虚拟用户映射到服务器的实体账号（如 ftpuser），但虚拟用户不具备实体账号的完整权限。
- 设置 FTP 服务器的访问控制列表，确保虚拟用户仅能查看文件，无法进行其他操作。

要求：使用虚拟用户 user2、user3 登录 FTP 服务器，访问主目录是/var/ftp/vuser，用户只能查看文件，不能进行上传、修改等操作。

4. 配置步骤

配置支持虚拟用户访问的 FTP 服务器主要有以下几个步骤。

（1）安装 vsftpd

（2）创建虚拟用户数据库

① 创建用户文本文件。

a. 建立保存虚拟账号和密码的文本文件，格式如下。

```
虚拟账号 1
密码
虚拟账号 2
密码
```

b. 使用 vim 编辑器建立用户文件 vuser.txt，添加虚拟账号 user2 和 user3，如下所示。

```
[root@Server01 ~]# mkdir  /vftp
[root@Server01 ~]# vim  /vftp/vuser.txt
user2
12345678
user3
12345678
```

② 生成数据库。保存虚拟账号及密码的文本文件无法被系统账号直接调用，需要使用 db_load 命令生成 db 数据库文件。

特别注意 需要安装 libdb-utils 来提供 db_load 命令，该命令默认没有安装。

```
[root@Server01 ~]# dnf  install  libdb-utils  -y
[root@Server01 ~]# rpm  -qa|grep  libdb
libdb-5.3.28-53.el9.x86_64
libdb-utils-5.3.28-53.el9.x86_64
[root@Server01 ~]# db_load  -T  -t  hash  -f  /vftp/vuser.txt  /vftp/vuser.db
[root@Server01 ~]# ls   /vftp
vuser.db   vuser.txt
```

③ 修改数据库文件访问权限。数据库文件中保存着虚拟账号和密码信息，为了防止用户盗取，可以修改该文件的访问权限。

```
[root@Server01 ~]# chmod   700  /vftp/vuser.db; ll   /vftp
总用量 16
-rwx------. 1 root root 12288 10月  6 12:46 vuser.db
-rw-r--r--. 1 root root    31 10月  6 12:42 vuser.txt
```

（3）配置 PAM 认证

为了使服务器能够使用数据库文件，对客户端进行身份验证，需要调用系统的 PAM，不必重新安装应用程序，可通过修改指定的配置文件，调整对该程序的认证方式。PAM 配置文件的路径为/etc/pam.d。该目录下保存着大量与认证有关的配置文件，并以服务名称命名。

下面修改 vsftp 对应的 PAM 配置文件/etc/pam.d/vsftpd，使用"#"将默认配置全部注释掉，添加相应字段，如下所示。

```
[root@Server01 ~]# vim   /etc/pam.d/vsftpd
#%PAM-1.0
#session      optional      pam_keyinit.so    force revoke
#auth   required  pam_listfile.so  item=user  sense=deny  file=/etc/vsftpd/ftpusers onerr=succeed
#auth         required      pam_shells.so
#auth         include       password-auth
#account      include       password-auth
#session      required      pam_loginuid.so
#session      include       password-auth
auth          required      pam_userdb.so          db=/vftp/vuser
account       required      pam_userdb.so          db=/vftp/vuser
```

（4）创建虚拟账号对应的系统用户，并建立测试文件和目录

```
[root@Server01 ~]# useradd  -d  /var/ftp/vuser  vuser                     ①
[root@Server01 ~]# chown  vuser.vuser  /var/ftp/vuser                     ②
[root@Server01 ~]# chmod  555  /var/ftp/vuser                             ③
[root@Server01 ~]# touch  /var/ftp/vuser/file1; mkdir  /var/ftp/vuser/dir1
[root@Server01 ~]# ls  -ld  /var/ftp/vuser                                ④
dr-xr-xr-x. 4 vuser vuser 103 10月  6 12:51 /var/ftp/vuser
```

以上代码中，带序号的各行的功能说明如下。

① 用 useradd 命令添加系统账号 vuser，并将其/home 目录指定为/var/ftp 下的 vuser。

② 变更 vuser 目录的所属用户和组，设定为 vuser 用户、vuser 组。

③ 匿名账号登录时会映射为系统账号，并登录/var/ftp/vuser 目录，但其没有访问该目录的权限，需要为 vuser 目录的属主、属组和其他用户和组添加读和执行权限。

④ 使用 ls 命令查看 vuser 目录的详细信息，系统账号主目录设置完毕。

（5）修改/etc/vsftpd/vsftpd.conf

```
anonymous_enable=NO                                  ①
anon_upload_enable=NO
anon_mkdir_write_enable=NO
anon_other_write_enable=NO
local_enable=YES                                     ②
chroot_local_user=YES                                ③
allow_writeable_chroot=YES
write_enable=NO                                      ④
guest_enable=YES                                     ⑤
guest_username=vuser                                 ⑥
listen=YES                                           ⑦
listen_ipv6=NO                                       ⑧
pam_service_name=vsftpd                              ⑨
```

注意 ①“=”两边不要加空格。② 将该内容直接加到配置文件的尾部，但与原文件相同的配置选项，请在原配置前面加上“#”注释掉，避免冲突。③ 一定不要出现 local_root 语句。

以上代码中，带序号的各行的功能说明如下。

① 为了保证服务器安全，关闭匿名访问以及其他匿名相关设置。

② 因为虚拟账号会映射为服务器的系统账号，所以需要开启本地账号的支持。

③ 锁定账号的根目录。

④ 关闭用户的写权限。

⑤ 开启虚拟账号访问功能。

⑥ 设置虚拟账号对应的系统账号为 vuser。

⑦ 设置 FTP 服务器为独立运行。

⑧ 目前网络环境尚不支持 IPv6，在 listen 设置为 Yes 的情况下会导致出现错误无法启动，所以将其值改为 NO。

⑨ 配置 vsftp 使用的 PAM 为 vsftpd。

（6）设置防火墙放行和 SELinux 允许，重启 vsftpd 服务

```
[root@Server01 ~]# firewall-cmd --permanent --add-service=ftp
[root@Server01 ~]# firewall-cmd --reload
[root@Server01 ~]# firewall-cmd --list-all
[root@Server01 ~]# setenforce 0
[root@Server01 ~]# systemctl restart vsftpd
[root@Server01 ~]# systemctl enable  vsftpd
```

（7）在 Client1 上测试

使用虚拟账号 user2、user3 登录 FTP 服务器进行测试，会发现虚拟账号登录成功，并显示 FTP 服务器目录信息。

```
[root@Client1 ~]# ftp 192.168.10.1
Connected to 192.168.10.1 (192.168.10.1).
220 (vsFTPd 3.0.2)
Name (192.168.10.1:root): user2
331 Please specify the password.
Password:
230 Login successful.
Remote system type is UNIX.
Using binary mode to transfer files.
ftp> ls                         #可以列出目录信息，该目录是主目录/var/ftp
227 Entering Passive Mode (192,168,10,1,141,36).
150 Here comes the directory listing.
drwxr-xr-x    2 0        0             6 May 09  2023 pub
dr-xr-xr-x    4 1005     1005        103 Oct 06 04:51 vuser
226 Directory send OK.

ftp> cd  /etc                   #不能更改主目录
550 Failed to change directory.
ftp> mkdir  testuser1           #仅能查看，不能写入
550 Permission denied.
ftp> quit
221 Goodbye.
```

特别提示 匿名开放模式、本地用户认证模式和虚拟用户认证模式的配置文件，请在出版社网站下载，或向作者索要。

（8）安全考虑

- 确保 FTP 服务器的防火墙规则仅允许内部网络访问。
- 定期检查 FTP 服务器的日志文件，监控所有异常访问行为。
- 定期对虚拟用户账号和密码进行更新，增强安全性。

14.4 拓展阅读 中国的龙芯

你知道“龙芯”吗？你知道“龙芯”的应用水平吗？

通用处理器是信息产业的基础部件，是电子设备的核心器件。通用处理器是关系到国家命运的战略产业之一，其发展直接关系到国家技术创新能力，关系到国家安全，是国家的核心利益所在。

龙芯是我国最早研制的高性能通用处理器系列，于 2001 年在中国科学院计算技术研究所开始研发，得到了“863”“973”“核高基”等项目的大力支持，完成了 10 年的核心技术积累。2010 年，中国科学院和北京市政府共同牵头出资，龙芯中科技术有限公司正式成立，开始市场化运作，旨在将龙芯处理器的研发成果产业化。

龙芯中科技术有限公司研制的处理器产品包括龙芯 1 号、龙芯 2 号、龙芯 3 号三大系列。为了将国家重大创新成果产业化，龙芯中科技术有限公司努力探索，在国防、教育、工业、物联网等行

业取得了重大市场突破，龙芯产品取得了良好的应用效果。

目前龙芯处理器产品在各领域取得了广泛应用。在安全领域，龙芯处理器已经通过了严格的可靠性实验，作为核心元器件应用在几十种型号和系统中。2015 年，龙芯处理器成功应用于北斗二代导航卫星。在通用领域，龙芯处理器已经应用在个人计算机、服务器及高性能计算机、行业计算机终端，以及云计算终端等方面。在嵌入式领域，基于龙芯 CPU 的防火墙等网安系列产品已达到一定规模销售，且应用于国产高端数控机床等系列工控产品，显著提升了我国工控领域的自主化程度和产业化水平。此外，龙芯提供了 IP 设计服务，在国产数字电视领域也与国内多家知名厂家展开合作，其 IP 地址授权量已达百万片以上。

14.5 项目实训 配置与管理 FTP 服务器

1. 视频位置

实训前扫描二维码观看“项目实录　配置与管理 FTP 服务器”慕课。

2. 项目背景

某企业的 FTP 服务器搭建与配置网络拓扑如图 14-3 所示。该企业想构建一台 FTP 服务器，为企业局域网中的计算机提供文件传输服务，为财务部、销售部和 OA 系统等提供异地数据备份。要求能够对 FTP 服务器设置连接限制、日志记录、消息、验证客户端身份等属性，并能创建用户隔离的 FTP 站点。

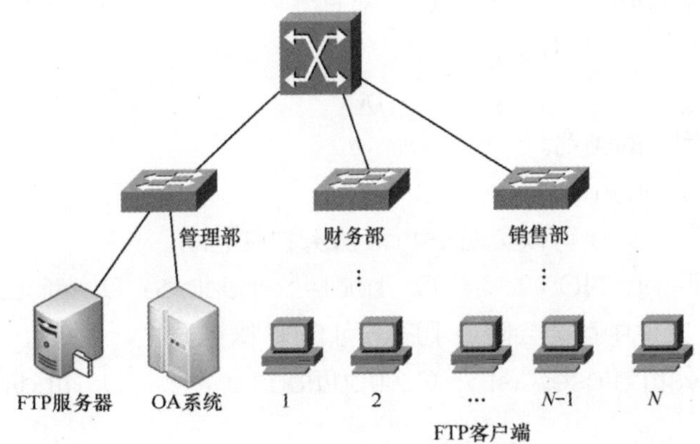

图 14-3 某企业的 FTP 服务器搭建与配置网络拓扑

3. 深度思考

在观看视频时思考以下几个问题。

（1）如何使用 service vsftpd status 命令检查 vsftp 的安装状态？

（2）FTP 权限和文件系统权限有何不同？如何进行设置？

（3）为何不建议对根目录设置写权限？

（4）如何设置进入目录后的欢迎信息？

（5）如何锁定 FTP 用户在其宿主目录中？

（6）user_list 和 ftpusers 文件都存有用户名列表，如果一个用户同时存在两个文件中，则最终的执行结果是怎样的？

4．做一做

根据视频内容，将项目完整地完成。

14.6 练习题

一、填空题

1．FTP 服务就是________服务，FTP 的英文全称是________。

2．FTP 服务通过使用一个共同的用户名________和密码不限的管理策略，让任何用户都可以很方便地从这些服务器下载软件。

3．FTP 服务有两种工作模式：________和________。

4．ftp 命令的格式为：________。

二、选择题

1．ftp 命令的参数（　　）可以与指定的机器建立连接。

A．connect　　B．close　　C．cdup　　D．open

2．FTP 服务使用的端口是（　　）。

A．21　　B．23　　C．25　　D．53

3．我们从互联网上获得软件最常采用的是（　　）。

A．WWW　　B．Telnet　　C．FTP　　D．DNS

4．一次可以下载多个文件用（　　）命令。

A．mget　　B．get　　C．put　　D．mput

5．下面（　　）不是 FTP 用户的类别。

A．real　　B．anonymous　　C．guest　　D．users

6．修改文件 vsftpd.conf 的（　　）可以实现 vsftpd 服务独立启动。

A．listen=YES　　B．listen=NO　　C．boot=standalone　　D．#listen=YES

7．将用户加入以下（　　）文件中可能会阻止用户访问 FTP 服务器。

A．vsftpd/ftpusers　　B．vsftpd/user_list　　C．ftpd/ftpusers　　D．ftpd/userlist

三、简答题

1．简述 FTP 的工作原理。

2．简述 FTP 服务的工作模式。

3．简述常用的 FTP 软件。

14.7 实践习题

1．在 VMware 虚拟机中启动一台 Linux 服务器作为 vsftpd 服务器，在该系统中添加用户 user1 和 user2。

（1）确保系统安装了 vsftpd 软件包。

（2）设置匿名账号具有上传、创建目录的权限。

（3）利用/etc/vsftpd/ftpusers 文件设置禁止本地 user1 用户登录 FTP 服务器。

（4）设置本地用户 user2 登录 FTP 服务器之后，在进入 dir 目录时显示提示信息“welcome to user's dir!”。

（5）设置将所有本地用户都锁定在/home 目录中。

（6）设置只有在/etc/vsftpd/user_list 文件中指定的本地用户 user1 和 user2 才能访问 FTP 服务器，其他用户都不可以。

（7）配置基于主机的访问控制，实现如下功能。

- 拒绝 192.168.6.0/24 访问。
- 对 jnrp.net 和 192.168.2.0/24 内的主机不做连接数和最大传输速率限制。
- 对其他主机的访问限制为每个 IP 的连接数为 2，最大传输速率为 500kbit/s。

2. 建立仅允许本地用户访问的 vsftp 服务器，并完成以下任务。

（1）禁止匿名用户访问。

（2）建立 s1 和 s2 账号，并具有读、写权限。

（3）使用 chroot 限制 s1 和 s2 账号在/home 目录中。

提示 关于配置与管理 Samba 服务器、DHCP 服务器、DNS、Apache 服务器、FTP 服务器、Postfix 邮件服务器、NFS 服务器、代理服务器和防火墙的更详细的配置、更多的企业服务器实例和故障排除方法，请读者参见《网络服务器搭建、配置与管理——Linux（RHEL 9/CentOS Stream 9）（微课版）（第 5 版）》（人民邮电出版社）。

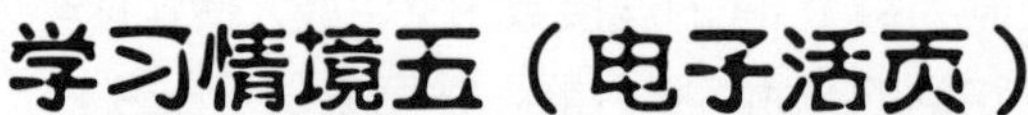

学习情境五（电子活页）

系统安全与故障排除

千丈之堤，以蝼蚁之穴溃；百尺之室，以突隙之烟焚。

——《韩非子·喻老》

学习情境六（电子活页）

拓展与提高

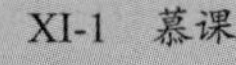

XI-1　慕课

项目实录
使用 vim
编辑器

XI-2　慕课

项目实录
使用 shell
编程

XI-3　慕课

项目实录　配置
与管理 NFS
服务器

XI-4　慕课

项目实录　配置
与管理 squid 代
理服务器

XI-5　慕课

项目实录　配置
与管理 chrony
服务器

XI-6　慕课

项目实录
配置远程
管理

XI-7　慕课

项目实录　配置
与管理电子邮件
服务器

XI-8　慕课

项目实录　安装
Linux Nginx
MariaDB PHP
（LEMP）

吾尝终日而思矣，不如须臾之所学也。

——《荀子·劝学》

参考文献

[1] 杨云，杨昊龙，吴敏. Linux网络操作系统项目教程（欧拉/麒麟）（微课版）[M]. 5版. 北京：人民邮电出版社，2024.

[2] 杨云，杨昊龙，吴敏. 网络服务器搭建、配置与管理——Linux（统信UOS V20）（微课版）[M]. 北京：人民邮电出版社，2024.

[3] 杨云，余建浙，王春身. Linux网络操作系统项目教程（Ubuntu）（微课版）[M]. 北京：人民邮电出版社，2024.

[4] 杨云，吴敏，马玉英，等. Linux网络操作系统项目教程（RHEL 7.4/CentOS 7.4）（微课版）[M]. 4版. 北京：人民邮电出版社，2023.

[5] 杨云，魏尧，王雪蓉. 网络服务器搭建、配置与管理——Linux（RHEL 8/CentOS 8）（微课版）[M]. 4版. 北京：人民邮电出版社，2022.

[6] 杨云，林哲. Linux网络操作系统项目教程（RHEL 8/CentOS 8）（微课版）[M]. 4版. 北京：人民邮电出版社，2022.

[7] 杨云，吴敏，郑丛. Linux系统管理项目教程（RHEL 8/ CentOS 8）（微课版）[M]. 北京：人民邮电出版社，2022.

[8] 夏栋梁，宁菲菲. Red Hat Enterprise Linux 8系统管理实战[M]. 北京：清华大学出版社，2020.

[9] 鸟哥. 鸟哥的Linux私房菜 基础学习篇[M]. 4版. 北京：人民邮电出版社，2018.

[10] 刘遄. Linux就该这么学[M]. 北京：人民邮电出版社，2017.

[11] 鸟哥. 鸟哥的Linux私房菜——服务器架设篇 [M]. 3版. 北京：机械工业出版社，2012.

[12] 刘晓辉，张剑宇，张栋. 网络服务搭建、配置与管理大全（Linux 版）[M]. 北京：电子工业出版社，2009.

[13] 陈涛，张强，韩羽. 企业级Linux服务攻略[M]. 北京：清华大学出版社，2008.

[14] 曹江华. Red Hat Enterprise Linux 5.0服务器构建与故障排除[M]. 北京：电子工业出版社，2008.